国家林业和草原局普通高等教育"十四五"规划教材

高等院校园林与风景园林专业系列教材

风景园林设计原理

Principles of Landscape Architecture Design

张俊玲　吴　妍　王杰青　◎主编

中国林业出版社
China Forestry Publishing House

内 容 简 介

本教材阐述了风景园林设计的基础知识、基本原理及基本方法。全书结构分为绪论和上、下两篇。绪论明确了风景园林相关概念与基本属性，梳理了中西方风景园林发展历程与文化艺术特征；上篇"总论"着重阐述了风景园林的形式与设计基本原理、园林空间及其空间造景的手法；下篇"各论"主要阐述风景园林中的山、水、园林道路、园林建筑、园林植物等各要素在园林中的布局要点，也是上篇基本原理在风景园林设计中的具体应用。

本教材可供高等院校风景园林专业、园林专业、城乡规划、环境设计及其相关景观设计类专业的低年级本科生作为基础理论的教材，也可供相关技术人员作为在职进修学习的读本。

图书在版编目（CIP）数据

风景园林设计原理 / 张俊玲，吴妍，王杰青主编. —北京：中国林业出版社，2024.8
国家林业和草原局普通高等教育"十四五"规划教材　高等院校园林与风景园林专业系列教材
ISBN 978-7-5219-2696-5

Ⅰ.①风…　Ⅱ.①张…②吴…③王…　Ⅲ.①园林设计-高等学校-教材　Ⅳ.①TU986.2

中国国家版本馆CIP数据核字（2024）第089390号

责任编辑：康红梅
策划编辑：康红梅
责任校对：苏　梅
封面设计：北京钧鼎文化传媒有限公司

出版发行　中国林业出版社（100009，北京市西城区刘海胡同7号，电话 010-83143120，83143551）
电子邮箱　cfphzbs@163.com
网　　址　https://www.cfph.net
印　　刷　北京中科印刷有限公司
版　　次　2024年8月第1版
印　　次　2024年8月第1次印刷
开　　本　889mm×1194mm　1/16
印　　张　17
字　　数　472千字　　另附数字资源约280千字
定　　价　72.00元

数字资源

国家林业和草原局院校教材建设专家委员会
园林与风景园林组

组　长

李　雄（北京林业大学）

委　员

（以姓氏拼音为序）

包满珠（华中农业大学）	潘远智（四川农业大学）
车代弟（东北农业大学）	戚继忠（北华大学）
陈龙清（西南林业大学）	宋希强（海南大学）
陈永生（安徽农业大学）	田　青（甘肃农业大学）
董建文（福建农林大学）	田如男（南京林业大学）
甘德欣（湖南农业大学）	王洪俊（北华大学）
高　翅（华中农业大学）	许大为（东北林业大学）
黄海泉（西南林业大学）	许先升（海南大学）
金荷仙（浙江农林大学）	张常青（中国农业大学）
兰思仁（福建农林大学）	张克中（北京农学院）
李　翅（北京林业大学）	张启翔（北京林业大学）
刘纯青（江西农业大学）	张青萍（南京林业大学）
刘庆华（青岛农业大学）	赵昌恒（黄山学院）
刘　燕（北京林业大学）	赵宏波（浙江农林大学）

秘　书

郑　曦（北京林业大学）

《风景园林设计原理》编写人员

主　　编　　张俊玲　吴　妍　王杰青
编写人员　　（以姓氏拼音排序）
　　　　　　丁晨旸（东北农业大学）
　　　　　　贾革新（河南工程学院）
　　　　　　李雪平（河南科技大学）
　　　　　　田旭平（山西农业大学）
　　　　　　王杰青（苏州大学）
　　　　　　吴　妍（东北林业大学）
　　　　　　严　晶（苏州大学）
　　　　　　张俊玲（东北林业大学）
　　　　　　张　敏（东北林业大学）
主　　审　　许大为（东北林业大学）

前　言

风景园林以协调人与自然的关系为宗旨，以守护山水自然、地域文化和公众福祉为目标，保护和恢复自然环境，营造健康优美人居环境（杨锐，2016）。风景园林综合应用科学、工程和艺术手段，将环境和设计结合，将艺术和科学结合。

本教材力求体现近十年来风景园林设计理论的研究与实践的主要成果，同时体现党的二十大提出的全面推进乡村振兴、推动绿色发展、促进人与自然和谐共生，推进美丽中国建设，协同推进降碳、减污、扩绿、增长，推进生态优先、节约集约、绿色低碳发展。本教材以博大精深的中国传统园林的综合艺术为切入点，立足本国和民族特色，传承中国传统造园理念与技法，弘扬传统园林文化和造园手法；以生态学原理为核心，艺术设计的形式美法则在园林规划设计中的应用为主体，主要是掌握风景园林科学与艺术结合的基本原理。树立自然与地方文化的专业价值观与审美观是风景园林类专业教育的价值导向。吸收国际先进的现代艺术构成与造园理念，兼容并蓄，探索面向21世纪生态文明时代，基于文化、生态、艺术的现代风景园林设计的基本理论与方法。本教材2021年被列为国家林业和草原局普通高等教育"十四五"规划教材。

本教材结构分为绪论、上篇和下篇。主要内容如下。

绪论的内容主要阐述风景园林的概念与相关理论；明确风景园林的概念及其属性，从相关概念中解读风景园林要素的组成。

上篇的内容主要是对中西方风景园林的发展历程及其文化艺术进行梳理，中西方园林的不同特征也构成了传统园林的规则式与自然式的形成背景。上篇的重点是风景园林设计的基本原理，即艺术设计的形式美法则的构图原理、人与自然协调的生态学原理及适宜人各种活动的人体功能学原理等。作为三维艺术的风景园林空间的构成、空间序列的组织及空间造景的手法是实现风景园林的景观观赏与使用功能的重要内容。

下篇的内容主要阐述风景园林的山、水、园林道路、园林建筑、园林植物各个要素的布局要点，也是上篇风景园林设计原理以及各个要素的表达在设计中的具体应用。山、水是风景园林的重要因素，尤其是以中国风景园林为代表的自然式园林，山水地形构成了园林的基本骨架，其他要素都从属于山水，突出自然式的基本特征；规则式园林没有明确的山，只有地形高低的变化，水是以几何形的形式遵循着轴线的布局要求。园林道路在满足道路交通性的同时，更强调其游览性；园林道路依据园林的形式、规模、地形等进行布局。园林建筑在风景园林设计中起着画龙点睛的作用，其数量不多、面积不大，但因其人工独特的构成形式更加灵活，更能突出其造景的效果。园林植物是风景园林中分布最广、种类最多、造景最活跃、最富于生命力的要素，也是实现

前言

风景园林生态功能的重要载体,构成了风景园林绿色的基底,不仅可以独立成景,亦可与各种要素组合成景,同时展示季相景观的时空变化。

本教材由全国高等院校风景园林相关专业的教学一线教师联合编写。东北林业大学园林学院张俊玲副教授和吴妍副教授、苏州大学王杰青副教授担任主编,全书由张俊玲和吴妍统稿。具体编写分工如下:第1章张俊玲,第2章张俊玲、田旭平,第3章张敏,第4章严晶、张俊玲,第5章吴妍、张俊玲、丁晨旸,第6章张俊玲、吴妍,第7章吴妍,第8章吴妍,第9章贾革新,第10章张敏,第11章王杰青、李雪平。

本教材在编写过程中,得到了中国林业出版社编辑的悉心指导与东北林业大学园林学院规划设计教研室教师的支持与帮助。本教材参考了风景园林近些年的相关著作和学术论文,还有大量相关的研究成果与案例,在此一并表示感谢。

本教材尽管由长期在教学一线的园林风景专业教师历时五年编写完成,但由于内容庞杂,风景园林设计理论综合性又很强,编写团队的学识和工作阅历有限,书中的缺陷与不足在所难免,恳请各位专家、同行与读者提出宝贵的意见。

张俊玲
2023年12月

目　录

前　言

第 1 章　绪　论 ······ 1
1.1 风景园林发展历程 ······ 1
 1.1.1　世界风景园林发展演变 ······ 1
 1.1.2　中国风景园林发展演变 ······ 3
1.2 风景园林概念及其组成要素 ······ 4
 1.2.1　风景园林相关概念 ······ 4
 1.2.2　风景园林组成要素 ······ 5
1.3 风景园林属性 ······ 7
 1.3.1　风景园林社会性与时代性 ······ 8
 1.3.2　风景园林实用性与观赏性 ······ 8
 1.3.3　风景园林多学科性 ······ 9
 1.3.4　风景园林地方性与民族性 ······ 9
1.4 现代风景园林发展趋势 ······ 10
 1.4.1　风景园林设计发展趋势 ······ 10
 1.4.2　新技术应用发展趋势 ······ 12

小结 ······ 13
思考题 ······ 13
推荐阅读书目 ······ 13

上篇　总论

第 2 章　风景园林文化与艺术 ······ 15
2.1 中国风景园林文化与艺术 ······ 15
 2.1.1　中国风景园林文化 ······ 15
 2.1.2　中国风景园林艺术 ······ 16
 2.1.3　园林意境 ······ 32
2.2 西方风景园林文化与艺术 ······ 35
 2.2.1　西方风景园林文化 ······ 35
 2.2.2　西方风景园林艺术 ······ 38
2.3 中西方风景园林比较 ······ 43
 2.3.1　中西方风景园林差异性 ······ 43
 2.3.2　中西方风景园林共性 ······ 45

小结 ······ 48
思考题 ······ 48
推荐阅读书目 ······ 48

第 3 章　风景园林形式 ······ 49
3.1 传统园林形式 ······ 50
 3.1.1　规则式园林 ······ 50
 3.1.2　自然式园林 ······ 53
 3.1.3　混合式园林 ······ 56
3.2 现代园林形式发展及趋势 ······ 57

  3.2.1 新中国成立后园林形式演变 …… 57
  3.2.2 西方20世纪70年代以来园林设计
     新思潮 …… 58
小结 …… 61
思考题 …… 61
推荐阅读书目 …… 61

第4章　风景园林赏景 …… 62

4.1　景与境 …… 62
  4.1.1　景 …… 62
  4.1.2　境 …… 66
4.2　景源 …… 68
  4.2.1　景源特征 …… 68
  4.2.2　景源分类 …… 68
4.3　欣赏与鉴赏 …… 75
  4.3.1　园林欣赏 …… 75
  4.3.2　园林鉴赏 …… 77
  4.3.3　赏景感知 …… 80
4.4　赏景方式 …… 86
  4.4.1　赏景过程 …… 86
  4.4.2　视点、视距、视域 …… 86
  4.4.3　静态观赏与动态观赏 …… 87
  4.4.4　多方位赏景 …… 87
小结 …… 89
思考题 …… 89
推荐阅读书目 …… 89

第5章　风景园林规划设计基本原理 …… 90

5.1　形式美构图原理 …… 90
  5.1.1　形式美要素 …… 90
  5.1.2　形式美原理 …… 97
5.2　生态学原理 …… 117
  5.2.1　景观生态学 …… 117
  5.2.2　城市景观生态学 …… 118
5.3　人体工程学原理 …… 119
  5.3.1　人体工程学起源和发展 …… 119
  5.3.2　人体感知系统与环境 …… 120
  5.3.3　人体活动行为与环境 …… 123
5.4　环境心理学原理 …… 125
  5.4.1　环境心理学理论模型 …… 125
  5.4.2　环境知觉与空间认知 …… 125
  5.4.3　环境中社会行为 …… 126
小结 …… 126
思考题 …… 126
推荐阅读书目 …… 127

第6章　风景园林空间与造景 …… 128

6.1　风景园林空间 …… 128
  6.1.1　空间与园林空间 …… 128
  6.1.2　空间构成要素 …… 129
  6.1.3　风景园林空间构成 …… 133
  6.1.4　风景园林空间类型 …… 140
  6.1.5　风景园林空间序列 …… 144
6.2　造景手法 …… 151
  6.2.1　分景 …… 151
  6.2.2　夹景 …… 153
  6.2.3　对景 …… 154
  6.2.4　借景 …… 155
  6.2.5　框景 …… 161
  6.2.6　漏景 …… 163
  6.2.7　透景 …… 163
小结 …… 164
思考题 …… 164
推荐阅读书目 …… 165

下篇　各论

第7章　风景园林地形设计 …… 167

7.1　地形分类 …… 167
  7.1.1　按标高坡度分 …… 167
  7.1.2　按形成原因分 …… 168
  7.1.3　按使用功能分 …… 168
7.2　地形的作用 …… 168
  7.2.1　创造空间 …… 168
  7.2.2　控制视线 …… 169
  7.2.3　组织排水 …… 169
  7.2.4　创造小气候 …… 169
7.3　地形设计原则 …… 169

7.3.1 坚持因地制宜原则 ………… 169
7.3.2 满足使用功能要求 ………… 169
7.3.3 满足园林造景需要 ………… 169
7.3.4 符合园林施工要求 ………… 170
7.4 地形设计要点 ………………… 170
7.4.1 平地 …………………… 170
7.4.2 坡地 …………………… 170
7.4.3 山地 …………………… 171
小结 …………………………… 178
思考题 ………………………… 178
推荐阅读书目 ………………… 178

第8章 园林水体设计 ………… 179

8.1 水体特点 …………………… 179
8.1.1 水体功能特点 …………… 179
8.1.2 水体景观特点 …………… 180
8.2 水体分类 …………………… 180
8.2.1 静态水景 ………………… 180
8.2.2 动态水景 ………………… 181
8.3 水景设计原则 ………………… 186
8.3.1 满足功能性要求 ………… 186
8.3.2 满足整体性要求 ………… 186
8.3.3 满足适宜性要求 ………… 187
8.3.4 满足安全性要求 ………… 187
8.4 水景设计要点 ………………… 187
8.4.1 水体布局形式 …………… 187
8.4.2 自然式水景设计要点 …… 189
8.4.3 规则式水池设计要点 …… 191
8.5 水体景观要素 ………………… 193
8.5.1 岛 ……………………… 193
8.5.2 堤 ……………………… 194
8.5.3 驳岸 …………………… 195
8.5.4 桥 ……………………… 197
8.5.5 汀步 …………………… 198
小结 …………………………… 198
思考题 ………………………… 198
推荐阅读书目 ………………… 198

第9章 园林道路设计 ………… 199

9.1 园路功能 …………………… 199
9.1.1 组织交通 ………………… 199
9.1.2 引导游览 ………………… 199

9.1.3 组织空间 ………………… 199
9.1.4 构成景色 ………………… 201
9.1.5 为园林设施打好基础 …… 201
9.2 园路分类 …………………… 201
9.2.1 主园路 …………………… 201
9.2.2 次园路 …………………… 202
9.2.3 支路与小路 ……………… 203
9.3 园路铺装 …………………… 205
9.3.1 铺装设计原则 …………… 205
9.3.2 铺装类型 ………………… 205
9.4 园路设计原则与要点 ………… 206
9.4.1 设计原则 ………………… 206
9.4.2 布局要点 ………………… 206
9.5 园路与各要素布局关系 ……… 210
9.5.1 园路与建筑 ……………… 210
9.5.2 园路与水体 ……………… 210
9.5.3 园路与山地 ……………… 211
9.5.4 园路与植物 ……………… 212
小结 …………………………… 213
思考题 ………………………… 213
推荐阅读书目 ………………… 213

第10章 园林建筑及小品设计 ………… 214

10.1 园林建筑功能 ……………… 214
10.2 园林建筑特点 ……………… 215
10.3 园林建筑类型 ……………… 216
10.3.1 游览休息类 …………… 216
10.3.2 文教类 ………………… 220
10.3.3 游艺类 ………………… 220
10.3.4 服务类 ………………… 220
10.3.5 园林管理类 …………… 220
10.4 园林建筑布局及其要点 …… 221
10.4.1 园林建筑空间布局形式 … 221
10.4.2 园林建筑总体布局要点 … 223
10.5 园林建筑小品类型及其布局要点 …… 224
10.5.1 花架 …………………… 224
10.5.2 园椅、园凳 …………… 225
10.5.3 雕塑 …………………… 225
10.5.4 景墙 …………………… 226
10.5.5 园灯 …………………… 226
10.5.6 展示性小品 …………… 227
10.5.7 服务性小品 …………… 227

小结 …………………………………… 228
　　思考题 ………………………………… 228
　　推荐阅读书目 ………………………… 228

第11章　园林种植设计 …………………… **229**

11.1　概述 ………………………………… 229
　　11.1.1　园林植物类型 ………………… 229
　　11.1.2　园林植物美学特征 …………… 229
　　11.1.3　园林植物功能 ………………… 232
11.2　园林植物设计原则 ………………… 232
　　11.2.1　科学性原则 …………………… 232
　　11.2.2　功能性原则 …………………… 233
　　11.2.3　艺术性原则 …………………… 233
　　11.2.4　文化性原则 …………………… 234
　　11.2.5　经济性原则 …………………… 234
11.3　园林植物设计内容 ………………… 234
　　11.3.1　园林植物功能设计 …………… 234
　　11.3.2　园林植物竖向设计 …………… 236
　　11.3.3　林缘线和林冠线设计 ………… 237
　　11.3.4　园林植物季相设计 …………… 238
　　11.3.5　园林植物与其他园林要素结合
　　　　　　……………………………… 240
11.4　园林种植设计形式和方法 ………… 243
　　11.4.1　园林树木配置方式 …………… 243
　　11.4.2　园林花卉配置方式 …………… 248
11.5　不同类型绿地植物景观设计 ……… 252
　　11.5.1　公园绿地 ……………………… 252
　　11.5.2　防护绿地 ……………………… 254
　　11.5.3　广场用地 ……………………… 254
　　11.5.4　附属绿地 ……………………… 257
　　11.5.5　区域绿地 ……………………… 259
　　小结 …………………………………… 260
　　思考题 ………………………………… 260
　　推荐阅读书目 ………………………… 260

参考文献 ……………………………………… **261**

第1章 绪论

自采集狩猎文明以来，风景园林实践已经存在和发展了约1万年。但作为一门学科，其历史则短得多，世界上最早的现代风景园林学科只有100多年的历史，而中国只有70多年的历史。

风景园林是随着社会的发展而扩展的，在国外大体经历了 gardening 和 landscape architecture 阶段，目前正在向 earthscape planning 演变，但其发展似乎更带有革命性。在我国风景园林也经过了三个阶段：第一阶段是私家所有的传统园林，第二阶段是以公共享用为主的城市绿地，第三阶段是扩展到国土大地的生态、功能和景观的统一规划。相应地，学科的中文名称也经历了造园、园林、风景园林的演变，反映出一种扩展和包容的过程。

风景园林学科的内涵是综合利用科学、技术、艺术手段保护和营造人类美好的户外境域；学科的外延跟随着人类活动范围的扩大经历了传统园林、城市绿地、大地景观规划3个层面的发展。

1.1 风景园林发展历程

1.1.1 世界风景园林发展演变

造园贯穿整个农业文明时期。适应自然是这一文明时期人地关系的主要特征。果、木、蔬、圃产生于初级农业文明阶段，是最早的园林雏形，也是人类利用土地适应自然环境的最早方式之一。

此时，园林的生产性特征十分明显。发达农业文明阶段先后产生了囿、苑、宅院、林园、庄园等园林形态，功能包括狩猎、休闲和观赏等，这个时期，生活性已经超越生产性成为园林的主要特征。在农业文明时期，由于人类生产使用的能源，主要是人力、畜力、风力和水力等可再生能源，因此，对自然的破坏和干扰能力是有限的。如16世纪初建的中国古典苏州园林拙政园（图1-1）和13~14世纪建的西班牙阿尔罕布拉宫（图1-2）。

从造园到风景园林学的巨大转变，开始于19世纪的英国和美国，或许我们可以将这个世纪称为风景园林的"伟大变革世纪"，是风景园林学的创立世纪。这是一个激情荡漾、群星璀璨、充满

图1-1 苏州拙政园

图1-2　西班牙阿尔罕布拉宫

活力、创造力和想象力的世纪，是从农业文明造园艺术革命性地转变为工业文明风景园林学的关键时期。风景园林的这种巨大转变与1450年以后人类文明的近现代化一脉相承，文艺复兴、宗教改革、科学革命、资产阶级民主革命、启蒙运动、工业革命、美国南北战争、城镇化等一系列巨变酝酿了风景园林思想和实践的飞跃。

1828年，On the Landscape Architecture of the Great Painters of Italy 一书的出版使苏格兰人吉尔伯特·莱恩·梅森（Gilbert Laing Meason，1769—1832年）成为创造英文词汇"Landscape Architecture"的第一人。1830年，英国社会改革家罗伯特·欧文（Robert Owen）开始推动为底层百姓提供公共室外环境的运动。1840年，另一位苏格兰人约翰·克劳迪乌斯·劳登（John Claudius Loudon，1782—1843年）出版了 The Landscape Gardening and Landscape Architecture of the Late Humphry Repton 一书，从而使"Landscape Architecture"扩展到艺术理论以外的景观规划和城市规划实践之中。劳登在大尺度规划、植物园设计、风景园林教育以及《园林大百科全书》和《园林师杂志》（Gardener's Magazine）编撰方面的贡献使他成为现代风景园林学的先驱之一。由约瑟夫·帕克斯顿（Joseph Paxton，1803—1863年）设计的具有里程碑意义的利物浦伯肯海德公园于1847年向公众开放。虽然从严格的意义上讲，它并不是世界上第一个城市公园，但其的确是由公共资金建设的第一个公园。城市公园的出现是从造园阶段转变为风景园林学阶段的标志性事件。

美国借鉴并进一步发展了从英国开始的风景园林近现代化的运动。安德鲁·杰克逊·唐宁（Andrew Jackson Downing，1815—1852年）倡导美国乡村景观的保护，推进美国城市公园的建设，并积极引导迅速增长的美国中产阶级审美品位。奥姆斯特德（Frederick Law Olmsted，1822—1903年）以其丰富的人生经历、充满睿智和前瞻性的思想，在城市公园、风景道、公园体系、国家公园等各种尺度上实践他的风景园林理念。1863年5月12日，他与卡尔弗特·沃克斯（Calvert Vaux，1824—1895年）一起在一封有关纽约中央公园建设的官方信件中落款"Landscape Architects"，被学者们认为是"风景园林职业（Profession of Landscape Architecture）"的诞生日。进入20世纪后的第一个学年，1900—1901学年度哈佛大学设立"Landscape Architecture Program"则标志着作为严格意义上风景园林学学科和教育的开端。

从传统造园术到现代风景园林学的革命性转变主要体现在以下4个方面：服务对象民众化、价值取向生态化、空间布局合理化、研究方法科学化。它们构成了现代风景园林学的4个特征。

无论在东方还是西方，传统造园的服务对象主要是社会上层。他们或者是皇帝国王，或者是乡绅贵族，或者是宗教团体，或者是文人商客，都是一些在政治、经济和文化上盘踞高位的少数人群。而19世纪开始的现代风景园林学，最醒目、最伟大的变革之一，就是将风景园林的服务对象扩展到中产阶级和劳工阶层。这一革命性的转变使得风景园林学科的宗旨转变为造福整个人类、自然、社会、城市及乡村。

传统造园的主要价值取向为生活性。多数情况下，园林是精英阶层为了自己的优雅生活所营造的精致园林。中西方园林的风格在传统园林方面就有明显的差异，中国传统园林以师法自然的写意山水园林为主要特征，西方传统园林则强调人工的构图、比例、序列、色彩、质感、韵律、轴线等形式美的要素成为审美的主要标准。现代风景园林学，尤其是在20世纪60年代麦克哈格之后的风景园林学，其价值取向已经超越局限的生活性，提倡生态性。这是一种建立在环境哲学、环境伦理学和环境美学基础上的学科价值观。它更注重生态多样性和完整性，注重为人类提供健康、安全和可持续的风景园林服务。需要指出的是，这种超越是一种扩展式超越，即生态性包容而非排斥生活性的价值取向。

从地球的宏观尺度上看，传统造园阶段的园林呈点状、岛屿状分布，因此是分散的、破碎的、不连续的。这一阶段风景园林类型较为单一，皇家园林、私家园林、寺庙园林都以围合性边界将自己从周围环境中独立出来，从而也被环境所孤立。现代风景园林学的研究和实践对象丰富多样，它呈现一种点、线、面结合的网络状分布态势，这种分布强调连续性和整体性。点状载体包括中、小尺度的庭院、居住区绿地和城市公园；线状载体包括绿道、河流廊道、交通廊道等绿色基础设施；面状载体则包括占地球绿地面积约15%的国家公园和保护区用地。从咫尺园林到大地景观，不仅是空间尺度上的变化，量变引起质的变化，而且在设计着眼点、内容、方法上都发生了重大的变化。

1.1.2　中国风景园林发展演变

古籍中根据园林的不同性质，园林亦称作"囿""园囿""囿游""苑囿"。古代天子及诸侯蓄养禽兽、进行打猎等游乐活动的场所称为"囿"。如周王之"灵囿"，《诗·大雅·灵台》曰："王在灵囿。"毛传："囿，所以域养鸟兽也。"也有"园囿"并称者，如《孟子·滕文公下》："弃田以为园囿，使民不得衣食。"《荀子·成相篇》："大其园囿，高其台。"园囿基本上属于自然态的山水，是生产养息的基地，也为娱乐场所，带有审美性质。汉后多称"苑"，或称"苑囿"，如汉·董仲舒《春秋繁露·王道》："桀纣皆圣王之后，骄溢妄行，侈宫室，广苑囿。""园林"一词，是魏晋南北朝随着士人园的出现而出现的。西晋张翰有"暮春和气应，白日照园林"诗句，东晋陶渊明的诗歌则已经直接歌颂园林之美："静念园林好，人间良可辞。""诗书敦宿好，林园无世情。"唐宋以后，"园林"一词广为运用，如唐代贾岛《郊居即事》："住此园林久，其如未是家。"明代刘基《春雨三绝句》之一："春雨和风细细来，园林取次发枯萎。"清代吴伟业《晚眺》："原庙寒泉里，园林秋草旁。"园林已经成为传统园林的常用名称。当然，也有称"园亭""庭园""园池""山池""池馆""别业""山庄"等。

中国传统园林在几千年的农业文明时期，取得过辉煌的成就。不论从哲学思想、营造技术、文化艺术、空间形态等方面，中国传统园林都可称为中国农业文明的璀璨明珠。现代风景园林与中国传统园林相比，其时代背景发生了翻天覆地的变化。这种变化的根源是它们对应的社会文明形态截然不同。中国传统园林形成的背景是农业文明，现代中国风景园林形成的背景是工业文明和生态文明，准确地说处于这两种文明的过渡时期。当今中国的人口规模是农业文明顶峰期人口规模的3~4倍，产业也从以小农经济为主的简单结构转化为一、二、三产业复合的超级复杂结构，技术也从简单的新石器和铁器转化为现代工业技术、信息技术及绿色生态技术等多种技术并存的局面。就风景园林本身来讲，服务对象也从为少数人服务转化为公众服务，尺度从单一尺度转化为多样尺度，形态从园林、庭院等简单形态转化为包括国家公园和自然保护地、绿色基础设施、城市设计等在内的丰富多样的形态。因此中国的风景园林必须完成从传统到现代的转型，才能适应工业文明和生态文明新的时代要求,充分发挥风景园林在生态文明中的巨大潜力,以满足日新月异的实践需要。

21世纪初,中国环境、社会、经济和文化状况面临严峻的挑战,"城市雾霾""河流污染""垃圾围城""地质灾害"等环境问题日益成为制约中国社会经济发展的关键性因素。环境压力日趋严峻,或已到达危机的边缘;地域文化活力缺失和文化趋同现象日益明显;城市化水平持续快速发展,已经超过50%的水平;社会各群体不安全感快速提升,公众参与意识不断加强;经济减速带来的就业压力等后续影响有待深入观察;"精神沙漠化"令人担忧。中国正在经历着前所未有的快速城镇化过程,其所带来的环境和社会影响已经开始显现,"新型城镇化"也正在成为理论和实践探索的热点。

21世纪初是地球从工业文明转向生态文明的关键时期。其标志是国外学者提出的"生态生代"和"人类世"的概念,以及中国政府大力提倡的生态文明。生态生代（the Ecozoic Era）是由美国生态思想家Thomas Berry于1999年提出的。他在《伟大的事业:人类未来之路》中指出:继地球古生代、中生代和新生代之后,人类正在迎来"生态生代",即人类以共同受益的方式存在于地球上的一个时期。在这个时期,大学处于核心地位,因为"我们的教育机构不应当把目标放在为开发地球去训练专业人员上,而应当引导学生去建立与地球的亲密关系"。人类世（Anthropocene）是由诺贝尔奖获得者Paul Crutzen于2000年开始倡导的。虽然对人类世的起始时间定义不同,但是越来越多的科学家认为始于18世纪后半叶的工业革命,和其后地球人口的快速膨胀以及技术的迅猛发展对生物多样性、气候和微量元素产生了广泛深刻影响。这种影响使得人类文明从工业文明向生态文明、从"棕色"向"绿色"的转向。就中国而言,2002年党的十六大提出了"推动整个社会走上生产发展、生活富裕、生态良好的文明发展道路";2007年党的十七大明确提出了"生态文明"的概念;2012年党的十八大更是将"生态文明"提高到国家战略的高度,将生态文明建设与经济建设、政治建设、文化建设、社会建设一起作为国家发展"五位一体"总体布局中不可或缺的组成部分,并进一步在"美丽中国""国家公园""生态红线""生态修复"等予以体现。

以保护为优先目标的风景园林学,对中国人居环境和自然环境做出重大贡献。在保护和建设的天平上,作为人居环境学科之一,风景园林学扮演着十分重要的角色。风景园林学的根本使命是"协调人和自然的关系",决定了它有别于建筑学和城乡规划学的性质和任务。风景园林实践从保护强度上可分为自然文化遗产地的保护管理和（生态与文化）保护前提下的景观设计两个层次。甚至可以说,风景园林的一切实践都是某种程度上的保护性实践。从历史上看,风景园林是不同地域文明的璀璨结晶,是人类文明这顶王冠上的一颗明珠。"苏州园林""龙安寺""阿尔罕布拉宫""凡尔赛"等历史遗迹无不体现了"彼时彼地"思想、文化和艺术的最高成就。因此,没有"地域文脉"传承的风景园林学,是无根之木,不能开花结果;是无源之水,不能源远流长。

1.2 风景园林概念及其组成要素

1.2.1 风景园林相关概念

风景园林的概念产生于园林概念之后。古典园林包含风景园林的概念。现代园林的概念也有风景园林的含义,部分院校设置了园林专业偏向于园林设计方向。2011年我国设置风景园林一级学科后,风景园林的概念得到了进一步的明确。

1.2.1.1 园林概念

《中国大百科全书》（第2版）中园林的概念是:运用工程技术手段和艺术理论塑造地形或筑山理水,种植树木花草,营造路径及建筑物等所形成的优美环境和游憩境域。由此看出,现代园林的概念在传统园林的基础上内涵扩大了,变得十分宽泛。它不仅为人们提供游憩之处,亦有保护和改善自然环境，以及恢复人体身心疲劳之功效。故其含义不仅包含古典园林，而且泛指公园、游园、花园、游憩绿化带及各种城市绿地，以及郊区游憩区、森林公园、风景名胜区、天然保护区及国家公园等所有风景游览区及休养胜地，也都被列入园林范畴。这与英美各国的园林概念相当接近，英美将园林称为 garden、park、landscape 等，即花园、公园、景观等。事实上，它们的性质并不完全一样。

可见，"园林"这一概念，既有古今之别，也有广狭之分。东北林业大学出版社出版的《园林设计》（叶振起和许大为，2000）阐述的园林概念更为全面。广义的园林指在一定的地段范围内，利用并改造天然山水、地貌或者人为地开辟山水地貌，结合植物的栽植和建筑布置，从而构成一个供人们观赏、游憩、居住的环境。包括城市公园、街道绿化和工厂、单位、居住区及学校的绿化地及郊区林地。狭义的园林是指在一定土地范围内以观赏植物、园林建筑、园路、山石、水体等组成要素，运用艺术法则和工程技术手段构成一个供人们休闲、游览和进行文化娱乐活动的公共场所。它具有广义园林的基本内涵，但又有独特的艺术个性，即对一定地段范围的选择和对该地段环境的改造，必须是通过整体的艺术构思设计并通过艺术的手段和工程技术完成的，因而创造出来的自然环境具有审美价值。艺术手段，即涉及艺术创作的一系列范畴，包括园林创作的艺术理论，诸如相地、立意、选材、构思、造型、形象和意境创造等。所以，我们研究的园林，是为了补偿人们与大自然环境相对隔离而人为地创设的"第二自然"。这个"第二自然"，具有美的生境、美的画境及美的意境。

1.2.1.2 风景园林概念

国际上风景园林学科最重要的两个组织——国际风景园林师联合会（IFLA）和美国风景园林师协会（ASLA）就其学科或者从业者的定义如下。

IFLA 的风景园林概念：风景园林学（Landscape Architecture）将环境和设计结合起来，将艺术和科学结合起来。它关乎户外环境的方方面面，横跨城乡，联结人与自然。风景园林师工作的范围多样而广泛。从奥林匹克场区的总体规划，到国家公园和杰出自然地区的规划管理，再到城市广场和公园的设计，风景园林学滋养社区并且使其环境人性化和宜居。

ASLA 的风景园林概念：风景园林师分析、规划、设计、管理和滋养建成环境和自然环境。风景园林师在社区和生活质量方面具有重要影响力。他（她）们设计公园、校园、街道景观、步游道、广场和其他项目以帮助界定社区。

2011 年以前，中国学者大多只对园林学进行定义。2013 年出版的《高等学校风景园林本科指导性专业规范》针对"风景园林学"的定义较为全面："风景园林学（Landscape Architecture）是综合运用科学和艺术手段，研究、规划、设计、管理自然和建成环境的应用性学科，以协调人和自然的关系为宗旨，保护和恢复自然环境，营造健康优美人居环境。"

1.2.2 风景园林组成要素

风景园林艺术设计与其他艺术设计的主要区别是构成要素不同，风景园林的组成要素主要分为 5 种：地形、水体、园林道路、园林植物及园林建筑。

1.2.2.1 地形

地形是构成风景园林实体的基底和依托，是自然风景要素的艺术概括，不同的地形地貌反映出不同的景观特征。在风景园林设计中，地形以其极富变化的地貌，构成了风景园林水平与垂直空间的基础要素。

地形可以分为平地、坡地及山地，其中山地是丰富景观空间层次的重要环境因素。山地不仅直接影响外部环境的美学特征、人们的空间感和视野，而且影响排水、小气候以及土地的功能结构。正因山地这些重要的实用功能，以及风景园林设计中所有构景要素均依赖土地表面这一事实，山地成为风景园林设计过程中首要考虑的环境因素。在规则式园林中，山地一般表现为不同标高的地坪、台地；在自然式园林中，陆地的起伏形成平原、丘陵、山峰、盆地等地貌。

山地造景是结合土地的保护与利用，自然表达地形景观独特内涵的造景手法。山地造景强调的是山体本身的景观作用，注重地形本身的造景作用和美学功能。在把握基地地域特征和场所精神的基础上，将地形作为一个有效的视觉景观要素进行地表形态、空间关系和功能特性的整体设计，以创造极具视觉效果和感染力的山地景观。

1.2.2.2 水体

水体是风景园林的重要组成要素。以中国古典园林为主要特征的自然式、中国古典园林的水体是模仿大自然中的江、河、湖、溪、瀑、泉等自然水体形态，从水面形状、空间组织到依水而建的亭、台、楼、阁等建筑，都追求"虽由人作，宛自天开"的意境。明代文震亨在《长物志》写道，"石令人古，水令人远，园林水石，最不可无"，可见山水对中国古典园林的重要性。山水是中国园林的主体和骨架。山，支起了园林的立体空间，以其厚重雄峻给人以古老苍劲之感；水，开拓了园林的平面疆域，以其平静的水面给人以宁静幽深之美。

水体在中国传统自然式园林中常常成为支配性的要素，影响整体空间的布局结构，决定了园林内局部或整体的景观特征和面貌。山因水活，水随山转，山水相依，相得益彰。山实而水虚，两者产生虚实的对比；山静而水动，两者动静结合构成园景；登山望远，低头观水，产生垂直与水平的均衡美。中国园林素以再现自然著称于世，而掇山理水实为中国造园技法之精华。"山贵有脉，水贵有源"，只有脉源贯通，才能全园生动。大水面宜分，小水面宜聚。水分而见其层次，游无倦意；水聚则不觉其小，览之有物。

与自然式园林不同的是，以西方古典园林为主要特征的规则式园林的水体景观不再模仿大自然的水体形态，其从建筑出发，形成控制整个园林的结构。建筑在西方传统规则式园林中占支配性的地位。水景作为重要的造园要素，通常设在轴线上，将园林中的各要素结合在一起，形成不可分割的统一整体。各个水景之间存在层层递进的关系，形成空间序列。水体大部分都是几何形布局，如圆形、矩形、正方形等，水体形式也呈规则几何式，简单直接、一览无余。驳岸一般采用大理石等石材，硬质驳岸有简单的几何形状。静态的大水面以矩形的形式呈现，如运河；动态的水景以喷泉、跌水、整形式瀑布等水景形态呈现。水景往往位于主轴线或者次轴线上，构成全园的主景，或者某个景区的主景。

由此可见，无论规则式还是自然式，无论中国还是西方，水体以其无形可塑、动静结合、无色无味、易与其他园林造景要素相融合等特点，构成了风景园林不可或缺的造景要素。

1.2.2.3 园林道路

园林道路不同于城市交通性的道路，对交通的要求一般不以捷径为准则。总体上园林道路的交通性从属于游览性，不同等级的园林道路又有差异，一般主要道路比次要园路和游憩小径的交通性强。

园林道路的整体布局是依据园林的设计形式而定的，它的布局形式则是依据地形地貌、功能分区、景色分区、景点以及风景序列等要求决定的。园林道路是组成游览路线的主干，是园内广场、建筑、景点内部的活动路线。园林道路的总体布局往往会形成一个环网。园路所形成环网的艺术美，不仅在于它组织园林风景序列，而且它本身还是风景园林的构成要素。这个路网可以是由规则式园林中纵横交织的主路、次路、小路形成，也可以是由峰回路转、曲径通幽的自然式园林中的曲路形成。但无论哪种园路一般都不会让游客走回头路，以便能游览全景。园路所形成的路网会引导游客逐一欣赏园林中的美景。

1.2.2.4 园林建筑

园林建筑是建筑的一种特殊类型，不同于公共建筑或居住建筑等一般意义上的建筑。园林建筑的概念并不限于"园林中的建筑"，广义的园林建筑是指处于景色优美区域内，与景观相结合，具有较高观赏价值并直接与景观审美相联系的建筑环境。"可行、可望、可游、可居"是其不同于一般建筑的特征。园林建筑有着极为丰富的文化内涵，是人类从事各种文化活动而形成的不同于自然景色的人文景观，并与所处的环境紧密关联，其本身就是优美景色的组成部分之一。

古人对人与自然关系的认识以及由此而形成的"天人合一"的宇宙观，促进并形成了我国特有的自然山水审美标准。无论儒家还是道家，观赏自然山水都不是单纯欣赏山水的自然形态，而是着眼于满足人的精神需求。园林建筑是自然山水体现人文精神的主要中介之一，是人类审美意识和创造力在自然环境中的物化表现。园林建筑的价值不仅在于建筑自身，更在于建筑与自然环境之间的关系。园林建筑所依存的环境是一个复杂的系统，它是自然、社会、人文、技术等实存环境以及该地区历史、神话传说、社会心理等共同作用的结果。

园林建筑与环境的适应程度，关系到景观环境整体的审美价值。随着时代的发展，新的生活方式、材料和技术使园林建筑的内容和形式发生了改变，类型逐渐增多，规模逐渐扩大，以此来满足人们的欣赏趣味和审美要求的变化。虽然有些传统的园林建筑如亭、廊、榭等仍广泛采用，但其形式和艺术表现上均发生了变化。另外，也相应地产生了许多新类型园林建筑，如旅游接待建筑、疗养院、俱乐部等休闲类的建筑，风景优美的展览馆、阅览室、博物馆等文化宣传类的建筑，也有活动中心、游船码头等文娱类建筑，餐厅、茶室等服务性建筑，植物园的观赏温室、盆景园的陈列设施，以及纪念性的馆、碑、墓、塔等特殊建筑。这些园林建筑与所在环境中的地形、植物、水体等共同组成丰富的自然和人文景观。文化展览、纪念性园林建筑更是通过对当地的风土人情、历史传说、名人遗迹等的展示，使风景环境的文化内涵在更深层次上得到表现。园林建筑的这些类型与特征，赋予其新的创作观念和内容。因此，中国现代园林建筑源于中国传统而又超越传统，形成了与现代化社会和文化发展相适应的新型园林建筑。

1.2.2.5 园林植物

园林植物是风景园林创造"景物→意境→情感→哲理"过程中的主要组成部分。植物春夏秋冬季相特征本身就是大自然四季变化的外貌特征，通过植物生长中干、枝、叶、花、果的生物学特征，及植物在生长发育过程中的高低、色彩、花果形态的不同，展现出春华（以花胜）、夏荫（以叶胜）、秋叶（以色胜）、冬实（以果胜）的季相变化。植物通过花开花落、叶展叶合来实现植物空间开阔或封闭的对比。园林植物不仅是风景园林造景的重要因素，并且人们可以从植物中感受大自然生物的生命周期。

园林植物景观是以植物为载体，与科学、美学、艺术相结合的艺术。植物景观是城市景观的主要组成部分，也是组成园林景观的主要要素之一。植物造景，就是运用乔木、灌木、藤本及草本植物等题材，通过艺术手法，充分发挥植物的形体、线条、色彩等自然美，也包括将植物整形修剪成一定形体，来创造植物景观。

随着生态园林建设的深入和发展，以及景观生态学、全球生态学等多学科的综合，植物造景的内涵也随着风景园林的外延不断扩展，不再仅仅是利用植物来营造视觉效果的景观，还包含生态景观、文化景观等。这是对我国传统园林中自然山水园林理论的拓展，使植物造景的科学性、艺术性及实用性在生态园林的建设中更臻完美。园林植物造景的设计艺术是园林建设的各个环节中造景得以实现的工作方法和手段，它是现代园林发展的重要时代特征与理论和实践相统一的基础保障。

1.3 风景园林属性

学习与从事风景园林的相关学习与工作，首先要了解风景园林，了解其性质、任务；既要了解它的现在，也要了解它的过去；既要了解中国的风景园林，还要了解世界风景园林，从中认识风景园林的社会性与时代性、民族性和地方性。从风景园林的组成要素和多学科的综合特点，认识风景园林的实用与观赏的双重性。

1.3.1　风景园林社会性与时代性

　　风景园林的产生和发展与社会制度、社会生产力和社会经济、文化的发展有着不可分割的关系。我国风景园林从3000多年前殷商时期的"囿"开始，经过秦、汉、隋、唐、宋、元、明、清历代王朝的兴衰演替，形成了中国特有的"自然山水风景园林"。它蕴含着中国传统的哲学思想和技术文化的精华，也残留着封建社会的糟粕。在清末以后的半封建半殖民地历史时期，中国的风景园林事业停滞不前，甚至遭到破坏，西方殖民统治者在天津、上海的租界地中建起了饱含西方风景园林色彩的庭院和公园。此时中国封建社会的风景园林只是统治阶级享乐的场所。民国时期虽将几处皇家园林对外开放，却票价高昂，一般百姓望而却步。而且只有消耗破坏而无修缮，国内个别城市在新派人士支持下兴建的几处公园，也是设施简陋，无规模可言。新中国成立后，随着全面推广城市绿化和公园建设，将城市风景园林绿化建设纳入城市总体规划，提出"绿化祖国""实行大地园林化"口号的推行。尤其是在改革开放40余年，随着社会经济的不断发展，随着城市化的进程和房地产的开发，风景园林的建设也在全国范围内如火如荼地发展，各地区、各城市、各乡村的环境都发生了巨大的变化。中国风景园林开始进入了新的发展时期。

　　风景园林的社会性还表现出不同的时代特征。例如，新中国建设的一些公园虽然形式上继承了中国自然山水风景园林的传统，在内容和功能上却不同于封建社会的帝王宫苑和文人富贾的私家园林。因为社会变了，服务对象也变了。首先是游园人数多，公园容量增大，只有平地面积增加，道路加宽才能便于游人的集聚和疏散。公园中要设置小卖部、茶室、展览室、公厕和儿童活动场地等供人民群众游览活动的设施设备。由于公园还具有改善城市环境的任务，所以园内植物种植面积要占60%以上，要严格控制建筑与铺装广场的面积比例。即使是同样的社会制度，由于科学技术和经济发展程度的不同，思想意识与审美标准的变迁也会有不同的时代特征。例如，20世纪50年代和60年代初新建的风景园林建筑多为木、竹结构，形式上传统成分多，创新少；70年代末到80年代的风景园林建筑则多采用钢筋混凝土结构，一些新材料、新技术的应用带来了形式的变化。改革开放以后，尤其是进入21世纪以来，随着经济的发展，中国的风景园林建设作为城市建设的重要内容，在全国范围内发生了天翻地覆的变化，在改善城市环境与城市景观建设的同时，也成了促进政治、经济、文化发展的重要举措。

　　基于风景园林与社会发展的关系和表现出的时代特征，人们将世界风景园林的发展过程归纳为3个阶段，即：自然阶段、人工阶段和生态学阶段。被认为最早的风景园林形式"囿"，见之于我国和波斯，此阶段人类有意识地选择和利用自然林地资源。这种利用自然林地资源时期被称为自然阶段。当人们掌握并不断提高种植技术和建筑技术，审美意识逐渐成熟并开始进行人工造园的时候，此时期称为人工阶段。这个阶段包括皇家园林、寺庙园林、私家园林、邑郊别业和现代城市公园。由于近代生态学的兴起，使人类开始重新认识人与自然之间的内在关系，党的十八大更是把生态文明作为基本国策，保护生态环境、城市的绿化建设是恢复良性生态循环的重要手段之一。我们把增添了生态内容的风景园林称为生态学阶段。3个阶段的划分虽然是以风景园林的实用功能作为主要依据，但也清楚地说明了风景园林的社会性和时代性。

1.3.2　风景园林实用性与观赏性

　　组成风景园林的地形、水体、建筑、植物、道路等几种要素都具有实用和观赏的功能。

　　风景园林的实用功能包括两项内容。一是保持城市生态条件不被破坏并改善生活环境。实现这种功能的主要素材是风景园林植物、地形和水体。植物除了能在光合作用时吸收二氧化碳、释放氧气之外，还可同水体一起调节空气温度和湿度，削弱噪声，减少污染，防风涵水。运用风景园林植物和地形的起伏围合，形成不同的小气候。这种功能称作环境保护性功能。二是为游人提供休息、游览和进行文化娱乐活动的设施和场所。完成这些功能的主要素材是风景园林建筑和构筑设施。例如，供人休息、观赏的亭、廊、花架、坐凳，供人饮食的小卖部、茶室、冷饮室、饭店，供人进行文化娱乐的活动展览室、棋艺室、游艺室、旱冰场、门球场和儿童活动场，还有供游人游览的道路、桥梁、游船和码头等，这些可称作使用性功能。

风景园林的观赏功能也可以从两方面去理解。一方面是风景园林组成要素本身的质地、形态、色彩等表现出的自然美的素质。大自然中的山水、植被、气候、天象都体现自然美，也是中国传统美学思想和艺术创作的源泉。在中国传统风景园林中以自然景观为题材的景点很普遍，数不胜数。如杭州西湖的十大景点，除南屏晚钟一处外，其他九处：苏堤春晓、平湖秋月、花港观鱼、柳浪闻莺、双峰插云、三潭印月、雷峰夕照、曲院风荷、断桥残雪，都是以自然景象为主题。另一种观赏功能的体现是通过人工技术与艺术手段塑造出的人工美和艺术美。这方面在西方的风景园林中非常突出，因为西方造型艺术的最高表现是建筑和雕塑，对花木、草地、水景、道路都是用对待建筑和雕塑的眼光和办法处理，它们的道路、水景、树木、花卉都体现着以人的理性为主导的人工美和艺术美，崇尚自然的中国风景园林虽然也有体现理性的人工美，更多的则是遵循"虽由人作，宛自天开"的审美准则。

风景园林的实用性和观赏性是在统一的风景园林整体中体现的，每一个有实用价值的要素和单体也应具有观赏价值，能分别体现出自然美、人工美和艺术美。一座山体、一片水面、一栋建筑、一株树木、一个座椅，甚至一块山石都应考虑它的实用性和观赏性。

1.3.3　风景园林多学科性

风景园林的实用性和观赏性以及它的组成要素说明风景园林是个多学科的综合体。广义地讲，它跨越自然科学与社会科学两大领域。风景园林中的植物、动物、建筑与道路、桥涵等构筑设施都属于自然科学范畴。这些组成要素又分别涉及多种专业学科。例如，风景园林建筑属于建筑学范畴，包括建筑、结构、采暖通风等相关的建筑专业知识；风景园林的地形、水体、道路设计和施工都涉及测量学、土石水景工程、道路桥梁工程、给排水工程等多项专业技术。风景园林植物本身就是观赏植物，它涉及植物学、观赏树木学、花卉栽培学、土壤肥料、遗传育种、栽植抚育、病虫害防治、城市生态等学科。属于社会科学范畴的有：风景园林雕塑，风景园林建筑造型设计及匾额楹联和碑刻表现出的文学、书法、篆刻艺术，风景园林盆景艺术和插花艺术，风景园林假山砌筑、花坛与喷泉设计。风景园林的多学科性要求风景园林设计者知识广博、技术多面，在融合相关学科知识和技术时要符合风景园林特征。

1.3.4　风景园林地方性与民族性

从风景园林的社会性可以延伸出风景园林的地方性和民族性。因为决定风景园林地方性与民族性的因素是社会条件和自然条件，大到世界三大风景园林系统的划分，小到同一国家不同地区的风景园林差异，无一例外。从社会条件讲，首先是不同国家和民族的哲学思想、审美意识与文化传统所形成的民族风俗、气质和性格不同；其次是地方或国家间的经济发展程度和社会生活水准不同。例如，中国风景园林师法自然，讲究诗情画意，重视情景交融的意境；以希腊和意大利为代表的欧洲园林，在西方哲学思想影响下强调理性，重造型、轻意境。形成两种风景园林系统的主要因素是社会条件，次要因素是自然条件。具体在中国境内，由于国土幅员广阔，民族众多，地理气候差别较大，经济和文化技术发展还不均衡，即使在哲学思想与传统审美意识方面相差不大，也会有明显的地方性和民族性。例如，同属中国古典木构架的亭子，江南的亭子飞檐翘角非常夸张，翘角有如飞鸟的双翅向上翘起，亭顶面用青瓦铺设，常用仙鹤装饰宝顶，亭柱较细；北方的亭子虽也有飞檐翘角却不夸张，亭顶厚重，皇家园林中的亭顶都用琉璃瓦铺设，亭柱较粗，就是亭子构架形式和亭顶坡度也有差别。再如，地处寒温带的哈尔滨，每年有6个月是冬季，历史最低温度为-40℃，年平均气温3.5℃，凉爽的夏季是人们户外活动的黄金时期，届时，绿树成荫，花团锦簇，风景园林中游人不绝。尤其是松花江边的沙滩、碧水、蓝天和充沛的阳光，更是哈尔滨人迷恋的地方。野游、野浴、野餐是哈尔滨人的习俗。生活在半年寒冬中的哈尔滨人利用严寒的自然条件创办了冰雪园，成立了冰雪节。每年一度的冰灯游园会和多种冰雪活动，丰富了哈尔滨人的冬季户外生活，也招揽了大量国内外观光游客。哈尔滨已成为闻名世界的冰雪艺术城。由于气候的缘故，哈尔滨的风景园林植物种类和植物景观效果不能与江南的相比，但是，运用地区的乡土树种配合地方气候条件却有粗犷豪放的地方特色。正所谓："骏马秋风蓟北，杏花春雨江南。"这是自然气候的造化。从社会条件讲，哈尔滨是随着1898年中东铁路修建而兴起的城市。半封建半殖民地的中国使沙俄、德国、波兰等外国侨民和外商涌入哈尔滨，随之也带来了异国文化和技术。欧洲的哥德式、巴洛克式建筑遍及城市中心地带，致使哈尔滨又有东方小巴黎和东方莫斯科的别号。新中国成立后，哈尔滨又是受苏联影响最大的城市，主要表现在：风景园林多为规则式，尖屋顶木结构的俄罗斯风格的风景园林建筑非常突出，树木栽植习惯为行列式；风景园林雕塑多，五色草花坛是城市绿化美化的特色。

1.4 现代风景园林发展趋势

1.4.1 风景园林设计发展趋势

国际现代风景园林设计的发展趋势表现在以下几个方面。

（1）以自然为主体

中国传统园林一直是以崇尚自然、师法自然的山水园林为主要特征并著称于世。随着现代化和城市化的发展，导致环境恶化，保护自然生态环境以及在城市中再现自然已经成为城市发展建设的首要任务。尤其是党的十八大明确提出的生态文明更是为风景园林的自然化发展指明了方向。生态文明关注的是人与自然的关系；保护生物多样性，防止环境污染和生态破坏；自然是人类生存的基础，人类应当尊重自然、保护自然、利用自然，并与自然和谐共生。

（2）以生态为核心

生态学的重要意义之一在于使人们普遍认识到将各种生物联系起来的各种依存方式的重要性。

就风景园林设计而言，所有的风景园林要素是相互关联的。设计就如同植物嫁接一样，如果砧木、接穗和嫁接方法等选择不当，嫁接就很难成功。同样，如果风景园林师在设计中随意去掉一些风景园林要素，或破坏了各景观元素之间的联系方式，极有可能在许多层面影响到原先错综复杂、彼此连接的景观格局。这类设计手法对于非自然环境而言，造成的后果还不是很严重，只不过是原有景观类型的消失而已。然而，对于那些以生物为核心的自然环境，这样的风景园林设计方案就会造成自然破坏，而且设计本身也难以获得成功，强行实施后或者遭到原有景物的排斥，或者代价昂贵。

生态优先、节约型园林和低碳维护管理是现代园林的热议问题，资源环境的节约，回收利用废物，垃圾循环改造是园林设计不断追求的贴近自然的方式。而最近提出的城市双修则是对生态修复、城市修补，是治理城市问题，改善人居环境，转变城市发展方式的有效手段，它有计划有步骤地修复被破坏的山体、河流、湿地植被。将以人为本、因地制宜、和谐共生的原则贯穿于城市建设中。对于民生改善、文化传承、城市文明建设发挥着重要的作用。

（3）以地域为特征

地域性景观是指一个地区自然景观与历史文脉的总和，包括气候特点、地形地貌、水文地质、动植物资源等构成的自然景观资源条件及人类作用于自然所形成的人文景观遗产等。风景园林设计的要旨就是要再现本地区的地域景观特征，包括自然景观和人文景观。

在某个地区中，各个风景园林要素彼此之间是相互联系的，并与周围的自然与人文特征相结合，构成人们所观察到的景观类型。风景园林设计应从大到一个区域、小到场地周围的自然和人文景观类型和特征出发，充分利用当地独特的自然和人工风景园林要素，营造出适合当地自然和人文条件的景观类型，以及适应当地生活习俗营造景观的方式。

（4）以场地为基础

任何场地都具有大量显性或隐性的景观资源。作为风景园林师不仅要具备各种相关的专业知识，尤其还要具备对景观的敏锐观察能力，以及对景观变化机理的洞察能力。风景园林师首先要深入细致地了解并理解场地，努力把场地含有的各种信息收集、归纳并联系起来，将场所的重要特征加以提炼并运用于设计之中。同时，还应该能够预见场地整治的变化方向，始终明确场地的改变过程。实际上，风景园林师对场地的观察分析本身就是设计过程。

此外，常常出现这样的情况，就是人们起初认为有问题需要整治的地方，其实并没有什么大的问题，而问题很可能出在别处。两块场地之间的转换之处，通常是最有可能出现问题的地方。因此，优秀的风景园林师往往从场地的周边环境整治着手，而不是马上进入场地本身的整治中。

（5）以空间为骨架

风景园林是由实体和空间两部分组成的，空间是风景园林设计的核心。所有景物都属于某个彼此紧密相连的空间体系，并以此区分开风景园林空间与实体。

空间的特性来自该空间与其他空间的相互关系。在一个空间内部，如果继续以其空间的边界为参照的话，还存在亚空间，又与其亚边界相联系。因此，风景园林设计不能轻易地破坏各种风景园林边界在空间中存在的形态。风景园林空间具有一定的扩展能力，它们以某种方式与邻里空间共同存在、同被欣赏，形成某种空间联合体。地平线是风景园林空间的边界，随着观察者的移动，它也在不断地运动变化。因此，风景园林设计不仅要关注空间本身，更要关注该空间与周边空间之间的联系方式，即一个空间以何种方式转换到邻里空间，然后再以何种方式转换到下一个邻里空间。如此由近至远，逐渐抵达遥远的地平线，从而形成相互之间有机联系的整体性景观。

（6）以简约为原则

简约的设计手法即要求用简要概括的手法，突出风景园林设计的本质特征，减少不必要的装饰和拖泥带水的表达方式。

简约是风景园林设计的基本原则之一，简约手法至少包括三个方面的内容：①设计方法的简约，要求对场地认真研究，以最小的改变取得最大的成效；②表现手法的简约，要求简明和概括，以最少的景物表现最主要的景观特征；③设计目标的简约，要求充分了解并顺应场地的文脉、肌理、特性，尽量减少对原有景观的人为干扰。所谓最优秀的设计作品就像未经过设计一样。国际风景园林设计师们越来越倾向于用简约的方法去整治空间，正如道家的"无为而无不为"。实际上并没有一无是处的空间，它同样在演变，同样拥有某种吸引力。最低劣的空间在某种程度上也可能具有一些积极的方面。中国风景园林师更应注重简约的设计风格，不要轻易改变空间，应充分认识并展示空间的个性特征。

（7）以科技为手段

随着城市结构的复杂化，现代风景园林作为综合的大型项目，需要寻求更多设计思路，因此鼓励创新、激发灵感。计算机与网络的发展标志着工业时代的降临，利用现有科技加上精密仪器的手段，实现智能绘图技术的革新，这也是未来园林规划的发展趋势。

利用信息技术与环境技术设备对环境相关因子进行参数化和数字化精确调控，并估算出能源与生态效益；利用人工智能技术，其功能可对环境做模拟实验，根据气象、温度、湿度及风力等自然因素的变化而自动调节，创造出高效、舒适、节能和安全的环境。

1.4.2 新技术应用发展趋势

风景园林新技术应用方面的发展趋势包括以下几个方面。

(1) 大数据

时空大数据（spatiotemporal big data）、大数据平台（big data platform）、大数据分析（big data analysis）和大数据应用（big data application）是近年来引起各行各业普遍关注的重要领域，相关的研究成果涉及时空大数据内涵解析与发展机遇、大数据平台构建与数据管理、大数据分析技术与数据挖掘、大数据应用探索与决策支持等多个方面。

时空大数据与普通大数据相比，具有空间性、时间性、多维性、海量性、复杂性等特点。景观时空大数据不仅具有大数据的6V基本特征，即规模大（volume）、种类多（variety）、变化快（velocity）、真实性（veracity）、化合性（valence）、价值性（value），同时又具有时空大数据的特征，即景观大数据的客观性、多元性、动态性、精细性、现势性、人本性。

景观大数据在移动通信大数据、定位导航大数据、环境感知大数据、社交网络大数据、数值模拟大数据、景观照片等方面都取得了明显的成就。例如，在环境感知大数据中（刘松等，2018）研究了一种依靠可穿戴生物传感器进行实景环境实时情绪感受评价的新方法；依靠实验方法通过心电传感器、脑电传感器、电传感器、皮温传感器、皮电传感器和呼吸传感器，记录实时环境行走中的人的情绪体验，再与全球定位系统空间位置做数据融合，生成具有空间属性的情绪评价轨迹，能够较好地反映受空间影响的情绪反应，提升景观环境设计对用户心理及情绪的积极作用。

(2) 3S技术

随着3S技术（图1-3）的不断发展，其应用领域越来越广泛。3S技术已应用于国内外现代景观设计中。景观设计大师麦克哈格在其《设计结合自然》一书中所用到的分层与叠加分析的方法与地理信息系统（GIS）通过空间数据建立主题图

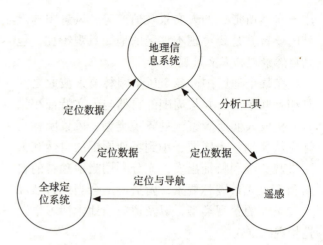

图1-3　3S技术原理

层，并利用空间分析功能得出相关结论的理念几乎是完全一致的。在景观设计的初期，通常会运用遥感（RS）影像以及卫星图片对场地周边的基础信息进行认知和分析，在进行设计之前通常会运用地理信息系统进行基础的场地分析（如高程分析、坡度、坡向分析）以及场地的生态适宜性分析等，为后期的景观设计提供更为科学的依据，让景观设计从感性走向理性。

(3) 景观模拟与仿真技术

景观模拟与仿真是现代信息技术在景观设计中的应用，是对传统景观设计技术与方法的创新。景观模拟与仿真不仅适用于景观学的理论研究，同时也适用于不同尺度景观空间的模拟，并将景观过程与景观格局虚拟呈现。景观模拟与仿真的关键在于建立完整的景观信息系统，并在景观演化过程与格局之间建立内在因果机制。景观模拟与仿真目的在于实现一个连续的景观机理过程，而不是不同时刻静态景观系列的组合。

仿生化不仅可在形态上仿生，也可在技术上仿生。利用新技术及材料模拟生物高度完善的性能与自组织进化过程，获得高效低耗、自觉应变的保障系统及其内在机理，使其成为自然生态系统的有机组成部分。

(4) 照明新技术

随着生态技术和信息技术的快速发展，能源和新材料技术、远程监控技术、多媒体技术、通

信技术以及网络技术的日趋成熟，充分利用照明系统信号的采集、存储、加工和灯光控制的远程传输，满足景观区域数字照明建设的需要，实现高效节能、生态绿色的科学照明方式，使得城市景观得以昼夜延续。2010年上海世界博览会（简称上海世博会）色彩斑斓的城市景观就是照明新技术与现代景观设计有效结合的经典案例。照明技术的快速发展使得城市景观不再局限于白天，夜晚五颜六色的照明令城市夜景更加丰富多彩。

小结

本章介绍了风景园林的相关知识。首先梳理了风景园林的发展历程，以奥姆斯特德等世界风景园林的先驱为代表，讲述其对世界风景园林发展的贡献，同时明确了 Landscape Architecture 英文名称的演变。中国风景园林的发展历程主要是在中国古典园林的基础上，发展到现代风景园林的历程。其次，阐述了园林与风景园林概念，风景园林概念在园林概念的基础上，国际风景园林师联合会（IFLA）、美国风景园林师协会（ASLA）及《高等学校风景园林本科指导性专业规范》针对"风景园林学"的定义。再次，介绍了风景园林五大要素——山、水、园林道路、园林植物、园林建筑，进一步阐述了风景园林的社会与时代性、使用与观赏的双重性、多学科性及地方性与民族性。最后简单地总结了风景园林的未来发展趋势。

思考题

1. 简述风景园林的发展历程。
2. 何谓园林与风景园林？其组成要素有哪些？
3. 简述风景园林的基本属性。
4. 风景园林专业人才所需要的知识和能力基本素质有哪些？
5. 简述现代风景园林发展的主要趋势。

推荐阅读书目

1. 中国园林艺术概论. 曹林娣. 中国建筑工业出版社，2009.
2. 中国园林美学. 金学智. 中国建筑工业出版社，2005.
3. 中国园林艺术小百科. 张家骥. 中国建筑工业出版社，2010.
4. 移天缩地：清代皇家园林分析. 胡洁. 中国建筑工业出版社，2011.

上篇　总论

第2章
风景园林文化与艺术

《辞海》对文化的内涵有广义和狭义之分。广义文化指人类在社会实践过程中所获得的物质、精神的生产能力和创造的物质、精神财富的总和。狭义文化指精神生产能力和精神产品，包括一切社会意识形式：自然科学、技术科学、社会意识形态；有时又专指教育、科学、文学、艺术、卫生、体育等方面的知识与设施。苏联哲学家罗森塔尔·尤金的《哲学小辞典》称"文化是人类在社会历史实践过程中所创造的物质财富和精神财富的总和"。1871年，美国人类学家泰勒在《原始文化》书中写道："文化包括知识、信仰、艺术、道德、法律、习俗和任何人作为一名社会成员而获得的能力和习惯在内的复杂整体。"莫伊谢依·萨莫洛维奇·卡冈将文化分为物质的文化、精神的文化和艺术的文化三个层次。

风景园林艺术是以真实的自然物为材料，经过艺术的人工改造而形成的空间环境，是综合了自然因素与人文因素的审美景观。通过掇山理水、种植花草树木、营造建筑、开拓路径等改造陆地地貌的活动，在一定的地域内，风景园林艺术将山水、花木、建筑等组织成为具有空间性和氛围性的立体环境，以满足人们休息、娱乐、游览的需要。它是通过园林的物质实体反映生活美，表现园林设计师审美意识的空间造型艺术。它常与建筑、书画、诗文、音乐等其他艺术门类相结合，成为一门综合艺术。

2.1 中国风景园林文化与艺术

2.1.1 中国风景园林文化

中国风景园林是中国五千年灿烂文化孕育而成的，因此，中国风景园林文化也是中国传统文化的重要组成部分。

中国古代的文化概念，偏重于狭义的精神层面。《周易·贲》："观乎天文，以察时变，观乎人文，以化成天下。"唐代孔颖达说过："圣人观察人文，则诗书礼乐之谓。"主要指文学艺术和礼仪风俗等属于上层建筑，即文化就是在历史上一定的物质资料生产方式的基础上发生和发展的社会精神生活的总和。

中国风景园林创造的是一种"第二自然"，而"自然"当然是物态化的，它是可观、可游、可赏的，是可以直接诉之于人们感官的。但是这种"第二自然"是"替精神创造一种环境"（黑格尔）。这种"环境"，体现了古代文人士大夫实现人生理想方式的一种选择，其"精神"充分地体现了古代士大夫的内心世界，特别是人格精神，而"人格是文化理想的承担者"。园林从本质上说是体现古代文人士大夫的一种人格追求，是古代文人完善人格精神的场所。诚如费夏所说："观念越高，便含的美越多，观念的最高形式是人格。"文化的魅力正来源于文人士大夫的人格精神。园林也成了中国文化的一种精神性象征，成为中国文化的重要载体。基于此，曹聚仁在《吴浓软语说苏州》中写道："苏州才是古老东方的典型，东方文化，当于园林求之。"

可见，中国风景园林文化包括物态文化层面，其中应该包含有莫伊谢依·萨莫洛维奇·卡冈所说的艺术层面，也包括心态文化层面，因而，属于中华文化的特殊范畴。物态文化指凝结在园林的表层结构载体上，具体地指凝结在构成园林的四大物质要素，即建筑、山石、水体和植物表层结构上的可视、可感文化。如建筑包括屋宇、建筑小品以及各种工程设施，园林建筑样式、布局、木构架、大屋顶、须弥座、斗拱、彩画等，从中体现出来的制度文化和习俗行为文化，如山水崇拜、图腾崇拜等，它们不仅在功能方面必须满足人的游憩、居住、交通和心理的需要，同时还以其特殊的形象而成为园林景观必不可少的一部分（图2-1、图2-2）。

山水文化一直贯穿中国古典园林发展的始终，从先秦、秦汉时期的山水崇拜，到魏晋南北朝时期的游山玩水，唐宋时期的山水诗画艺术，发展到明清时期造园的掇山理水。将"一拳则太华千寻，一勺则江河万里"的山水文化意境表达得淋漓尽致。如中国古典皇家园林的山水布局常采用"一池三山"的形式，一池代表昆明池，三山分别代表着方丈、蓬莱、瀛洲三座神山，即是源于秦汉时期山水崇拜、帝皇祈求长生不老的神仙思想的

图2-1　拙政园芙蓉榭

图2-2　环秀山庄假山

山水文化表达。心态文化指风景园林物质建构的深层结构的非物态化存在，飘离在物质载体之外，隐藏在物质形式的背后，透过物质建构所反映的社会心理、思维模式、传统价值观念、生活方式、行为方式、哲学意识、伦理道德、文化心态、审美情趣等。狄尔泰认为，整个世界由机械的"自然世界"与充满人的心灵自由的"人文历史世界"所构成，单用机械的自然科学因果论解释不了复杂的充满生机的人类精神现象（因此，单纯的科学技术是不够的）。人的全部行为和活动（包括风景园林）及其产物都是有意义，并传递着意义的，都具有符号学与象征的特征，都需要理解和解释。对此，必须把握"体现在某个物质符号中的精神现象活动"，并"复原它们所表示的原来的生命世界"。某些苏州园林园名包含着园主人的退隐心态，如网师园即"结渔网打鱼作渔翁"之意，沧浪亭则取自屈原的《渔父》"沧浪之水清兮可以濯吾缨；沧浪之水浊兮可以濯吾足"的隐者心态。

2.1.2　中国风景园林艺术

风景园林艺术是设计师运用总体布局、空间组合、体形、比例、色彩、节奏、质感等园林语言，将社会意识形态和审美理想反映在园林形式上。它构成了特定的艺术形象，形成一个更为集

中的审美整体,以表达时代精神和社会物质文化风貌。

中国古典园林在物质要素的构建基础上,鲜明地表现出精神性的特质。鲁枢元从生态艺术学的视角曾指出:"诗歌、小说、音乐、绘画、书法、雕塑……就是人类精神世界的丛林,它们就是人类生机、活力的象征,是精神发育的源泉,是对日常平庸生活的超越,是引导人们走向崇高心灵的光辉。"中国古典园林几乎把当时可能出现的艺术门类与精神文化种类全部综合到园林领域之内,或者说,把人类种种生机、活力都根植于肥沃的园地里,让园林的精神因素发育成为综合艺术的丛林。

2.1.2.1 综合艺术——集萃式的综合艺术王国

中国古典园林的艺术综合性,是在中国传统文化的大系统、大背景下形成的,因此,只有把它放在中国传统文化的大系统中,才能在宏观上整体地加以把握,才能在本质上对此有较为深入的认识。

从综合性的这一视角看,中国古典艺术是一个大系统,其中大体可以分为四个不同的子系统。其一是诗、乐、舞的动态综合艺术系统,《毛诗序》早就揭示了三者关系,后人又在此基础上进行了多方面的阐释;其二是诗、书、画的静态综合艺术系统,具体表现为中国美术史上大量诗书画"三绝"的名家和名作,郑板桥还有"三绝诗书画 一官归去来"的名联;其三是集萃式的以动态为主的综合艺术系统,这就是独具风采的戏曲;其四是集萃式的以静态景观与动态观赏相结合的综合艺术系统,即体现了人文艺术综合化的中国园林。

中国园林是一个大型繁复的、以静态景观和动态观赏为主的综合艺术系统。它和中国具有独特风采的戏曲一样,几乎拥有一切艺术门类的因素。这个综合系统工程包括:作为语言艺术并富有哲理、意境的诗或文学;作为空间静态艺术并诉诸视觉观赏的书法、绘画、雕刻以及艺术造型的建筑、工艺美术、盆景等;还有作为时间动态艺术并诉诸听觉欣赏的音乐、戏曲等,它们互相包容,相互表里,相互补充,相互生发,建构着一个集萃式的综合艺术王国。

(1) 中国古典诗文与风景园林艺术

陈从周在作《说园》曾精辟地论述过园林与中国古典文学的关系:"中国园林与中国文学盘根错节,难分难离。我认为研究中国园林,似应先从中国诗文入手,则必求其本,先究其源,然后有许多问题可迎刃而解。如果就园论园,则所解不深。"

这是深谙中国风景园林艺术渊源的经典之论。唐宋至明清的写意山水园,多为著名文人书画家所构思创作,园中诗情画意为尚,以文学的意境为宗,如具有文学内涵的园林命名、文采韵致的景观题名、文采飞扬的名人园记、中国文学名著中描绘得精美绝伦的园林。中国古典园林与中国古代文学同根同源,是中国传统文化的不同艺术表达形式,两种艺术互为渗透,相得益彰,园林的意境因诗文而越发深远,而赞美园林的诗文更因脍炙人口而源远流长。

① 中国园林的"文心" 寻绎中国古典园林的《离骚》"文心",《诗经》《离骚》、唐诗、宋词等无所不有,或为直募化境,或神行而迹不露。中国园林之筑皆出于文思,主题意境确定以后,造园艺术家们往往因地制宜地设置各欣赏空间的意境,并以诗文形式描述,再仔细地推敲山水、亭榭、花木等每个具体景点的布置,这就是清代陈继儒所谓的"筑圃见文心者"。

《庄子》的"濠濮之情"和超功利的人生思想,是文人的心魂所系。庄子理想人格的根本是保持精神超然、心志高远,强调人格独立,渴望人生的自由。中国园林中的观鱼台、钓鱼台的意境,都源于《庄子·秋水》篇中的"濠梁观鱼"一段有趣的回答:

庄子与惠子游于濠梁之上。庄子曰:"鲦鱼出游从容,是鱼之乐也。"惠子曰:"子非鱼,焉知鱼之乐?"庄子曰:"子非我,安知我不知鱼之乐?"惠子曰:"我非子,固不知子矣;子固非鱼也,子之不知鱼之乐全矣。"庄子曰:"请循其本。

图2-3 寄畅园知鱼槛

图2-4 谐趣园知鱼桥

乐的，反映了他观赏事物的艺术心态。物我同一、人鱼同乐的情感境界的产生，只有在挣脱了世俗尘累之后方能出现。所以，临流观鱼，知鱼之乐，为士大夫竞相标榜。园林中不乏"鱼乐园""濠上观""知鱼槛"（图2-3）、"知鱼濠"等景点，都再现了庄惠濠梁观鱼的意境。如颐和园谐趣园的"知鱼桥"（图2-4），桥下绿水盈盈，鱼戏莲叶，当月到风来之时，浪拍石岸，呈现出"月波潋滟金为色，风濑琤琮石有声"的清幽意境。

地必古迹，名必古人，似乎成为中国园林置景的共识。因此，文学典故、古人雅兴、雅士遗存等在园林中触目皆是。

魏晋南北朝时期王羲之、谢安等文人墨客春日祓禊、饮酒作诗，流传下颇具名士风流典范意义的"曲水流觞"。自从晋代王羲之的《兰亭集序》问世后，成为文人雅士风流的圭臬，文中描绘"崇山峻岭，茂林修竹"的自然胜景以及流觞所需的曲水，成为中国古典园林置景的蓝本。苏州东山的"曲溪园"，利用其地有"崇山峻岭，茂林修竹"，再于流泉上游拦蓄山洪，导经园中，再泄入湖中，造成"清流急湍，映带左右，引以为'流觞曲水'"的实景。苏州园林中还有会意"曲水流觞"的景点，如留园的"曲溪楼"，曲园的"曲池""曲水亭""回峰阁"等均取"曲水流觞"之意。

② 园林景观的诗化——文学品题 中国园林中的文学品题指的是厅堂、楹柱、门楣上和庭院的石崖、粉墙上，留下的历代文人墨迹，即匾额、楹联和摩崖。它们是建筑物典雅的装饰品、园林景观的说明书，也是园主的内心独白。其透露了造园设景的文学渊源，表达了园主的品格思绪，是造园家赖以传神的点睛之笔。它将园林景观意境作了美的升华，是园林景观的一种诗化，成为不可多得的艺术珍品，具有很高的审美价值。文学品题与景观空间意境相融合，已经成为中国古典风景园林艺术的有机组成部分，也是中国古典园林独特的风采。

匾额 匾和额本是两个概念，悬在厅堂上的为匾，嵌在门屏上方的称额，叫作门额。后因两者形状性质相似，所以习惯上合称匾额。中国古

子曰'汝安知鱼乐'云者，既已知吾知之而问我。我知之濠上也。"

惠子是讲究逻辑的名家，庄子则极重视感觉经验，庄惠对答，极富理趣，它涉及美感经验中一个极有趣味的道理。庄子说他是在濠水上知道鱼是快

典园林中的匾额题刻（包括砖刻、石刻、摩崖等）主要用作题刻园名、景名，陶冶性情，借以抒发人们的审美情怀和感受，也有少数用来颂人写事的（图2-5、图2-6）。它是一种独立的文艺小品，内容涉及形、色、情、感、时、味、声、影等，读之有声，观之有形，品之有味。而且，这些匾刻大都撷自古代文人脍炙人口的诗文佳作，这些优美的诗文能引发游人的诗意联想，立意深邃、情调高雅。匾额融辞、诗、赋、文、书法等意境于一体，通过匾额表达诗情画意。

匾额往往为游人点出园林的美学特点，将自然景观艺术化。如承德避暑山庄"南山积雪""锤峰落照""西岭晨霞"，都是引导游者欣赏远借之天景的意境表达。圆明园"上下天光"，同样是观赏上下天光一色、水天上下相连、一碧万顷的湖天风光的。避暑山庄的"月色江声"、网师园的"月到风来亭"（图2-7）旨在观赏月色笼罩下"月到天心处，风来水面时"的朦胧美；有专赏天光云气、朝晖夕阳引起的虚幻的风景信息的。水底观山形，依然千岩万壑，如拙政园"倒影楼"（图2-8），欣赏"楼台倒影入池塘"的影景，颐和园"玉琴峡"、耦园"听橹楼"（图2-9）欣赏声景，避暑山庄"曲水荷香"、狮子林"双香仙馆"、沧浪亭"闻妙香室"（图2-10）欣赏香景，拙政园"绣绮（音起）亭"（图2-11）、沧浪亭"翠玲珑"（图2-12）欣赏色景等。也有欣赏植物风姿的，如观赏竹子的潇洒可爱，有怡园的"四时潇洒亭"；赏梅花的欹曲之美，有网师园的"竹外一枝轩"（图2-13）；赏梅之倩影、闻梅之幽香，有狮子林的"暗香疏影楼"（图2-14）等。

以上匾额，点出了虚、实或虚实相济的园林欣赏空间的主题，为风景传神写意，对游人起着一种"导读"作用。

楹联 悬挂在厅馆楹柱上的对联叫作楹联（图2-15）。据《楹联丛话》载："楹联之兴，始五代之桃符，孟蜀'余庆、长春'十字，其最古也。"它是随着骈文和律诗成熟起来的一种独立的文学形式，对仗工稳、音调铿锵、朗朗上口，融散文气势与韵文节奏于一体，浅貌深衷、蓄意深远，为骚人

图2-5 泰山摩崖石刻

图2-6 拙政园与谁同坐轩

图2-7 网师园月到风来亭

墨客所醉心，亦为广大群众所喜爱，既具有工整、对仗、平仄、整齐的对称美，又具有抑扬顿挫的韵律美、写景状物的意境美和抒怀吟志的哲理美，是将传统文学与建筑景观相结合的一种表达形式。

图2-8　拙政园倒影楼

图2-9　耦园听橹楼

图2-10　沧浪亭闻妙香室

图2-11　拙政园绣绮亭

图2-12　沧浪亭翠玲珑

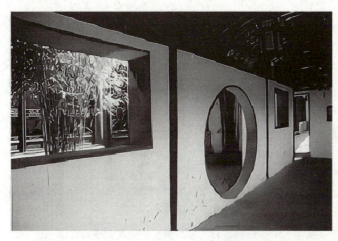
图2-13　网师园竹外一枝轩

图2-14　狮子林暗香疏影楼

图2-15　网师园万卷堂楹联

园林中的楹联往往用诗一般的文字写景状物，切景着墨，可"使游人者入其地，览景而生情文"。如颐和园南湖岛月波楼对联："一径竹阴云满地，半帘花影月笼纱。"上联写楼外之景，特写竹阴云影徘徊的园林小径，那丛丛幽篁，朵朵竹云，幽雅、宁静、清朗，环境静谧；下联则将视线移往楼内：门帘半卷，可纳天地清旷，花影月色嵌入窗框，恰成一幅朦胧清冷的图画。全联写景聚焦在虚景"影"上：竹影、云影、花影、月影、天地之影交融，催人遐思，意境幽邃，形象超妙，给人以无尽美感。

园林中不少风景对联（图2-16至图2-19）以隽永的哲理意蕴令人玩味无穷。如怡园玉延亭内有一幅明末杰出书画家董其昌的草书对联："静坐参众妙，清潭适我情。"

大量的园林对联是古代知识分子览景抒情之作，他们感受到的艺术意境、抒发的情怀和审美情趣，既能产生深远的时间上的审美效果，又可使今人洞察古人的情感世界，如沧浪亭锄月轩对联："乐山乐水得静趣，一丘一壑自风流。"

园林文学品题的内容很丰富，特点如下：一是大量采用古代诗文名句，借助古代诗文中的优美意境深化景观文化的内涵、加大美学容量，使人们获得尽可能丰富的美感；二是多用典故，用《红楼梦》中宝玉的话来说是"编新不如陈旧，刻古终胜雕今"。

图2-16 狮子林小方厅对联

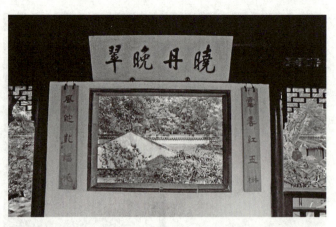
图2-17 拙政园晓丹晚翠对联

图2-18 网师园看松读画轩对联

图2-19 狮子林立雪堂对联

(2) 中国画与风景园林艺术

中国山水诗、山水画和山水园，同时诞生在山水审美意识觉醒的南北朝时期，均属于以风景为主题的艺术，均为士大夫文人吟咏性情的形式。这些姐妹艺术相互影响、相互渗透，"文章是案头之山水，山水是地上之文章"（清代张潮《幽梦影》）。中国山水园林是山水诗、山水画的物化形态。中国的园林构图基本遵循了山水画论的构图落幅原则，中国山水园林（图2-20至图2-22）是"立体的画，流动的诗"。

中国造园理论与中国画论一脉相承。中国山水画（图2-23）采取视点运动的鸟瞰画法，即"散点透视"，类似电影镜头。这种鸟瞰动态连续风景画构图，与园林布局关系密切，园林是空间与时间的艺术，从设计原则到造园手法与山水画基本一致。

①意在笔先　构图与绘画一样，首先是"意在笔先"，有"意"就有境界。王国维在《人间词话》写道："上焉者意与境浑，其次或以境胜，或以意胜。苟缺其一，不足以言文字。"

上乘的文学作品，都是意与境兼备，上乘的文人园也是如此。园林只有景（境）而无意，那只是花草、树木、山石、溪流等物质原料的堆砌，充其量不过是无生命的形式美构图，不算是真正的艺术。成熟的文人园林大多为"主题园"，都有深邃的立意，正是这个意激起了游观者的情思意

图2-20　拙政园远香堂景色

图2-21　狮子林花篮厅景色

图2-22　艺圃乳鱼亭景色

图2-23　中国古代山水画《瀛山图》（北宋·王诜作）

蕴，从而产生永久的艺术魅力。

私家园林大多反映了在中国农业文明的社会心理选择：农、渔、樵作为中国传统文化的"一主二副"，成为士大夫文人心理最稳定、最安全的退路，其象征就是田园、江湖和山林。中国私家园林的主题，以泛舟江湖、归隐田园为首选，苏州的沧浪亭、网师园（图2-24）、拙政园、耦园、退思园、艺圃等，是隐逸江湖、归隐田园的咏叹。而园林的主人（"能主之人"）具有将内心构建的超世出尘的精神绿洲精心外化为"适志""自得"的生活空间能力，因此，这一方方小园，往往回荡着整个封建时代士大夫的进退和荣辱、苦闷和追求、无奈和理想；也有表达知足常乐、谦抑中和、随遇而安的传统文化心理的，如一枝园（图2-25）、半枝园、曲园、残粒园等；还有表达陶融自然、游目骋怀乐趣的，如畅春园、可园、清华园、清晖园等。

②经营位置，空间构图　园林的造型布局原则，和画论的"经营位置、空间构图"等山水布局艺术原则一致。

宋代郭熙《林泉高致》云："山有三远：自山下而仰山巅，谓之高远；自山前而窥山后，谓之深远；自近山而望远山，谓之平远；高远之势突兀；深远之境重叠；平远之意冲融而缥缥缈缈。"

"三远法"就是一种时空观，以仰视、俯视、平视等不同的视点来描绘画中的景物，打破了一般绘画以一个视点，即焦点透视观察景物的局限。事实上，一幅具体的画是根据具体情况，选择以某一种"远"为基本，辅之以其他几种"远"法，"远近法"使山水画面层次清晰、丰富。

中国的山水画采取视点运动的鸟瞰画法，即"散点透视"，因为"散"，就得"聚""合"，像画成一幅画，就得将移动的视点整合在一幅画中。而这是鸟瞰动态连续的风景画构图，符合中国园林的构图原则，中国园林是时间与空间的综合艺术，它的构图呈线性系列，像一幅山水画长卷，令人步移景异。景观画面上，或近推远，或远拉近，步步看，面面观。园林中的长廊、粉墙、花窗、假山等往往将单一的有限空间巧妙地组成

图2-24　网师园真意匾额

图2-25　一枝园

图2-26　拙政园海棠春坞

多种广袤深邃的景观，构成动观序列，这就是园林造景的妙用。如障景、漏景可形成"山重水复疑无路，柳暗花明又一村"的景观感受。"隔而不围""围必缺"，似隔非隔、渗透性的虚障，令人探幽纵目，处处有堂奥幽深、"庭院深深深几许"的韵味。

③默契神会，得意忘象 "默契神会，得意忘象""以一点墨，摄山河大地"等画理之精髓，与"片山多致，寸草生情""一峰则太华千寻，一勺则江河万里"等构园理论完全贴合。中国古典园林中，除了大型皇家园林外，植物很少丛植，小型园林以散植为主，以少胜多。拙政园海棠春坞（图2-26）小院，共植两株海棠花，深得"以一点墨，摄山河大地"的画理。对园林四季植物进行配置，也符合宋代韩拙的"春英、夏荫、秋毛、冬骨"的画理。

④不着一字，尽得风流 绘画艺术强调"虚、白"的意蕴。粉墙白色、黑色和灰色在色彩学中均无彩色，也可以说是无色或本色，中国古典美学所崇尚的正是这种无色之美、本色之美，为其思想根源。

白粉墙即如绘画之"留虚"。园林的白墙往往成为园林中景物有意味的背景。陈从周在《书带集》中说道："江南园林叠山，每以粉墙衬托，益觉山石紧凑峰探，以粉墙画本也。若墙不存，则如一丘乱石，故今日以大园叠山，未见佳构者正在此。"

园林"峭壁山""藉以粉墙为纸，以石为绘也。理者相石皴纹，仿古人笔意，植黄山松柏、古梅、美竹，收之园窗，宛然镜游也"。如网师园琴室的峭壁山（图2-27），山下竹丛摇曳，俨如竹石图。以白粉墙当纸，通过日光或月光，使墙移花影，蕉荫当窗，梧荫匝地，槐荫当庭，都可产生喜人的意境和艺术审美效果。白墙下点缀湖石花木，并于粉墙上镶嵌题匾，如此组成的一幅山石花木图，更是妙不可言。如拙政园的海棠春坞，以丛竹、书带草、湖石和墙上书卷形题款，组成一帧国画小品。植物以古、奇、雅、色、香、姿为上选，富有画意。如梅贵"横斜、疏瘦、老枝奇怪"等特征为美。留园的华步小筑（图2-28），一株爬山虎苍古如蟠龙似的攀附在粉墙上，南天竹、书带草伴以湖石、花额，似一帧精雅的国画。

图2-27　网师园琴室峭壁山图

图2-28　留园华步小筑

(3) 中国书法与风景园林艺术

中国古代文人大都善诗、书、画，许多名人像郑板桥一样，具有"三绝诗、书、画"的才艺。书法艺术最早进入的是寺庙名胜。历代名家墨宝，成为形象生动的中国书学长廊。名人墨迹，不仅给园林增添了书香墨气，而且可使书法爱好者从中看到中国书法的源流，领略美不胜收的笔情墨趣。园林书学是中国风景园林艺术的重要组成部分。

书法也是一种点、线艺术，它作为形象艺术、抽象符号，是以富于变化的笔墨点划及其组合，从二度空间范围内反映事物的构造和运动规律所蕴含的美的艺术，本身具有审美价值。书法又是自然精神和人的精神的双重叠合，它同时反映了人的情感，诸如以"竖"表现力度感、"横"表现劲健感、"撇"表现潇洒感、"捺"表现舒展、"方"表现坚毅感、"圆"表现流媚、"点"表现稳重、"钩"表现韧性感等。线条的运动节奏，形成"势"而表现为"骨力"；墨色的淋漓挥洒，蓄积着"韵"，表现出"气"，通过骨势气韵展现流动变化。

在中国古典园林中，书法往往和文学如影随形，表现为容载和传达着文学、语言的精神内容。就以书法对园林的题名来说，有表明并供人确认园中构筑、景点的功能。通过名人的书法题刻，如扬州集石涛书法而题其叠山遗迹的"片石山房"、避暑山庄的"热河泉"，使园林景观更具价值且蜚声中外。

此外，园林中书法的题名（图2-29至图2-31），又有其丰富多样的形式，如竖匾、横匾、楹联、刻石、砖额等。就从纯形式的视角看，书法凝定于其上的匾额、对联及其配置，也能构成引起视觉快感的特殊的美。在北京北海公园的静心斋，当人们步上精美的小石拱桥，映入眼帘的或许是建筑屋檐下书有"罨画轩"（图2-32）三个金色大字的横匾，以及两旁竖柱上形式对称、乌黑闪亮的抱柱联，联上的书法也粲然入目。这种传统文化的艺术表现形式，构成了有意味的建筑装饰美，有着与建筑、工艺迥然有异的审美情趣。

总之，中国古典园林中的墨宝，使园林于自然美中更增添了人文美、历史美和艺术美，更加丰富了园林空间的艺术内涵，翰墨书香使园林显得更加古朴典雅，耐人寻味，流芳千古。

图2-29　狮子林立雪堂匾额

图2-30　网师园乾隆题"真趣"

图2-31　刘凤诰所撰荷风四面亭对联

2.1.2.2 时空艺术——流动着的自然形象

费尔巴哈指出:"空间和时间是一切实体的存在形式。"具体地说,空间是物质形态广延性的并存空间;时间是物质持续性的交替序列。

现代物理学和哲学的研究表明:运动和时间、空间三位一体、紧密相连,或者说,时间和空间互为因依、互为渗透,既没有无空间的时间,也没有无时间的空间,爱因斯坦称这种结合为"空间—时间"。风景园林艺术空间同样如此,它不可能离开时间的绵延,不可能离开那"思维平直时空"之美。具体地说,园林不可能离开春夏秋冬的季相变化,不可能离开晨昏昼夜的时分变化,不可能离开晴雨雪雾的气象变化。从理论上说,园林中的这些变化,存在于时间之中,并由于时间而存在(图2-33);从艺术创造和品赏的实践上讲,这些时间因素恰恰也是构成园林景观的一个不可忽视的物质性要素。

中国古代的造园家和鉴赏家们,早就掌握了园林景观的时间性。随着实践和认识的发展,他们不断地直至主动地、充分地利用和把握自然性的天时之美,使良辰和美景互相融合,使时间和空间互相交感,构成一个个风景序列。

(1) 时间流程中的季相美

时间或时序显现为季相,这就是时间和空间的形象交感。在中国长期的农业社会里,季相意识深入人心。如《礼记·月令》中写道,孟春之月,"天地和同,草木萌动";季夏之月,"温风始至";孟秋之月,"凉风至";季秋之月,"菊有黄花";孟冬之月,"水始冰,地始冻"……

杭州西湖十景之苏堤春晓(图2-34)、曲院风荷(图2-35)、平湖秋月(图2-36)、断桥残雪(图2-37)……这前四景,恰恰点出了春夏秋冬的季相美;北京的燕京八景,其中琼岛春阴在北海,太液秋风在中南海,至今都有石碑铭刻。琼岛、太液池作为空间因子,春阴、秋风作为时间因子,"是互相涵容,互相包括的,每一部分的空间,都存在于每一部分的绵延,都存在于每一部分的扩延中",二者交感而各自成为一个殊相的审美天地。再如颐和园的知春亭

图2-32 北海罨画轩

图2-33 园林中根据时间变化的光影之美

(图2-38),是一个重要的景点建筑,凸向水面的半岛上。这里湖面染青,绿柳含烟,可以近观春水,远眺春山。"知春"二字的题名,点出了季相,把较为抽象而不易把握的时间,显现为感性的空间形象。香山静宜园内垣二十景之一的绚秋林(图2-39),最佳的时空交感景观在金秋季节:这陆离纷呈,诸色绚烂明丽,"绚秋"二字,名不虚传。

图2-34　苏堤春晓

图2-35　曲院风荷

图2-36　平湖秋月

图2-37　断桥残雪

图2-38　颐和园知春亭

图2-39　香山静宜园绚秋林

图2-40　旭日东升景色

图2-41　杭州西湖葛岭朝暾

图2-42　颐和园夕佳楼

(2) 时分、气象所显现的景观美

园林借助于天象时景营造的流动景观更是美不胜收，这些独特的景观之美离不开有序性或无序性的时景，或者说，空间的殊相之美离不开与时景的交感。

①晨旭　太阳是光明的象征，它以生命之火普照万物，使一切生机勃勃、喜气洋洋，到处荡漾着灿烂欢乐的气氛。因此，旭日东升（图2-40）可以构成园林景观美。

杭州西湖的葛岭朝暾（图2-41），是钱塘十景之一，以观日出为其审美优势。葛岭最高峰的"出阳台"受日最早，人们登高远眺，可看到混沌的天际是如何闪动着一线微明，可以看到即将逝去的黑夜和即将来临的朝暾奇幻交替，可以看到火、热、生命、光明和美是如何联翩来到人间。旭日东升，西湖的一切带着清新蓬勃之气苏醒过来，远山近水和花木亭台被阳光染上了一层金色；而曲院风荷更被晨光笼罩成"映日荷花别样红"的景色。

②夕照　傍晚的太阳，又有其独特的魅力。它的美更别于初生的旭日和高照的红日，夕阳余晖映红的半边天，太阳将其一天中最后一抹光辉挥洒得淋漓尽致。落日的颜色有一种引人注意的光辉，一种赏心悦目的温和魅力。暮色和天空所带来的许多联想集中在落日余晖上，正如桑塔耶纳所说"敏感的美可能富有感情的暗示"。中国的山水诗人，也酷爱夕阳之景。陶渊明《饮酒》说：

图2-43 避暑山庄锤峰落照亭

图2-44 网师园月到风来亭日夜景对比

"山气日夕佳。"王维《赠裴十迪》："风景日夕佳。"这些诗句既是描写园林中夕阳之景，也为园林中的置景提供了丰富的素材。如圆明园有夕佳书屋，颐和园有夕佳楼（图2-42）……承德避暑山庄康熙题三十六景之一的锤峰落照，更是国内罕见的时景远借景观，建有"锤峰落照亭"（图2-43）。

③夜月 在古代园林审美的天平上，夜晚如遇上晴空月色，就感到它远胜于或朝或暮的景观之美。

圆明园曾有"山高先得月""溪月松风"等景。每当白露暖空，素月流天，景观空间更加宁静、超逸、空灵……在月色的朗照下，近处是黑白分明的世界，远处则融入一派迷蒙之中，增强了环境的神秘感，留给人以无限的遐想，景因月夜而越深。

网师园的月到风来亭（图2-44），亭临水而建，坐于亭中，晚风徐徐袭来，明月映于明净的水面上，是何等的静谧悠闲。在亭的对面仰望夜空中的明月，更有"曲曲一湾柳月，濯魄清波；遥遥十里荷风，遥香幽室"的意境。

④阴、雨、雾、雪 这些气象景观带有偶然性和无序性，更具独特性。日月光照，是一种清朗的美，玉泉山静明园有"芙蓉晴照"，扬州瘦西湖有"白塔晴云"，但是，阴雨之时带来的独特的殊相之美，更是富有诗意。苏轼写的脍炙人口的《饮湖上初晴后雨》：

"水光潋滟晴方好，山色空蒙雨亦奇。

欲把西湖比西子，淡妆浓抹总相宜。"

在丽日晴空之下，西湖的一切清晰分明，显示出瑰美华丽的山水景观；在雨丝风片之下，西湖的一切又缥缈隐约，显示出素雅朦胧之美，诗中所说的淡妆浓抹之美和阴雨天的朦胧美更有魅力。于敏先生的《西湖即景》也写道：

"雨中的山色，其美妙完全在若有若无之中。若说它有，它随着浮动的轻纱一般的云影，明明已经化作蒸腾的雾气。若说它无，它在云雾开豁之间，又时时显露出淡青色的、变幻多姿的、隐隐约约的、重重叠叠的曲线。若无，颇感神奇；若有，倍觉亲切。"

这就是"山色空蒙雨亦奇"的具体形象，它如同画家米芾所开创的笔墨浑化、不可名状的"米氏云山"。

雨不但能构成诉诸视觉的美，而且能构成听觉的美。除了雨打芭蕉的节奏和疏雨滴梧桐的清韵之外，苏州拙政园有留听阁（图2-45），取李商隐"秋阴不散霜飞晚，留得残荷听雨声"的诗意。荷叶受雨面积大，这种水面清音是悦耳的；而入秋的残荷，雨滴打在上面更为清脆动听。

雾，如雨、如尘、如烟、如气，似有若无，似无若有，能以其模糊感来增强景深。大的水面形成的雾蒙蒙的景观，把高阁低桥、近花远树的轮廓都模糊了，使建筑物美丽的倩影蒙上羽纱，影影绰绰，欲藏还露，倒映水中，丰富了景观的层次。于是，空中的雾似水，池中的水似雾，水天一色，景观消融在一片迷蒙之中，恍若梦境，带给人无限的遐想，如同宋代秦观《踏莎行》中所描述的："雾失楼台，月迷津渡。"最典型的莫过于杭州西湖的三潭印月（图2-46），每当薄雾轻笼，烟雨迷离之际，湖上优美的塔影从朦朦胧胧的纱幕前跃出，而其后的桥、堤、树则淡淡地融化在湖水中，衬托着前景，如同一幅优雅的套色木刻。

雪，飘飘洒洒从天而降，像雾像雨又像风。漫天飞雪使所有的景物都笼罩在一片白茫茫的世界之中，为严寒的冬季平添了一份浪漫的氛围。

图2-45　苏州拙政园留听阁

图2-46　西湖三潭印月雾景

北国的冬季，皑皑白雪是其特征，为漫长的冬季打造了一个冰清玉洁的世界。银装素裹的城市卸掉了往日的精致妆容，恰似一位素颜美人。雪花纷纷扬扬地从空中飘落，与庭院的建筑、景观相映成趣，树枝与点点白雪相融，处处皆景。如若这雪中有一处小宅，窗前赏雪，炉边沏茶，人生雅事，寄情花草，才是极乐！晚上，灯光映着雪，静坐在院中，看一院洁白，内心十分平静，任他世间烦事，赏雪，就是乐事。雪中的故宫（图2-47），红墙、白雪、琉璃瓦，讲述着一段历史、一座城。"今朝风庭舞流霰，飞白朱红春意生""环素凝宫沼，飞花缀苑条""宫墙应闻簌簌，蜜雪浩若飞花"，一场雪，沉淀的是皑皑白羽，浮现的是千年静美，红墙黑瓦，亭台楼榭，散发着一种无言的美。

江南的雪景，更是赏心悦目。雪后的江南，宛如淡妆的西子，美得倾城倾国。雪落于黛瓦白墙、旧庭深院。若院子中有一株梅花，则更雅致。"梅须逊雪三分白，雪却输梅一段香"，琉璃世界，白雪红梅，多么美丽！"西窗听雨吟，庭院观雪舞"，醉花宜昼，醉雪宜晚，醉美不过院中赏雪。"两岸青山雪中挺，一场润雪金陵城"（图2-48），这里的时光无声，默默地记录着各朝各代的历史。"日暮诗成天又雪，与梅并作十分春"，雪落在南国，就有了一番江南独有的诗情画意。

2.1.3　园林意境

中国园林与中国文化艺术密不可分，通过诗歌、绘画和书法等艺术形式来达到其深远意境，这种诗情画意之意境通过园林中的景物来表达其所蕴藏的艺术境界，使情与景相统一，意与象相统一，形成意境，故而中国园林有"凝固的诗，立体的画"之称。

图2-47　故宫雪景

图2-48　金陵雪景

2.1.3.1 园林意境的概念

中国风景园林艺术创作，以自然山水为主题的思想，是很明确的。从园林意境的外延来说，就是要以人工创造出具有自然山水精神境界的空间环境。而意境的内涵，则十分丰富，由于它是人们"身所盘桓，目所绸缪"的实境，可以直接使人"情缘境发"，思而咀之，感而契之。因此，较其他艺术"要更为清晰"。那么，什么是中国园林的意境？园林意境，是园主所向往的，从中寄托情感、观念和哲理的一种理想审美境界；它是造园家将自己对社会、人生深刻的理解，通过创造想象、联想等创造性思维，倾注在园林景象中的物态化的意识结晶，通过园林的形象所反映的情意使游赏者触景生情产生情景交融的一种艺术境界。

2.1.3.2 园林意境的结构

意境是一个多层次的审美结构，宗白华在《中国意境的诞生》说道，艺术境界不是一个单层的、平面的、自然的再现，而是一个境界层深的创构。从直观感相的摹写，活跃生命的传达，到最高灵境的启示，可以有三个层次。也有学者从系统论的角度出发，勾画出意境的结构（图2-49）。无论是何种表达方式，其所蕴含的意蕴是一样的。

意境结构的第一层次是一种感性形式，是直观感相的摹写，乃"象"，可称为"表层结构"，它的基本特征是"情景交融""形神结合"，是"象"的规定。"象"是构成意境的基础。因此，表层结构只能作为整个意境创造的基础。在这个基础上探讨"象"，才能使意境的创造进入更深的层次，即"象外之象"。正如刘禹锡所说"境生于象外"，其中的"象"指的就是意境的表层，是审美者凭直觉可以感受到的实境与实象。而"境"则是由读者联想而成的虚象，这就是意境的第二层结构，它的特征是注重虚实结合，只有虚象和实象相结合，才能使意境初具规模。意境的"最高灵境"则是在前两个层次上，即实景与虚境契

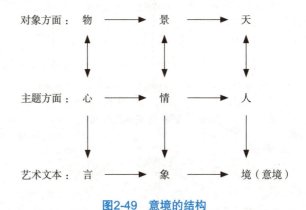

图2-49　意境的结构

合交融后产生的是"韵外之致，味外之旨"，使意境有了醇美之味。这就是中国艺术所追求的一种极高的审美境界。

总而言之，意境是意与境、情与景、神与物互相融合的一个艺术整体，它以有形表现无形，以有限表现无限，以物质表现精神，以实景表现虚景。

2.1.3.3 园林意境的审美机制

园林意境的审美结构如同意境一样，也是一个多层次的审美结构。在园林意境中的表层结构指的是园林景物实体，即指建筑、山石、水体、植物等具体物象，也可称为实象。园林意境中的第二层结构就是指经过造园家创造思维后所构的虚象，它借助园林景物来传达审美内容的特定感知信息，即"象外之象"，可称为园林意象。在园林景物实体的基础上，通过园林意象的表达，最终"得意忘象"，达到风景园林艺术的最高境界——园林意境。这就是园林意境的审美机制（图2-50）。

中国古典园林追求园林意境有着悠久的历史。园林意境是中国园林的特构，是中国园林区别于世界其他园林的内在魅力，因此对园林意境审美机制的认识有着重要的理论及实践意义（图2-51）。

(1) 园林景象

园林意境审美机制的园林景象是指由建筑、

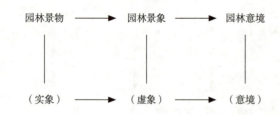

图2-50　园林意境的结构层次

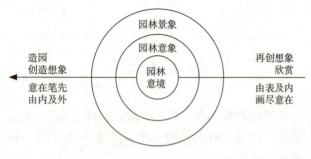

图2-51　园林意境审美机制

山石、水体、植物等诸因素构成的具体物象。它源于现实，经艺术加工后，又高于现实，蕴藏着造园家对自然和社会的审美理想、审美趣味。"意在笔先"中的"意"就是指蕴含在园林景象中的属于理性的东西。从审美欣赏过程来看，园林景象所含意蕴是主体产生意境的先决条件。

（2）园林意象

审美主体在审美感知过程中，将感知到的直接产物——园林景象，借助联想、想象，注入情感和思想因素，塑造成主体意识中的虚象，即园林意象。从造园角度来看，园林意象是与造园师的审美理想、趣味、经验相关联，是造园师创造性思维所构成的虚象，它借助富有特征意义的物质形态——园林景象，传达出审美内容的特定感知信息，因而园林意象具有规定性一面，即古人所谓"立象以尽意"。另外，造园师将丰富的审美内涵融在高度凝练的园林景象中，含而不露，隐而不显，给主体以想象的空间，为意境提供了进一步充实其内容的必要性和可能性，从而能调动主体凭借自己的审美经验去进行再造想象，因而园林意象又具有含蓄性、模糊性的一面，即古人所谓"妙在含糊""渺茫多趣"。这也恰是园林意境的魅力所在。

（3）园林意境

园林意境是园主所向往的，从中寄托着情感、观念和哲理的一种理想审美境界。通过造园主对自然景物的典型概括和高度凝练，赋予景象以某种精神情意的寄托，然后加以引导和深化，使审美主体在游览欣赏这些具体景象时，触景生情，产生共鸣，激发联想，对眼前景象进行不断的补充、拓展，"去象取意"思维加工后，感悟到景象所蕴藏的情意、观念，甚至直觉体验到某种人生哲理，从而获得精神上的一种超脱与自由，上升到"得意忘象"的纯粹的精神世界。园林意境是园林审美的最高境界，是造园立意的本质所在，也是欣赏过程的顶点。从造园角度来分析，它是造园家将自己对社会、人生的真切、深刻的理解，通过想象、联想等创造性思维，倾注在园林景象中的物态化的意识结晶。这是一个由内及外的过程，即"意在笔先"。从审美欣赏过程来看，审美主体以园林景象为感知起点，以园林意象为中介，进行再造想象，"得意忘象"，获得对审美客体的哲理化感悟——园林意境的审美体验。这是一个由表及里的过程，即"画尽意在"。

由以上分析可以看出，园林景象是创造意境，审美鉴赏产生意境的客观基础；园林意象兼有"意"与"象"的双重属性，一方面它联系着景象，是景象在审美主体中的表象、联想所形成的虚象；另一方面它又是导向园林审美终端——意境的桥梁。

例如，扬州个园的"四季假山"，运用色泽、质地不同的石料叠砌，再配上花木，借助光影变幻，构成不同的园林景象；由于造园家对四季自然景物的典型提炼和概括，使审美主体通过审美联想，产生"春山淡冶而如笑，夏山苍翠而如滴，秋山明净而如妆，冬山惨淡而如睡"（北宋郭熙）的审美意象；并且由于游览路线呈环形布局，春夏秋冬四季景色巧妙地安排其间，好似经历着周而复始的四季循环变化，使审美主体领悟到四季的轮回、时间的永恒等，并进一步获得永恒运动的彻悟，体验到某种人生哲理。

2.2 西方风景园林文化与艺术

2.2.1 西方风景园林文化

与中国园林艺术的发展一样，西方园林在设计上也受到其他艺术方法与形式的影响与启发，典型的如古希腊神话、西方绘画理论、建筑与雕塑等艺术，也表现出了这些艺术的文化内涵。

2.2.1.1 古希腊神话

古希腊是欧洲文明的摇篮，其科学、文化、哲学、艺术等对欧洲的文艺复兴有着重要的启蒙作用，古希腊园林艺术也对后来的欧洲园林艺术产生了深远的影响。在欧洲园林中也体现出古希腊神话对园林艺术的影响。

古希腊人信奉多神论，认为自然界和人世间的一切皆由神主宰，神具有人的模样，诸神象征着自然万物，象征着理念和自然力量，象征人类的情感。对神的崇拜与祭祀，是古希腊人生活中的重要组成部分。阿多尼斯（Adonis）是希腊神话中掌管植物死而复生的一位非常俊美的神，祭祀阿多尼斯时，雅典的妇女在屋顶上竖起阿多尼斯雕像，周围种着一、二年生植物，如莴苣、茴香、大麦与小麦等，表达对阿多尼斯早夭的祭祀。一些花卉也有神，如鸢尾的拉丁名 *Iris*，就是彩虹神爱丽丝的名称。

神居住的场所，便成了神圣的所在，因此人们为神创造居住场所。希腊诸神不仅在古希腊人的精神中生活，而且也生活在人世间。古希腊人认为神住在希腊北部的奥林匹克山上，所以在此为神建了神庙与花园，《荷马史诗》中有大量关于树木、花卉、圣林和花园的描述。城邦的统治者都声称自己是宙斯或其他神的子孙，他们也为自己建造了花园，让神居住在他们的园林里。

古希腊神话是西方园林中雕塑的起源与园林创作的源泉。神在花园里以雕塑或植物的形式出现，享受与装扮着花园。如法国皇帝路易十四，自比为太阳神阿波罗，在凡尔赛宫修建了阿波罗驾驶马车巡天的雕塑；在意大利艾斯塔别墅乃普顿（Naptune）泉放着海神乃普顿的雕塑（也叫波塞冬，Poseidon）；文森特·斯卡里（Vincent Scully）认为最神圣的景观是象征大地之母的生殖器官，该景观具有角状的山丘，泉水从地下深穴中流出来。

2.2.1.2 西方绘画

西方绘画是一种写实的风格，它的发展是一种从纯粹的"再现艺术"演变到"表现性再现艺术""表现艺术"的模式，在园林中也有着重要的影响力。

西方绘画的比例、透视、配色等注重形式的理论都可指导园林布局及景点的设计。绘画中采用的焦点透视使得园林布局采用中轴对称的形式表达，在中轴的端点处表达重要景观，再通过视距、视点、视域、色彩、视觉焦点等集中强化视觉主题画面，提升视感冲击度。透视中远大近小的规律使得在园林中视线远处的景物放大，一般是放大离主景远的景物，使该景物在近大远小的透视中不至于显得很小，从而保持和谐的构图比例。凡尔赛花园中运河轴线上的阿波罗水池远离宫殿，但其较宫殿前的水池面积较大。离主体建筑较远的轴线另一端点的草地，面积往往也设计得较近处的大，这样使比例更为和谐。

绘画布局构图设计通过画面中的主次、对比、虚实、轻重、黑白、大小、均衡与动感等构图法则强调画面中的主体重心、主次关系，更好地表现美感、韵律和冲击力。园林布局借助整体与局部间的比例、色彩、轴线等将全园组织起来，其道路、建筑、花园、树林、河渠都围绕轴线展开，形成空间边界明确又统一的整体，法国及意大利等国家的园林布局是该造园技法的典型。

西方绘画对景物以科学的写实手法来表现，注重形体、阴影、光色、质感的描绘，运用比例、尺度、形体等数学及几何学蕴含的美学观，创造立体式的园林景物。画面表达景物排列的有条不紊，暗含宇宙序列的规则，犹如上帝所造。达芬奇认为艺术的真谛和全部价值就在于将自然真实地表现出来，事物的美"完全建立在各部之间神圣的比例关系上"。因此，在园林中看到的风景如同自然中的风景一样，是对自然与现实的客观再现。

西方绘画从科学角度抒发人对自身情感的一种艺术追求。19世纪后，西方绘画受到东方绘画的影响，以及在以人为本的社会思潮影响下，许多画家从对外部世界的再现转向对自身情感及精神内涵的表达，应用各种色彩和造型表达内心的情感与主观感受，使得园林色彩丰富，如英国自然风景园的植物色彩及造型，法国及意大利等国家花园中的毛毡花坛和林木修剪等都是不同的情感表达。

2.2.1.3 建筑艺术

古希腊建筑的柱式、神庙建筑、建筑比例与尺度是影响园林中各造景要素的形式。古希腊人崇尚人体美，无论是雕刻作品，还是建筑，他们都认为人体的比例是最完美的，建筑物必须按照人体各部分的式样制定严格比例。所以，古希腊建筑的比例与规范，其柱式的外在形体都以人为尺度，以人体美为其风格的依据。柱式都具有一种生机盎然的崇高美，表现了人作为万物之灵的自豪与高贵。这种附着在建筑艺术中的人体比例与尺度很好地应用于园林中，意大利的台地园、法国的凡尔赛宫中的园林元素都显示了几何比例与尺度，花园的整体布局与构图都显示了建筑的几何形式美。

古罗马建筑继承了希腊的柱式艺术，并与券拱结构结合创造了券柱式，因而在艺术风格上显得更为华丽。后期的巴洛克建筑外形自由，追求动态，喜好华丽的装饰和雕刻、强烈的色彩；洛可可式的纤弱娇媚、华丽精巧、甜腻温柔、纷繁琐细，这些建筑形式与装饰在意大利园林与法国园林里随处可见，在法国勒诺特尔式园林里表现得十分彻底。凡尔赛宫的建筑采用庄重、对称的格局，观赏性是花园设计的首要关注点；花园与府邸同时设计，统一构图，府邸的中轴延长贯穿

花园，花圃中的植坛成整幅构图，按照图案布置绣花植坛，勒诺特尔式园林中的水景、植物（绿色雕刻、植坛、绿墙、迷园、绿剧场）、林荫路、石雕等造园要素都受到了巴洛克风格的影响，使园林带有了巴洛克的特质。

2.2.1.4 雕塑艺术

古希腊与古罗马的雕塑以石雕为主，表现的形象主要是人体。这与西方自古希腊开始的崇尚人体美的雕塑艺术传统是密不可分的。这些雕塑有现世的人物，也有传说中的神，有单独的人像柱，也有群体的人像，多数附在喷泉、栏杆、台阶和俑墙上。

雕塑表达的是人的思想，突出人的力量，将人体各部分匀称结实的人体美表现出来。古希腊雕刻突出成就集中体现在人像（包括神像）雕刻，特别是人体雕刻上，如身体各部分的比例与匀称。古罗马的雕刻集中体现在肖像雕刻上，其特点是既写实，又个性化。古希腊与古罗马的雕刻艺术，都追求一种几何和谐的理性美。

在园林里，雕塑被安放在喷泉中，成为喷水的装置，或安放在水中与水嬉戏，成为空间的构图中心，如凡尔赛宫园林里各式的喷泉与水池。一些全身或半身雕像被等距离且对称排列在道路两边，强化了轴线与秩序，与周边的草地及绿树形成了强烈对比。也有的在幽闭小空间内放置一座雕塑，展示其思考的形象，用以突出该空间用于冥想或安静的休息功能。

在文艺复兴时期，雕塑已经成为意大利园林的重要组成部分，有些园林甚至是专为展示雕塑而建造。在西方人看来，没有人体的美，风景就不完美，雕塑成了欧洲园林中历史沧桑的见证。

雕塑的写实手法，也给园林其他要素的形象带来了启发，意大利与法国园林里的"绿雕"就是按照雕塑的形态与比例进行生动刻画，惟妙惟肖，与石雕共同表达几何学的和谐。

2.2.1.5 崇尚自然

西方艺术崇尚对自然与现实的客观再现，因

此，艺术如何表现或再现自然，是西方园林中具有争议的主题，对园林的设计风格具有深厚的指导意义。英国人约翰·哈格索普在《万物的幻象或四首诗歌》中认为自然和艺术是"万物的两位母亲"，艺术和自然仿佛在相互竞争，是自然受艺术支配更好，还是纯自然状态更好。英国人迈克尔·德雷顿在《献给阿波罗的祭品》中认为艺术是自然的女儿，自然和艺术处于平衡状态，两者相互补充。托马斯·加鲁在《自雷斯特致我的友人 G.N.》中认为艺术是自然的女仆。英国人托马斯·布朗在《医生的宗教》中认为艺术和自然是上帝的仆人，艺术是自然的完美，万物都是人为的，自然是上帝通过自己的艺术创造的，是上帝艺术的体现，艺术是自然（或上帝）的工具，这也是人类像上帝创世一样创造世界的工具。在艺术和自然的关系中，艺术应该得到充分的肯定，但必须处于恰当的从属地位。

英国钱伯斯（Willion Chambers）在赞赏中国园林艺术自然天成的特点时，批评英国自然风景园缺乏修养、粗野而原始。英国自然风景园中的早期田园牧歌式的园林创作，是对苏格兰牧场的自然主义的机械复制，过分强调纯自然的状态，而忽略了艺术对自然的再创作，使得建造的园林与野外的风景差异不大，逐渐地被人批评与反感，而中国园林艺术对欧洲的影响，则使得英国人认识了园林艺术创作中的"源于自然，高于自然"的艺术手法，促进了西方园林自然式的发展，典型的是英国风景式园林。

2.2.1.6 宗教信仰

宗教信仰是西方社会的强大精神支柱，是维系历史和文化的纽带，园林也体现宗教信仰的痕迹，但在不同时期，由于信仰的内容不同，在园林中表现也不同。

古埃及人用宗教来认知世界，神灵代表抽象的概念、自然特征和自然的力量，有人类个体所具备的能力和特征，兼有神灵与国王的法老是沟通自然与人世的桥梁，法老的责任是维护秩序、真理与正义。神的领域与世俗的领域差别不大，法律制度和宗教仪式帮助法老保护埃及免受灾难，纵使法老死后都能发挥神圣的作用，因此，法老需要祭庙、祭司生前物品和花园，如同生前所享受的一样。

古希腊的宗教信仰是万神论，不同于埃及强大的法老信仰，对古希腊园林了解更多的是从《荷马史诗》的文学描述中获得，古希腊的圣殿和诸神分别同各个城市联系起来，神像在圣殿中被祭祀供奉，一些神像被运到罗马，摆放在花园。

古罗马时代，仍是多神信仰，人们参与并严格遵守宗教仪式时会萌生敬畏神灵之心，而且也相信会得到神灵及时和实在的帮助。人们崇敬神灵所在的场所和家族的生殖繁衍力。与某个场所相联系的精神力量，如河流或树林，都可被视作某场所的守护神。同时，罗马帝国的天才和领袖也被视作神灵，并树立雕像，摆放在园林的圣祠或神龛中，用于祭祀及祈祷活动，或者家族的重大活动。从希腊运来的神像则作为装饰品摆放在园林中。古罗马的神像如今已经失去宗教意义，变成了园林主题的装饰品。

产生于西亚的伊斯兰教认为越完美的东西越美丽，越能带来希望与愉悦。艺术创造力是沟通宗教与哲学真理的方法，追求完美的艺术品的同时，人们能思考神圣的真理，带来希望和愉悦并从中享受。伊斯兰教禁止对人类形态及色彩等盲目崇拜和表现，从而创造了几何式对称园林布局、花卉装饰等。

中世纪时的基督教支持对信仰的崇拜，不支持个人观点和意见的表达。中世纪时的现世清苦生活以及牧师们描述的凄惨地狱生活，使人们很容易相信天堂的美好及地狱比人间更惨的情景。神父们相信神圣的画作、雕塑、文学及小范围的园林有助于实现个人冥想和诠释教条的辅助工具。古罗马帝国天主教圣师圣·奥古斯丁（St Augustine, 396—430 年）将基督教思想引入园林。他的核心美学观点是秩序、统一、平等、数字和比例。他认为数字产生秩序，秩序产生对称，当设计有秩序和对称性时，就和宇宙有了一些共同的形式，好的设计都是宏观中见微观，将宇宙形式与人类生存的环境相呼应，这也是基督教的神圣几何学和伊斯兰建筑的基本理念。等边三角形、正方形和五角形构成了中世纪美学的基础，这种数学中的象征主义，或许能解释伊斯兰庭院和基督教修道院采用方形布局的理念。

2.2.2 西方风景园林艺术

中国园林、伊斯兰园林及欧洲园林是世界三大园林体系，中国、西亚和古希腊是世界园林三大系统的发源地，欧洲园林是在古希腊园林和西亚园林基础上发展起来的。西方园林的发展历程经历了以下几个阶段（陈志华，2001）：古代园林（4世纪前）、中世纪欧洲园林（5~15世纪）、文艺复兴时期园林（15~17世纪）、法国古典主义园林（17世纪）、英国风景式园林（18世纪）、近代城市公园（19世纪）、现代风景园林（20世纪）。在不同时代，这些国家的园林艺术特征是不一样的。法国园林、意大利园林和英国园林这三种形式是西方园林艺术的典型代表。

2.2.2.1 对称性及几何图案美的布局

西方园林典型布局呈现几何对称及图案式的美，典型代表是意大利的台地园与法国的古典主义园林。园林中的建筑、水池、草坪、花坛、道路与树林对称式地被轴线组合贯穿起来，这些元素以几何形的组合达到比例及尺度的和谐。在建筑或高地上俯瞰时，所有的景观一览无余，所有的元素在平面上呈现图案式的布局，道路伸向远方，外围的森林与天际线相交。西方这种造园意趣，被德国哲学家黑格尔概括为"露天的广厦"。

对称及图案式的布局深受数理主义美学思想的影响，在设计中排斥自然，力求体现"完整、和谐、鲜明"特点，完整即为布局构图中几何结构的完整性，和谐则为几何构图比例与尺度的恰当，鲜明则为主题、形式与色彩的明显。按照纯粹的几何结构和数学关系发展，法国勒诺特尔指出的"大自然必须失去它们天然的形状和性格，强迫自然接受对称的法则"，成为西方造园艺术的基本信条。

亚里士多德认为美要靠体积与安排。他在《西方美学家论美和美感》说道："一个非常小的东西不能美，因为我们的观察处于不可感知的时间内，以致模糊不清；一个非常大的东西不能美，例如一个千里长的活东西，也不能美，因为不能一览无余，看不到它的整一性。"因此，西方园林里中造景元素的体量及面积的营造不仅与空间尺度相适应，更要在远观时一目了然。

整体对称性在西方园林有着极深的历史渊源。在不同时代，都显现着这一特点，而且随着战争及朝代更迭，这一艺术特点都在被逐步继承。在古代园林时期，公元前14世纪的埃及阿美诺菲斯三世时代陵墓壁画上画着中轴线两旁对称布置的凉亭和几何形的水池，甬道两侧和庭院周围成行种植椰枣等树木，园中用矮树分隔成大小不一的八个小区，规则对称式的几何形布局成为古埃及园林形式的标志。古波斯帝国的园林形成了以"十"字形道路交叉点上的水池为中心，建筑物大半通透开敞，园林景观具有深邃凉爽的氛围，成为伊斯兰园林的传统，并且被阿拉伯人继承。

公元前5世纪波希战争后，波斯园林传到希腊，并发展成为柱廊园。柱廊园的场地布局规则方整，以柱廊环绕，形成中庭，庭中有喷泉、雕塑、瓶饰等，种植多种观花及芳香植物。古罗马在公元前190年征服希腊之后，全盘接受了希腊文化，在学习希腊的建筑、雕塑和园林艺术基础上，进一步发展了古希腊园林艺术。古罗马园林仍以对称式和几何式布局为主。中世纪前期，寺院园林内的中庭由"十"字形或交叉形的道路将庭园分成四块，正中的道路交叉处为喷泉、水池或水井。四块园地上以草坪为主，点缀着果树、灌木和花卉等。

14~16世纪文艺复兴时期，欧洲园林艺术进入新时代。城堡逐渐演变成庄园，庄园内的花园成为社交聚会等的重要场所，花园有着几何形的花床，如同地毯一样展开，体现着和谐统一、秩序和规则性，典型的园林如卡雷吉城、菲耶索莱的梅第奇别墅等。在文艺复兴盛期，中轴线实现了建筑和园林的统一，一系列的矩形空间、阶地、喷泉、壁龛和壁橱都位于轴线的相接之处，并装饰有雕像、喷泉和种植花卉与树木的陶瓷盆钵。

2.2.2.2 建筑统帅园林

在典型的西方园林中，一座体积庞大的建筑物或城堡矗立于园林中轴线的起点或终点处，轴线以此建筑物为基准展开，呈中轴对称或辐射对称般地向远处延展。在园林的轴线上，伸出几条副轴，围绕着轴线，布置草地、景观道、林荫道、花坛、河渠、水池、喷泉、雕塑等，形成秩序井然的布局，站在建筑的露台或从窗户向外眺望，景色呈现一目了然的布局。

17世纪时法国的古典园林呈现了画卷式的平面构图。勒诺特尔风格的沃·勒·维贡特府邸花园，以及凡尔赛宫勒诺特式花园（图2-52）的构图中，建在地形最高处的府邸建筑是中心，建筑前的庭院与城市的林荫大道衔接，贯穿全园的中轴线是全园的视觉中心，最美的花坛、雕像、泉池等都集中对称布置在道路或水渠等轴线上（图2-53），园内大道和小径编织在条理清晰、秩序严谨、主从分明的几何网格中。

柱廊式庭院以建筑环绕中庭展开，呈现建筑包围花园的形式。法国及英国的城堡式庭院园林则以城堡内建筑为中心，低矮绿篱组成的图案式花坛环绕建筑物展开。

文艺复兴时期的意大利园林中，府邸建筑及景观建筑布置在道路形成的轴线顶端，水景、雕塑、树木、花卉等沿着轴线展开，共同簇拥建筑。此时的意大利对称布局的台地园建在丘陵山坡上，高坡上的建筑与树木交相辉映，使得其立面层次丰富多样，形成优美的天际线。

2.2.2.3 丰富的园林形式

在埃及古王国时代（约公元前2686—前2181年），园林表现为种植果木、蔬菜和葡萄为主的实用性的农业庄园、私家园林、宫廷园林、寺庙圣殿和动植物园。在这些园林里，尤其是宫廷园林

图2-52　法国凡尔赛宫鸟瞰图

图2-53　法国凡尔赛宫后花园

和寺庙园林中，有圣湖与圣林，道路笔直并且有着仪式感，建筑呈现柱廊式庭院，有多层阶地出现，宫殿位于阶地上，水池及凉亭富有功能及装饰性，有的园林形式与现代炎热地区的私家园林很相似。植物多具有象征意义，注重植物的形状，并且出现了葡萄廊架。古埃及的园林形式对后世欧洲园林的影响是不可估量的。

公元前6世纪，新巴比伦王国的空中花园及波斯帝国时期的"十"字沟渠的园林脱离了实用性的农业景观。公元前5世纪，波斯园林传到希腊，发展了柱廊园形式，同时，园林种类开始根据功能逐步分化，有庭院园林、圣林、公共园林、学术园林、生产性园林、狩猎森林等种类。古罗马在公元前190年征服希腊后，全盘接受了希腊

文化，园林艺术在更大范围内应用。古罗马在学习希腊的建筑、雕塑和园林艺术基础上，进一步发展了古希腊园林艺术。在罗马帝国的鼎盛时期（1~2世纪），主要有宫苑园林、别墅庄园园林、中庭式庭园（柱廊式）和公共园林四大类型。宫苑园林以哈德良山庄最为有名，全园各种功能建筑等顺应自然，随山就水布局，以水体统一全园，水体有溪、河、湖、池、喷泉等，有附属于建筑的规则式庭园、中庭式庭园，也有布置在建筑周围的花园，花园中央有水池、凉亭、花架、柱廊、雕塑等点缀，富有古希腊园林艺术特点。别墅庄园以小普林尼（罗马帝国的作家）的托斯卡纳庄园著名，庄园依自然地势形成一个巨大的阶梯剧场，别墅前面有花坛、林荫道、喷泉、藤架、水池、黄杨绿篱、黄杨造型、草坪等，整体布局呈中轴对称，形成了在建筑附近是规则式，而远离建筑是自然式的园林风光。柱廊园和公共园林接受了希腊园林艺术的风格。

在中世纪前期，园林以实用性为主，以意大利为代表的宗教寺院庭园为特征。中世纪后期，主要以法国和英国为代表的城堡庭园为特点。另外，还专设果园、草药园及菜园等，*The Medieval Garden*（1995）作者兰茨贝格（Landsberg）对修道院内的园艺类型做了区分，主要有公墓果园、医务花园、绿色庭院、执事花园、酒窖花园、药用植物园、葡萄园和厨房花园等，而城堡庭院中则出现了迷园、结节园、猎园、果园、菜园、药园等形式，并广泛应用。

文艺复兴时期，意大利园林以台地园及庄园为特征，法国园林以勒诺特尔式为特征，英国出现了自然风景式园林。这三个国家的园林艺术呈现了三种截然不同的艺术形象，尤其是英国，其造园理念的出现对欧洲园林形式变革具有重要的影响。

17世纪以前，英国没有自己民族风格的园林，只是效仿欧洲其他国家规则式园林，如意大利台地园、法国勒诺特式宫苑、荷兰宫苑和中国自然山水园，同时还保留着中世纪英国修道院及都铎时代（英国一个王朝）沉床园的园林风格。17世纪初，则模仿法国古典主义园林。18世纪20年代后，肯特（Willam Kent）、布朗（Lancelot Brown）、钱伯斯（Wlilliam Chambes）、列普顿（Hunphry Repton）等人开创了旧式风景式园林风格。英国风景园表现自然美，再现自然风光，追求广阔的自然风景构图，较少表现风景的象征性（图2-54），注重从自然要素与人工景观的结合（图2-55），同时关注人性回归自然（图2-56），关注人与自然的关系。英国自然式风景不仅盛行于欧洲，随着英国海外殖民的扩张，其造园风格及形式成为美洲、亚洲、大洋洲等许多城市公园的模仿对象。

中国园林艺术被传教士等传播到欧洲后，英国、法国、荷兰等国都逐渐出现了一些"英中式"

图2-54　杜鹃自然式种植

图2-55　新西兰基督城博物馆花园水景

图2-56 英国住宅周围自然式绿化

图2-57 新西兰基督城英中式电话亭

和"法中式"园林的结合体。他们吸取中国园林趣味的创作方法，吸收中国元素，在自然式园林中设置一些变形的"中国式"建筑物（图2-57），如英国邱园中的塔和法国小特里亚农宫中的亭，为园林增添了新的建筑形式。

2.2.2.4　多样化的植物景观

西方园林中，植物是重要的装饰元素。古埃及和古希腊时期，园林植物主要有花卉类、食用类、香草类、香料类、蔬菜等。中世纪时，流行的是"田"字形四块式的修道院院落和堡垒壕堑外的菜畦式花圃，人们仅关注植物的功能性，而不是观赏性。中世纪法国和英国的城堡庭院中由低矮绿篱组成花坛图案，图案呈几何形、鸟兽形状及徽章纹样，在图案空隙填充各种颜色的碎石、土、碎砖或者色彩艳丽的花卉等。在城堡的护墙之外的园林中，凉亭、树林及草地是主要的形式。

意大利园林多使用常绿树种而极少使用花卉，常用植物有松、柏、月桂、青冈栎、冬青、黄杨等，造园师常将植物当作建筑材料对待，代替砖、石、金属等，起着墙垣、栏杆的作用，修剪造型成动物、人物、建筑等样式。绿丛植坛一般设在低层台地上，将黄杨等耐修剪的常绿植物修剪成矮篱，组成多种图案、花纹，或家族徽章、主人姓名等，以便居高临下清晰地欣赏图案和造型，增加了庄园的情趣。

法国园林中，在靠近府邸的花园主景布置以花卉为主的大型刺绣花坛，犹如图案精美的地毯，充分表现平面图案的精美与壮观，带来视觉的极大惊喜。用黄杨修剪作为造型植物，矮篱组成图案，以彩色的砂石或碎砖为底（图2-58），整个花坛富有装饰性，从府邸到花园、林园，人工味及装饰性逐渐减弱，林园既是花园的背景，又是花园的延续。林园中采用丰富的阔叶乔木，形成茂密的丛林，明显地体现季节变化的植物季相美，充分表现法国平原森林的外貌，丛林边缘经过修剪，同时被直线形道路所规定，形成整齐的外观（图2-59）。丛林内部又辟出许多丰富多彩的小型活动空间。丛林的尺度与巨大的宫殿、花坛相协调，形成多样统一的效果。

英国风景园林注重植物自然景观的营造，形成了多种形式。英国林园及自然草地景观是在开阔的缓坡草地上散生高大的乔木和树丛，起伏的

图2-58　法国凡尔赛宫造型植物

图2-59　法国凡尔赛宫林荫道和丛林

丘陵生长着茂密的森林，树木也注重高低、形状、姿态、色彩及季相的变化，景色开阔而自然，呈现出田园牧歌式景色。英国花园注重花卉栽培，着重展示花卉与树木的形态特征，还种植许多从美洲、亚洲和非洲等地采集引种而来的珍稀花木，伴随杂交育种的成功，许多新的花卉品种出现，陈列奇花异卉成为花园的主要内容。花园注重花木间的合理配置，往往在草地上布设一块块不规则的花坛，将各种鲜花种植在一起，花色、花期、株形等都经过仔细搭配。花园中的玻璃温室，为园林里四季有花、四季皆景提供了可能，使得植物园及品种圃成了园林中的重要内容。园林中种植的树木以乡土树种为主，如山毛榉、椴树、七

叶树、冷杉、雪松等。在本土植物种类丰富的条件下，大力引进植物，综合运用自然地理、植物生态群落的研究成果，把园林建立在生物科学的基础上，创建各种不同的自然环境，发展了以某一风景为主题的专类园，如岩石园、高山植物园、水景园、沼泽园以及植物分类园等。

2.2.2.5　关注公共活动空间

19世纪工业革命后，社会发生了前所未有的变革，工厂的扩张与工人聚居促进了城市的扩展，同时，也带来了一些城市环境及工人居住场所的环境问题。英国和美国原有的一些住宅的附属花园和公共花园及广场等的功能不能满足城市民众的需求，民众需要缓解工作带来的压力和远离拥挤的居住空间，因而需要较为广阔的活动场地。19世纪的美国城市公园运动将此推向了高潮，并促进了世界园林关注活动空间的规划与设计。

1857年，奥姆斯特德设计了美国的纽约中央公园，开启了城市公园运动的序幕；此后，还规划了芝加哥公园系统。在纽约中央公园的影响下，美国开启了城市公园的建设高潮，如费城费蒙公园、圣路易森林公园、布鲁克的希望公园、波士顿绿宝石项链公园系统和旧金山金门公园等陆续建成。同期，美国的城市公园运动也影响英国、德国、日本和中国等公园建设。城市公园运动增强了人们对城市公园和自然风景的向往，也将服务对象扩大到普通民众，为广大居民所拥有和使用，并且美化了城市环境，开辟了城市园林文明发展的新纪元（图2-60至图2-62）。

城市公园是在继承英国自然风景园林的基础上，结合其他国家的园林风格创造的适应城市化的园林种类，其风格主要是景观自然化，采用的元素及形式主要有树林、灌木丛、开阔平整的草坪、环形弯曲的园路、开阔的湖泊与弯曲的河流沼泽等组成了系统的水系、滨河绿带、林荫道、花园等。在城市公园运动中，涌现出一批杰出的设计师，如唐宁、沃克斯、艾利奥特等，他们为城市公园的形成和发展作出了卓越的贡献。

2.3 中西方风景园林比较

中西方园林在各自的地域、思想、文化与艺术等基础上形成了不同的艺术形式与风格，在造园理论、布局形式、风格及审美情趣等方面既有差异，又有共性。中国园林在不同的发展阶段，其形式也有一定的差异，但其风格自从魏晋时期转向风景园林形式后，一直沿着这条主线不断地发展成熟，形成了现今所呈现的特点。西方园林在不同历史发展阶段也先后呈现了不同的形式与风格，不同的国家间也存在一些风格相似，但形式又略有不同的园林作品，典型代表主要有意大利、法国和英国园林。

2.3.1 中西方风景园林差异性

2.3.1.1 自然美与人工美

西方园林，特别是法国古典园林，追求人工美，以勒诺特尔式园林为代表，其对称规则的布局、建筑、园路、植物及水景等造景元素形式呈现几何图案式的人工美。中国园林则完全不同，既不求轴线对称，也无规则可循，呈现的是山环水抱，曲折蜿蜒，花草树木呈自然之态，建筑顺应自然而参差错落，力求与自然融合。"虽由人作，宛自天开"是中国古典园林造园遵循的基本原则与理念。中国园林是自然山水式园林，追求天然之趣是其基本特征。

中西方园林形式的不同，源于对自然美的认识不同。中国人对自然的审美不是按人的理念去改变自然，也绝非简单地再现或模仿自然，而是在深切领悟自然美的基础上加以萃取、抽象、概括、典型化，在顺应自然的基础上适当改造，深刻表现自然，体现"天人合一"的生态文明观。西方美学认为自然美只是美的一种素材或源泉，自然美本身有缺陷，不具备独立审美意义，不可能升华为艺术美，不经人工改造，便达不到完美的境地。园林是人工创造的，理应按照人的意志加以改造，才能达到完美的境地，体现了"人定

图2-60　新西兰北帕城市广场草地纪念活动

图2-61　新西兰北帕城市广场草地圣诞活动

图2-62　新西兰北帕城市广场草地休闲活动

胜天"的理念。

中西方园林形式的差异，也源于历史上对待独立人格的态度。中国悠久的封建礼制下，方正的城市格局体现了皇权的等级与秩序，园林的自然曲折体现了士人对自然的追求，表现了其追求人格独立的向往。中国园林强调主客体间的情感契合点，即作为审美主体的人把欣赏点落在作为客体的造园要素或景观上，在欣赏时达到精神愉悦，即"畅神"。通过"移情"把客体对象人格化，即把园林中的要素进行"君子比德"，庄子提出的"乘物以游心"就是借助景物达到物我之间相互交融，达到物我两忘的境界，人在园林里达到了人格的自由。西方社会的很多城市建设得不规则，难以体现王权的等级与秩序，不足以表达社会的文明，而在园林里，通过能体现等级与秩序的轴线及几何式图案体现人的力量，体现统治者对园林的绝对拥有，体现政治、经济、艺术及生活等各个方面的成就，通过对视觉的震撼，虽然也能"畅神"，但更多的感受是人对自然的征服，感受的是场面壮观的物质生活等各方面的富裕。

正如西蒙德所说，西方人对自然作战，东方人以自身适应自然，并以自然适应自身（《景园建筑学》）。西方造园的美学思想是人化自然，而中国园林则是自然拟人化。自然美与人工美体现了园林形式的差异，也体现了其蕴含的哲学及美学观念的不同。

2.3.1.2 意境美与形式美

意境美与形式美体现了园林主题内涵的差异，根源于造园的出发点与目的不同。

对自然美的认识不同，反映在园林艺术上追求便各有侧重。中国园林虽也重视形式，但倾心追求的是通过形式表达意境美，通过景和情的交融，使人物化为自然的一部分，在有限空间内营造出无限的意趣，创造出具有诗情画意的意境。如留园入口至冠云峰所在空间的一系列空间转折，通过桃花源式的表达，在混沌中似乎体验感悟了园林及人生的"道"，在领悟园林"道"的时候就领会了人生的"道"。西方园林追求的形式美，更多地体现"生境"或"画境"的层次，达到中国式"意境"层次的较少。这种差异可能是因为我们对西方文化的理解不同造成的，意境是靠"悟"获取的，"悟"源于对文化的理解，随着中西方文化的交流，我们也将会从西方园林中感受到更多的意境。英国园林中的田园牧歌式的自然景观和法国凡尔赛宫式园林的古典主义园林，在一定程度上也达到了中国式意境的内涵。

西方造园虽不乏诗意，但刻意追求的却是形式美。在古希腊，哲学家毕达哥拉斯从数的角度探求和谐，并提出了黄金率。罗马时期的维特鲁威在《建筑十书》中也提到了比例、均衡等问题，提出"比例是美的外貌，是组合细部时适度的关系"。文艺复兴时的达·芬奇、米开朗基罗等人还通过人体论证形式美的法则，而黑格尔则以"抽象形式的外在美"为命题，对整齐一律、平衡对称、符合规律、和谐等形式美法则作抽象、概括的总结，于是形式美的法则就有了相当的普遍性；它不仅支配建筑、绘画、雕刻等视觉艺术，甚至对音乐、诗歌等听觉艺术也有很大的影响。作为空间艺术的园林也处处表现形式美的法则。西方园林追求的是通过规则的形式美表达人对自然的改造，表达世俗社会为生活创造一种有别于自然的园林，通过形式表现世间的辉煌。

一座好的园林，无论是中国还是西方的，都必然会赏心悦目，但由于侧重不同，西方园林给人们的感觉是悦目，而中国园林则意在赏心。

2.3.1.3 含混与明晰

中国园林在形式上虽然也遵从形式美的构图法则，但较多地使用曲线，营造自然景观，在园林中没有明确的空间界限或几何式图案，在形式上是含混的。造景时，又借鉴诗词、绘画等艺术理论，表达大中见小、小中见大、虚实结合、或藏或露、或浅或深等多种多样的风景画面及空间，把许多全然对立的因素交织融汇成浑然一体的矛盾综合体，且无明晰可言。人们置身其内有扑朔迷离和不可穷尽的幻觉，在矛盾中理解园林美。中国人认识事物多借助于直接的感性认识，认为直觉并非是感官的直接反应，而是一种心智活动，不可能用推理的方法求得，必然要全身心地投入感受，方能感受到园林美，在体验中"明心见性"，感受到自身，体验到园林意境。但在一些人看来，所谓的意境却又是含混不清的，对美的理解不同，使得园林中很重视园名及景名的艺术性，力求画龙点睛。

西方园林，尤其是法国古典园林借助几何学中的比例、尺度、形体、对称等方式追求布局的形式美，使得园林布局主从分明、重点突出、关系明确、空间边界明确、空间序列分明。同时，景物及景点表达的内涵也要明确，给人以秩序井然和清晰明确的印象，更多地通过视觉与触觉打动人们，非常准确无误地告诉人们园林要表现什么，人们的感受与理解近似一致，没有中国园林意境的模糊性，没有中国园林中园名及景名的丰富内涵。

中国园林在审美情趣上，追求神似，不追求形似；只追求"似"，而不要求"是"。"妙在似与不似之间，太似为媚俗，不似为欺世"（齐白石语）。唯其神似，才会"以少胜多""其貌无疑"。西方园林艺术追求科学的"是"与"不是"，西方人的审美情趣追求形似与写实，截然不同于中国人的审美情趣。不同的追求使得园林要素的形式表现显现了含混与明晰的差异，尤其在植物形体、水体、建筑形式、置石与雕塑等方面具有显著的差异。含混与明晰体现了园林形式与内涵表现方式的不同。

2.3.2 中西方风景园林共性

2.3.2.1 由娱神转向娱人

园林在起源的时候，人类受自然认知的局限，认为神灵主宰着自然，这些神灵应通过宗教仪式和祭祀供奉得到告慰，因而，园林具有祭祀神灵、为神创造优美风景的功能。天子具有"天授神权"的特征，天子是神灵在人间的代表，具有与天沟通的能力，天子去世后，自然地成为神灵，它们理应享受园林和庙宇的祭祀。随着人类认识自然能力的增强，园林不再局限是祭祀神灵及天子享乐的场所，这种祭祀转向成为礼制型建筑，园林逐步转向为世人服务，也在向普通人生活的居住场所转变。

中国园林起源时期的"台""沼""囿"等都具有娱神的功能，在发展中，演变出了"一池三山"的神仙模式，这是封建帝王为自己修建的模仿神仙境界的园林，是园林由娱神向娱人转变的第一步。后世帝王自此都在皇宫场所建筑宫苑，并在死后建筑皇陵，生生世世都享用园林。对于私家园林而言，园林是其家族生活的场所，其宇宙观、人生观都在向着发现心性，追求内心宇宙观的方向迈进。园林向着以人为本，为人创造优美生活环境的目的发展。

在西方，园林也是逐步由娱神向娱人转变的。如《圣经·创世纪》提及了上帝为亚当和夏娃建造的伊甸园。《古兰经》中的"天国"、古希腊园林中的圣林等，无不具有祭祀与娱乐的功能。在中世纪修道院园林中的菜园、药圃等则是直接面向了世人。随着历史的发展，西方园林逐渐脱离祭祀功能，转变为向世人服务。法国的古典园林最为明显，园林成了宴请宾客、开舞会、演戏剧的场所，丝毫不见超脱尘世的天国乐园的景象。

2.3.2.2 在园林发展的成熟期都曾有过巴洛克式风格

在西方园林艺术里，巴洛克风格典型的特点是造景方式关注细微之处，注重形式的多样性和装饰性。花园里盛行林荫路，笔直的中轴道路联系建筑物和自然，在道路的交叉点，设置雕像或喷泉水池等；树木修剪成各式绿雕与图案；水景则为各种喷泉、跌水、水风琴、水剧场等的集合，尽显水的各种喷、淋、溅、洒的姿态，在水剧场设计上集岩洞、雕像、嬉水装置于一体。意大利、法国、英国等国家都在不同时期流行过巴洛克风格，尤其在17世纪下半叶路易十四时代的法国古典园林时代，巴洛克风格更是多姿多样。

当中国园林发展到明清时期，在"芥子纳须弥"的空间格局下，造园技术高度完善和日益程式化后，传统的空间艺术中可供开拓的天地日渐狭小，为了维持"壶中天地"的生机，对装饰风格的追新逐异和细微景观的玄奇斗巧成了园林创作手法的追求。李渔《闲情偶寄·居室部》叙述了各式各样的花窗，以便使窗间尺幅之地能变幻出不尽的山水花卉之景。故宫御花园中的园路与场地的铺装纹样多样，既有冰裂纹和海棠花瓣纹，还有铜钱式样等；在彩绘上，有苏式彩绘，也有和玺彩绘，绘图内容有龙、凤、仙鹤、蝙蝠、鹿等动物，还有西番莲、梅、牡丹、芍药、葡萄等植物。在乾隆时期，建筑造型的创新则是园林常用的造景手法，圆明园中"万方安和"的"卍"字形建筑、"澹泊宁静"的"田"字形斋堂，"汇芳书院"中的偃月形"眉月轩"等建筑形式，充分发挥了木结构建筑造型灵活的特点，但很少是因为园林空间艺术的需要，而是装饰式样的罗列。诸如此类的园林造景在私家园林争相趋附，尤其在江南富商和官僚豪绅的园林里，比比皆是。

虽然中国园林没有明确的巴洛克风格，但是按照巴洛克风格的特点衡量中国园林成熟期的艺术特点，可以发现，中国园林有着与巴洛克风格一样的特点。这都是园林艺术发展的必然性。园林在进入成熟期后，空间格局的形成和造园技巧的成熟使得园林没有质的飞跃时，必不可少地在园林细部设计上进行精雕细琢，增加趣味性，完善园林艺术。

2.3.2.3　具有高度的象征性

在16~17世纪的康乾时代，政治稳定、经济发达、文化艺术繁荣，为了生活和精神上的舒适，也为了统治的需要，康熙、雍正、乾隆三位皇帝修建了几处大的皇家园林，如西苑、畅春园、圆明园、避暑山庄、清漪园等，既有宫廷生活区，又有花园游玩区，用建筑、布局、题名等元素表达皇家园林的华丽及琼楼玉宇般的神仙境界。避暑山庄内山岭、平原、湖泊三者的宏观山水格局充分体现了"负阴抱阳、背山面水"的原则，烘托了皇家园林的磅礴气势。圆明园西北角的紫碧山房，堆筑有全园最高的假山，象征昆仑；万泉庄水系与玉泉山水系汇于园的西南角，向北流淌，到西北角分为两股，两股水最终分别汇入前、后湖和福海，最终从福海分出若干支流向南，自东南方流出园外。这个水系与山形相呼应，呈自西北流向东南的布局，符合中国的地理特征，合中国的天下山川之势。这种体天象地的布局不仅在清代园林中使用，早在汉武时期的上林苑、魏晋时期的华林园、宋朝的艮岳、乾隆时期清漪园，山水布局均是呈现西北高山、水自西北流向东南的格局。使用题名来象征社会安康、赞誉皇帝文治武功的例子更是不计其数，如圆明园的正大光明、勤政亲贤、九州清晏、万方安和、茹古涵今、慈云普护等无不在赞誉与体现帝国当时的昌盛。

17世纪下半叶，法国路易十四彻底巩固了君主专制制度，经济繁荣且政治稳定，进入了法国的"伟大时代"，形成了古典主义文化，一切古典主义的文学艺术都以歌颂路易十四为主，古典主义的造园艺术也主要为君主服务。古典主义园林的第一个特点是大，如凡尔赛园林有670hm^2，轴线长约3km，花园内景色形式多样，将世间的一切美好事物都表现出来，简直就是会客厅与舞台；第二个特点是几何式总体布局，象征建立在封建等级制之上的君主专制政体，由宫殿统帅一切，花园是建筑沟通自然的过渡；第三个特点是在花园里用各种元素象征王权，赞誉路易十四及那个时代的光辉，勒诺特尔式园林表现的是路易十四统治下的社会秩序，使用图案装饰象征时代的繁华，用轴线赞誉王权的伟大，用阿波罗驾马车出巡的雕塑象征路易十四，将路易十四比喻为太阳神，法国的古典主义园林艺术是国家气运昌盛的反映。

虽然中国和法国的哲学、文化不同，但园林都表现出高度的象征性，不仅从山水空间架构及空间布局等宏观处着手，而且从造景元素及景名等细部深入，多角度地象征内涵，这不仅在皇家园林如此，在私家园林也如此，只是表现风格与主题不一。

2.3.2.4　注重选址，因地制宜

中西方园林都非常看重选址，并因地制宜地

造景，优美而经典的园林或景点都处在该地域的优良位置，如地形位置醒目、局部气候有利、取水方便、土壤肥沃或植被丰富等地方。自然条件为园林形成提供了得天独厚的条件，不同地域、不同民族的园林各以不同的方式利用自然造化。

地中海气候是意大利的典型气候特征，意大利传统园林多建在山坡丘陵地带，大面积山地的存在促进台地园的产生；水源丰富有利于跌水喷泉的营造；地形高低起伏促进了建筑与树木形成优美的天际线。意大利著名的庄园园林多在罗马、米兰和佛罗伦萨附近。罗马所在的亚平宁半岛南部区域和佛罗伦萨所在的马丹平原夏季炎热，因而庄园内的植物大都以深浅不同的绿色为基调，使人在视觉上感到宁静和凉爽，又起到遮阴降温的作用；阿尔卑斯山麓湖区冬暖夏凉，气候宜人，因此米兰台地中央的水池周围设计精美的花坛和种植柑橘等喜温植物。英国是个多低山多丘陵的国家，要想得到勒诺特尔式园林那样宏伟壮丽的效果，必须大动土方改造地形，耗费巨资。英国多雨潮湿的气候对植物生长十分有利，草坪地被类无须精心管理就能取得很好的效果，且修剪整形植物的维护成本高，因此，草地、花园、林园等形式的自然风景园成为英国人再现自然的艺术创造。法国巴黎郊区多平地、多低洼之地，因此成就了勒诺特尔式园林中的毛毡花坛及沟渠景观等。

中国园林也极其讲究选址，在北京西郊一带，西面和北面远有香山环绕，中心腹地泉水丰沛，湖泊罗布，又有玉泉山和瓮山平地突起，远山近水烘托映衬，宛似江南风光。因此，在辽金时期香山就有许多寺庙；清朝以后，康熙帝建立香山行宫，在玉泉山建立静明园，后又建成畅春园，充分利用山水，并因地制宜，低处挖湖，高处堆山，建成了优美的山水园林。

2.3.2.5 精神家园

在原始图腾崇拜及宗教影响下，古人常认为灵魂不灭，精神与灵魂相联系，人的躯体死亡后，灵魂可以长存，园林成为精神存在的场所。随着人类认识的进步，园林在中西方国家，都被看作人类的精神家园，驱动园林的形式和内涵不断发展，成为人们休闲和精神放松的场所。

中国的"盘古化身"神话传说，使得自然万物具有了"灵"性，是人类的灵魂与精神栖息所在。隐逸文化的盛行使得自然成了自由的象征，成了士人独立人格的精神向往。魏晋时期受自然山水美学思想熏陶下的风景园林成了士人的精神家园。陶渊明诗歌中对"真"的向往，将园林与自然中"真"的一面联系起来，园林成了"真、善、美"的代表，是人心灵的向往。简文帝入华林园时说的"会心处不必在远……"更是突出了园林的象征意蕴，园林成为心灵的审美客体，成为心灵深处的寄托。园林成熟期时，其更被视为对美好生活的向往，拙政园与颐和园的园名及景名，无不表达对人生理想及美好生活的向往。

《圣经》中的伊甸园，为亚当和夏娃提供了优美的生活环境。古埃及具有圣湖和圣园的庙宇常被视为法老的安息之地，古希腊花园圣殿中常举行宗教仪式，古罗马的花园庭院中也常设有用于祭祀的祭坛。古希腊园林中的圣林，在庙宇周围种大片树林，在郁郁葱葱的圣林中还设置小祭坛、雕像、瓶饰和瓮等，这被称为"青铜、大理石雕塑的圣林"，既是祭祀圣林的场所，又是人们休闲娱乐的场所。公共园林多是由体育运动场地增加建筑设施和绿化而发展起来的，在帕加蒙（Pegamon）城的季纳西蒙体育场则建设了三层台地，上层为柱廊园，中层为庭园，下层为游泳池，周围有大片森林，林中有神像、雕塑和瓶饰。园林逐步由宗教祭祀的场所转变为大众休闲娱乐的精神家园。

随着中西方文化的交流，园林艺术也逐渐交融，在17~18世纪法国出现的"中国热"，在英国和法国园林中出现的"中英式"园林，中国圆明园的中西合璧的大水法等，都是中西方园林艺术交流的代表。它们为现代园林的发展作出了重要贡献，为新的园林形式诞生奠定了基础。19世纪美国的城市公园运动则成为现代园林的启蒙，规则式与自然式相互结合形成了混合式园林形式，共同谱写人造自然的园林艺术。

小结

本章主要阐述中西方风景园林的文化艺术特征。中国风景园林作为中国传统文化艺术的重要载体，与山水文化一脉相承，是一门融合了中国诗画、书法、建筑等的综合艺术，同时又表现为季相、气象及不同地理环境下的时空艺术；意境是中国风景园林重要的特征，通过园林景象、意象最终达到意境层面。西方风景园林也受古希腊文化、西方绘画、建筑与雕塑艺术、宗教信仰等西方传统文化的影响，形成了图案对称、建筑统帅园林、丰富的园林形式、多样的植物种植及注重公共空间等的艺术特征。本章对中西方风景园林的共性与异性进行了对比分析。

思考题

1. 古希腊神话对西方园林的影响有哪些？
2. 在西方园林中体现了绘画的哪些理论？
3. 雕塑艺术在西方园林中的表现有哪些？
4. 园林设计中如何看待自然与艺术的关系？
5. 宗教信仰是如何影响园林艺术理念及形式的？
6. 西方园林艺术形成的文化艺术基础有哪些？
7. 简要概括西方园林的艺术特征。
8. 法国与意大利的园林布局有何差异？
9. 概括法国、英国和意大利的植物景观差异。
10. 中世纪时的英国与法国的园林形式有什么不同？
11. 中西方园林艺术有何差异？
12. 园林为何能成为娱神的场所？
13. 象征手法在中国私家园林中是如何应用的？
14. 地形地势如何影响中西方园林形式？
15. 园林作为人类精神家园，主要体现在哪些方面？

推荐阅读书目

1. 中国园林文化史．王毅．上海人民出版社，2004.
2. 中国古典园林史（第2版）．周维权．清华大学出版社，1999.
3. 外国造园艺术．陈志华．河南科学技术出版社，2001.
4. 中国园林艺术通论．章采烈．上海科学技术出版社，2004.
5. 图解人类景观——环境塑造史论．Geoffrey，Susan Jellicoe 著．刘滨谊主译．同济大学出版社，2006.
6. 中外园林史．郭凤平，方建斌．中国建材工业出版社，2005.
7. 园林美学．梁隐泉，王广友．中国建材工业出版社，2004.
8. 园林史——公元前2000—公元2000年的哲学与设计．Tom Turner 著．李旻译．电子工业出版社，2016.

第3章 风景园林形式

风景园林形式，是风景园林内容存在和表现的形式（下文简称园林形式）。风景园林内容（以下简称园林内容）是构成风景园林内在诸要素的总和，即园林地形、园林水体、园林道路、园林植物、园林建筑及小品。形式与内容是矛盾的统一体。园林的内容决定其形式，园林形式表现园林内容。

英国造园家杰利克（G.A.Jellicoe）在1954年国际风景园林师联合会第四次会议发言中将传统世界造园史划分为三大系统，分别是中国、西亚和古希腊。它们最突出的差异是崇尚自然美的自然山水园林与追求理性人工美的西方规则式园林。可是，不同哲学思想体系，不同文化传统的两种园林在表现形式上却可以归纳出相似的自然式与规则式两种类型及由这两种类型派生出的混合式园林类型。因此，归纳起来，传统园林可分为规则式、自然式和混合式三类。

尽管世界造园艺术具有世界文化的一般内容与特征，有着园林艺术的统一性，但由于世界各民族和国家有着不同的自然地理条件、文化传统、意识形态等因素，因此，各民族的园林艺术就形成了不同的艺术表现风格，即不同的园林形式。决定园林形式有以下因素。

(1) 风景园林的性质和内容

内容决定形式，形式表现内容。每种形式都应反映一定的内容。不同性质的园林，都应有其相对应的园林形式，力求反映园林的特性。纪念性园林、植物园、动物园、儿童公园等，由于各自的性质不同，决定了各自与性质对应的园林形式不同。如烈士陵园这类纪念性园林应采用严整的规则式，创造出雄伟崇高、庄严肃穆的氛围；动、植物园以生物科学展示、知识科普与美感营造为主要目的，因此应创造轻松活泼、寓教于乐的自然环境氛围；儿童公园更要求形式新颖、活泼、色彩鲜艳、明朗，公园的景色、设施与儿童的天真、活泼风格相协调。

(2) 地区的自然条件

宏观上，不同国家和地区独有的自然环境条件造就了不同的园林形式。如伊斯兰园林采用规则式水渠应对干旱炎热的气候；意大利复杂的地形为台地式园林创造了良好的条件；法国平坦的地势为勒诺特尔式园林提供了可能；英国广袤的草原和牧场为英国式自然园林提供了绝好的园林基址。微观上，若拟建地形是平地，采用规则式比较经济；若采用自然式，也忌挖湖堆山营造自然山水园；若拟建地形起伏较大，且自然水面较多时，则采用自然式更佳。

(3) 所处的环境条件

若所处周围环境都是规则式的道路、广场和建筑群，拟建园林面积又不大时，可采用规则式和自由式组合的整形式；若所建园林面积很大，可采用自然式或混合式。

(4) 文化传统和审美意识

由于各民族、国家文化传统、审美观念的差异，决定了园林形式的不同。如中国推崇的是"天人合一"的哲学思想、"师法自然""虽由人作，宛自天开"的审美观，因而形成了自然山水

— 49 —

园的自然式园林；欧洲将人与自然对立，强调理性，崇尚秩序美，因而形成了人工化明显的规则式园林。同样是自然多山条件的中国和意大利，由于哲学思想、文化传统和审美意识的不同，因此形成了自然式和规则式两种截然不同的园林形式。

3.1 传统园林形式

3.1.1 规则式园林

规则式园林又称几何式、整形式、对称式、建筑式或图案式园林。西方园林自埃及、巴比伦、希腊、罗马起到18世纪英国风景式园林产生之前

图3-2 规则式园林中轴线

以规则式园林为主，其中以文艺复兴时期意大利台地园和19世纪法国勒诺特尔平面几何图案式园林为代表（图3-1）。园林构图从属于建筑布局，遵循严格对称的人工造型原则。我国的南京中山陵、北京天安门广场绿化、广州市人民公园、哈尔滨市斯大林公园都是规则式园林布局。这类规则式园林基本特征如下。

（1）中轴线

在规则式园林中，中轴线统率全园（图3-2）。全园在平面设计上有明显的中轴线，并且各个风景园林组成要素大体依据中轴线的前后左右对称或拟对称布置，园地的划分大多为几何形体。在规则式园林中，园林轴线多视为主体建筑室内中轴线向室外的延伸。一般情况下，主体建筑主轴线和室外园林轴线是一致的。

（2）地形地貌

在开阔较平坦的平原地区，规则式园林由不同标高的平地和缓坡组成；在山地、丘陵地区，由阶梯台地、倾斜地面与石级组成。其剖面均由直线组成（图3-3）。

（3）水体

规则式园林水景的外轮廓均为几何形，主要是圆形和长方形；水体的驳岸多是整形、垂直的，有时加上雕塑；水景的类型有水渠运河、整形瀑布（图3-4）、喷泉、水池（图3-5）、壁泉等。在西方传统规则式园林中，水池喷泉往往与神话雕塑共同构成水景的主要内容，成为视觉的焦点。

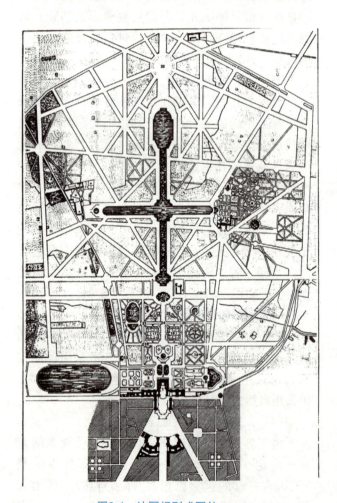

图3-1 法国规则式园林

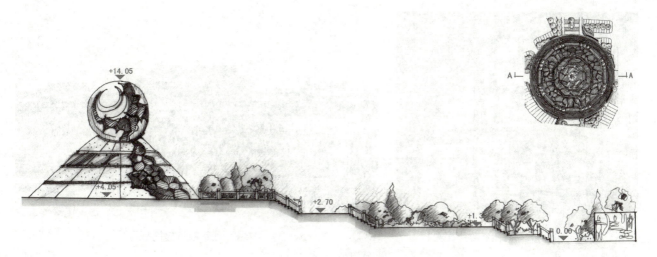

图3-3 规则式园林剖面图

图3-4 美国纽约佩雷公园瀑布水景

图3-5 北京人定湖公园喷泉水池

（4）建筑

规则式园林建筑的布局讲求对称的严整性，强调建筑控制轴线。主体建筑群和单体建筑多采用中轴对称设计，以主体建筑群和次要建筑群形成与广场、道路相组合的主轴、副轴系统，控制全园的总体格局（图3-6）。如法国凡尔赛宫、印度泰姬玛哈尔陵、意大利兰特庄园、北京故宫（图3-7）、青岛五四广场等。

（5）道路广场

规则式广场多呈规则对称的几何形，主轴和副轴上的广场形成主次分明的空间；道路均为直线形、折线形或几何曲线形。规则式广场与道路构成方格形式、环状放射形，中轴对称或不对称的几何布局；广场和草坪为几何形，并用建筑、树墙或林带围合。建筑主轴线和广场轴线常常合二为一。如法国凡尔赛宫园林道路与广场（图3-8、图3-9）。

（6）植物配置

规则式植物配置按照中轴线左右均衡对称展开，形成中轴对称的总体格局。全园树木配置以等距离的行列式、对称式栽植为主（图3-10）。常运用大量绿篱、绿墙等划分和组织空间（图3-11）；树木修剪整形多模拟建筑形体、动物造型、绿篱、绿墙、绿门、绿柱等；花卉布置常以图案为主要内容，有时布置大规模的花坛群，大量使用修剪型模纹花坛。

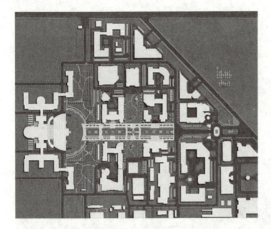
图3-6 清华大学建筑布局平面图

图3-7 北京故宫建筑布局

图3-8 法国凡尔赛宫园林道路与场地

图3-9 法国凡尔赛宫园林道路与场地

图3-10 法国凡尔赛宫园林行列式种植

图3-11 上海静安雕塑公园对称种植

(7) 园林小品

在规则式园林中，常用雕塑、瓶饰、园灯、栏杆等装饰点缀园景。雕塑常设于轴线的起点、交点、终点上，或沿着中轴线对称布局（图3-12）。西方传统园林的雕塑主要以人物雕像布置于室外，常与喷泉、水池构成水体的主景（图3-13）。

总之，规则式园林强调人工美、理性整齐美、秩序美，给人严整、庄重、雄伟、开朗的景观效

图3-12 北京人定湖公园雕塑

图3-13 法国凡尔赛宫雕塑及水池

果。但由于它过于严整，会产生一种威慑力，使人感到拘谨，给人以空间开朗有余、变化不足的一览无余之感。

3.1.2 自然式园林

自然式园林又称风景式、山水派园林。自然式园林的典型代表为中国的自然山水园林。中国园林，不论是皇家宫苑，还是私家宅院，都是以自然山水园林为源。保留至今的皇家园林，如颐和园（图3-14）、北海公园、承德避暑山庄；私家园林，如拙政园、网师园等都是自然山水园林的代表作品。中国山水园自公元6世纪传入日本，形成"山水庭"；18世纪末传入英国后，演变为英国的"自然风景园"。中国近现代园林中也有很多自然式园林，如北京紫竹院公园、上海中山公园、上海世纪公园等。自然式园林的主要特征如下。

（1）地形地貌

自然式园林对园林地形的处理多采用因地制宜的原则。在平原地区，尽量利用原有地形的自然起伏，进行人工修整；在丘陵山地地区，因高就低地加以人工整理，使其形成自然山水的特征。其地形的剖面线为自然曲线（图3-15）。

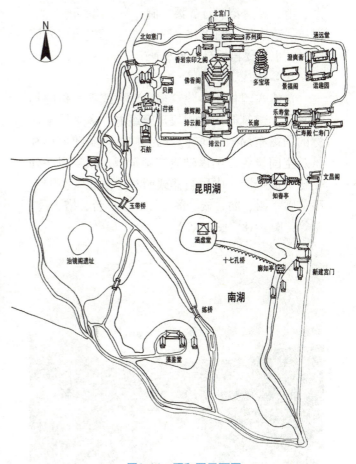

图3-14 颐和园平面图

图3-15 自然式园林地形剖面图

（2）水体

自然式园林水体的平面轮廓为自然曲线。驳岸采用自然斜坡，也有垂直驳岸、山石驳岸或石矶等形式，在建筑附近或根据造景需要也可采用条石砌成直线或折线驳岸。水体主要类型有河、湖、池、潭、沼、汀、溪、涧、洲、渚、港、湾、瀑布、跌水等（图3-16、图3-17）。营造自然式园林时，水体要再现自然界水景。

（3）建筑

自然式园林单体建筑多为对称或不对称的均衡布局；建筑群或大规模建筑组群，多采用不对称的均衡布局。建筑布局的共同特点是随地形和景观空间设置，不以轴线控制全园，以空间序列变化贯穿全园。中国自然式园林中的建筑类型有亭、廊、榭、舫、楼、阁、轩、馆、台、塔、厅、堂等（图3-18、图3-19）。

（4）道路广场

自然式园林道路依据景区和景点的空间序列而设置，成为贯穿全园景区与景点的导游线。道路的走向、布局多随地形，道路的平面和剖面多由自然起伏、曲折的平曲线和竖曲线组成（图3-20）。除有些建筑前广场为规则式外，园林中的空旷地和广场的外形轮廓为自然式（图3-21）。道路常与建筑群、山石、树丛、林带围合形成疏密、开合变化的景观空间。

（5）植物配置

自然式园林植物配置要求反映自然界植物的个体美和群体美，不成行成排栽植，树木不修剪。以孤植、丛植、群植、林植、林带种植等为主要形式（图3-22、图3-23），花卉的布置以花丛、花群等为主要种植形式，庭园内也有花台的应用。在自然式园林中进行植物配置时，需要充分考虑

图3-16 上海闵行体育公园湖景

图3-17 上海延中绿地溪流

第3章 风景园林形式

图3-18　上海延中绿地亭

图3-19　苏州留园建筑群

图3-20　上海四川北路公园道路

图3-21　上海中山公园道路与场地

图3-22　北京大学校园孤植银杏

图3-23　上海方塔园自然式种植

所要营造的园林意境，选取不同的植物种类和配置方式营造不同景致，做到"景""境"合一。

（6）园林小品

自然式园林中多采用自然峰石、假山、盆景、雕像等园林小品，它们多被置于风景视线的焦点上，起到引导游览和表达主题的作用（图3-24、图3-25）。中国园林通常用匾额、楹联、碑文、岩刻形式点出风景主题，寄情于景，抒发思想情怀，启发游人的意境联想，既增加了园林的观赏性，也使人受到思想启迪。

总之，自然式园林模仿自然、追求自然；空间类型丰富多样，园林布局因地制宜，自由灵活、不拘一格。游览时给人以空间变化多样、景色丰富、步移景异、轻松亲切的视觉感受和体验。

3.1.3 混合式园林

实际上，园林形式绝对的规则式与自然式是少有的，只有以规则式为主或以自然式为主的区别，当同一处园林的内容需要采用规则式和自然式两种形式分别表现时，而且这两种形式所占面积的比例又近似，便将这个园林称作混合式园林。从东、西方的不同传统风格讲，要设计的混合式园林必须是同一种传统形式的统一体。如上海广中公园、上海复兴公园、北京中山公园、广州烈士陵园等（图3-26至图3-29）。

图3-24　上海雕塑公园入口雕塑

图3-25　北京菖蒲河公园入口雕塑

图3-26　上海广中公园平面图

图3-27　混合式园林平面图（1）

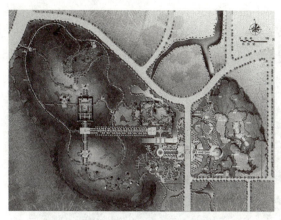

图3-28 混合式园林平面图（2）

图3-29 混合式园林鸟瞰图

3.2 现代园林形式发展及趋势

时代在发展，科技在进步。现代科学技术推动着社会进步，也改变着人们的生活习俗和观念，以适应新时代的变化。与日俱增的国际交流，促使风景园林理论与实践不断出现新观念、新技术、新形式和新内容。

3.2.1 新中国成立后园林形式演变

新中国成立后，我国风景园林建设取得前所未有的发展。园林的功能和性质不断扩展，园林内容与形式也不断演变。

功能上，园林已不再是少数统治阶层所占有的皇家宫苑和一家一园赏玩、宴请、娱乐的场所，而是为全民服务的城市建设内容。除了游览观赏、文化娱乐等功能外，环境保护与生态修复、文化遗产保护与传承也逐渐成为风景园林实践的目标。

形式上，由严整的规则式逐渐演变为自由式。20世纪50年代受苏联的影响，我国园林多采用严整的规则式布局形式，如北京天安门广场、三里河路，长春的斯大林大街广场，哈尔滨索菲亚教堂广场和兆麟街林荫路等。20世纪六七十年代，我国园林绿化建设一度受阻。70年代后期，园林开始复苏，广州的东方宾馆、白云宾馆、矿泉别墅等园林形式的创新让人耳目一新，成为当时新园林与传统形式结合的讨论焦点，继而上海、北京等大城市也相继追赶，城市小游园和居住区的绿化形式也开始摆脱严整的规则式和自然式，取而代之的是自由组合的整形式，也称为自由式，如北京宣武区绿地（图3-30、图3-31）等。改革开放以后，尤其是进

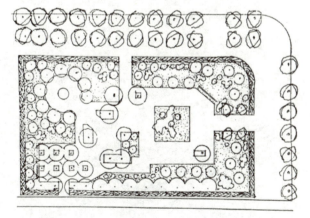

图3-30 北京宣武区绿地平面图

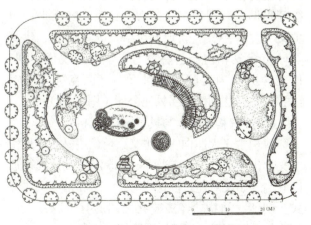

图3-31 自由式园林平面图

入21世纪，随着中国社会、经济、文化的发展，以及城市化进程在全国范围内的突飞猛进，风景园林的形式和内容也得到了极大的丰富。具体形式本教材结合各章节的内容都有相关介绍。

3.2.2 西方20世纪70年代以来园林设计新思潮

20世纪60年代起，资本主义世界经济快速发展，文化领域却出现动荡和转机。一方面，50年代出现的代表着流行文化和通俗文化的波普艺术蔓延到设计领域；另一方面，进入六七十年代以来出现的环境污染、人口爆炸等严峻现实打破了人们对现代文明的憧憬。各种社会、文化、艺术及科学思想逐渐影响到风景园林领域，出现了不同风格和形式的公共性风景园林设计作品，呈现出多元化的趋势。比较有代表性的是后现代主义、解构主义、极简主义、艺术整合、科学与艺术相融合影响下的园林设计。

(1)"后现代主义"与风景园林设计

20世纪60年代起，资本主义世界的经济进入全盛时期，而在文化领域出现了动荡和转机。人们对于现代化的景仰逐渐被严峻的现实打破，环境污染、人口爆炸、高犯罪率，人们对现代文明失去信心。现代主义的建筑形象在流行了三四十年后，已渐渐失去对公众的吸引力。人们对现代主义感到厌倦，希望有新的变化出现；同时，对过去美好时光的怀念成为普遍的社会心理，历史的价值、基本伦理的价值、传统文化的价值重新得到强调。后现代主义的六种类型或特征是历史主义、复古主义、新地方风格、因地制宜、建筑与城市背景相协调、隐喻与玄学及后现代空间。代表性案例为美国费城附近的富兰克林纪念馆（图3-32）、法国巴黎雪铁龙公园（图3-33）。

(2)"解构主义"与风景园林设计

解构主义大胆向古典主义、现代主义、后现代主义提出质疑，认为应当将一切既定的设计规律加以颠倒。如反对建筑设计中的统一与和谐，反对形式、功能、结构、经济彼此之间的有机联系。认为建筑设计可以不考虑周围环境或文脉等，提倡分

图3-32 美国费城附近的富兰克林纪念馆

图3-33 法国巴黎雪铁龙公园

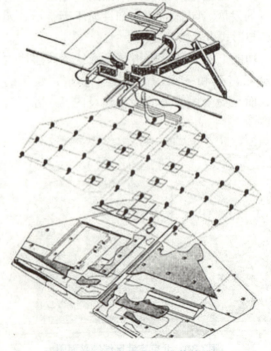

图3-34 法国巴黎拉·维莱特公园

解、片段、不完整、无中心、持续地变化。解构主义的裂解、悬浮、消失、分裂、拆散、位移、斜轴、拼接等手法，的确产生了一种特殊的不安感。典型的案例是为纪念法国大革命200周年巴黎建设的拉·维莱特公园（图3-34至图3-36）。该公园把风景园林各要素通过"点""线""面"三层体系分解，各自组成完整的系统，又以新的方式叠加起来。

(3) "极简主义"与风景园林设计

20世纪60年代初，美国出现了极简主义艺术（Mininal Art）。极简主义通过把造型艺术剥离到只剩下最基本元素而达到"纯粹抽象"。极简主义艺术家认为，形式的简单纯净和简单重复，就是现实生活的内在韵律。最富极简主义特征的是彼得·沃克的作品泰纳喷泉（Tanner Fountain）（图3-37）。该项目由159块石头排成了一个直径18m的圆形石阵，雾状的喷泉设在石阵的中央，喷出的细水珠形成漂浮在石间的雾霭，颇具神秘感。沃克说道："泰纳喷泉是一个充满极简精神的作品。这种艺术很适合表达校园中大学生们对于知识的存疑及哈佛大学对智慧的探索。"沃克其他的代表性作品还有福特沃斯市伯纳特公园、得克萨斯州的索拉纳IBM研究中心园区、日本京都高科技中心火山园，1994年建成的德国慕尼黑机场凯宾斯基酒店景观设计（图3-38）。

(4) 艺术的综合——玛莎·施瓦茨的风景园林设计

玛莎·施瓦茨作品的魅力在于设计的多元性。她的作品受极简主义、大地艺术和波普艺

图3-35　法国巴黎拉·维莱特公园内红色点状构筑物

图3-36　法国巴黎拉·维莱特公园内线状运河

图3-37　美国哈佛大学的泰纳喷泉

图3-38　德国慕尼黑机场凯宾斯基酒店花园

术的影响，综合运用这些思想中她认为合理的部分。从本质上说，她更是一位后现代主义者，她的作品表达了对现代主义的继承和批判。她批判现代主义的景观思想，即不注重建筑外部的公共空间设计，排斥那些与建筑形式有竞争的景观；赞赏现代主义的社会观念，即优秀的设计必须能为所有的阶层所享用。她的代表作品有美国波士顿面包圈花园（Bagel Garden）(图3-39)、亚特兰大的里约购物中心庭院、纽约亚克博亚维茨（HacobJavits）广场（图3-40）、明尼阿波利斯市联邦法院大楼前广场。

图3-39　美国波士顿面包圈花园

图3-40　美国纽约亚克博亚维茨广场

（5）艺术与科学的结合——哈格里夫斯的风景园林设计

哈格里夫斯的设计表达了他独特的设计哲学。他认为，设计就是要在基址上建立一个舞台，在这个舞台上让自然要素与人产生互动作用，称为"环境剧场"。在这里，人类与大地、风、水相互交融，形成一个动态的、开放的系统。他的代表作品有加利福尼亚纳帕山谷中匹普别墅的风景园林设计、1988年建成的位于加州圣何塞市（San Jose）中心的广场公园（Plaza Park）、拜斯比公园、圣何塞市瓜达鲁普河公园等。

（6）人类与自然共生的舞台——高伊策的风景园林设计

高伊策是一位荷兰风景园林设计师，1987年创立了West 8事务所。他的作品个性鲜明、风格多样。他非常喜欢简洁的风格，常使用很少的元素，创造出美丽、形式简洁的园林作品。他倾心于波普艺术，常运用平凡的日常材料，创造出为大众接受的作品。他也受大地艺术的影响，一些作品表现出雕塑般的景观，具有艺术化特征。他将风景园林作为一个动态变化的系统，认为每一个设计，不管设计者是否想到过，不管是自然进程还是人为干扰原因，都会受到时间的影响。景观的形成是一个过程，时间会使得设计更为丰富和完善。荷兰阿姆斯特丹舒乌伯格广场、乌特勒支VSB公司庭院、Interpolis公司总部花园等就是很好的实例。

综上所述，传统的园林形式在理论上已然定型，是在中西方传统园林形式演变的结果。新的园林形式和风格，受不同时期、不同国家，在政治、经济、社会、文化、艺术、生态、科技等诸多方面的影响形成和发展。不同学科之间的交融为现代风景园林的发展注入了新的活力，使它具有新的内涵和更强盛的生命力。

小结

本章阐述了传统园林形式、现代园林形式的发展及趋势。首先，重点阐述了规则式园林、自然式园林、混合式园林三种传统园林形式的概念及其主要特征。其次，梳理了现代园林形式的发展趋势，包括新中国成立后我国园林形式的演变，如自由式园林的出现及其特征，并简单综述了西方20世纪70年代以来园林设计的新思潮。

思考题

1. 园林内容与园林形式有何关系？
2. 传统园林形式有哪几种类型？主要特征是什么？
3. 西方20世纪70年代以来风景园林设计有哪些新思潮？
4. 影响园林形式的因素都有哪些？

推荐阅读书目

1. 园林设计. 唐学山，李雄，曹礼昆. 中国林业出版社，1997.
2. 园林设计. 叶振启，许大为. 东北林业大学出版社，2000.
3. 现代景观——一次批判性的回顾. [美] 马克·特雷布编. 丁力扬译. 中国建筑工业出版社，2008.
4. 西方现代景观设计的理论与实践. 王向荣. 中国建筑工业出版社，2002.
5. 人性场所——城市开放空间设计导则. [美] 克莱尔·库柏·马库斯，卡罗琳·弗朗西斯编著. 俞孔坚，孙鹏，王志芳等译. 中国建筑工业出版社，2001.

第4章 风景园林赏景

风景园林是人类社会发展到一定阶段基于人们需求的产物，是人们追求物质生活和满足精神活动的物质载体。在不同的社会历史阶段，园林体现的艺术形式与特征是不同的，世界上没有两处完全一样的园林。风景园林造景前要掌握景观自身的特质与人们在生理和心理方面的赏景需求，才能设计、营造出优美舒适的人居环境。

4.1 景与境

4.1.1 景

景，《汉语大词典》中释义为"环境的风光"，也称"风景"。景是中国历史上最早用来描述自然风光的词，亦是"山水"中一个必不可少的概念，泛指有山有水的风景。中国园林的发展深受传统山水诗、画等艺术的影响，是以自然物为客观主体且能引起审美感知的对象，也是以时空为特点的多维空间。"景"的形象多种多样，具有图像性、象征性和功能性，主要分为自然风景和人工风景。但并非大自然中每一处都能称为"风景"。一座高山或一个原野，只能代表大自然中实际存在的一种地形地貌，而"风景"必须满足审美客体和主体两个条件，即人类情感融入自然景物后的产物（图4-1、图4-2）。

4.1.1.1 景的空间和时间

不同于书画、乐曲、舞蹈等艺术形式，风景作为一个四维空间，融合艺术意境及心理感受，产生于特定场景之中。因此对于风景主体来说，它有一定的环境限制性。纵观中国历史上的风景名胜区，多以大自然鬼斧神工为基础加以提炼，形成风景优美的自然奇观风景区。这些名山大川均脱胎于大自然的造化，再稍加以人工雕琢、界定而成，若是脱离其自然空间环境，便不成风景。对于客体来说，

图4-1 自然风景

图4-2 人工风景

观赏亦需一定的空间。审美感知的发生，从观赏者的主观感知与艺术品的客观形态间的距离产生，受物理距离影响，从二维空间上升到三维空间乃至四维空间。而最适空间的产生则会带来最佳境界和最佳感受。时间是人类历史发展的重要维度，随着岁月的变迁，寒来暑往四季更替，风景随时间而变幻莫测。日出日落、雨雾云烟、星辰月夜以及植物的萌发与衰败，不同的季节、时辰，风景呈现出千姿百态，并且在岁月的打磨中异彩纷呈。作为具备时间要素的序列，风景在特定的时空中形成，同时时间也影响着审美客体的感知。

4.1.1.2 景的构成要素

景物是风景构成的客观因素，是具有独立欣赏价值的风景素材个体。不同的景物多样的排列组合，构成千变万化的形体与空间，也构成丰富多彩的景象与环境。景物的种类繁多，主要可以归纳为下述几种。

(1) 山

这里是指地表的地形、地貌、土壤及地下洞岩，如峰峦谷坡、冈岭崖壁、丘壑沟涧、洞石岩隙等。山的形体、轮廓、线条、质感常是风景构成的骨架（图4-3）。

(2) 水

长的水体有江河川溪，宽者有池沼湖塘，动者有瀑布跌水、涌射滴泉、冷温沸泉以及随着温度气象变动的云雾冰雪等。水的光、影、形、声、色、味常是最生动的风景素材（图4-4）。

图4-3　峰峦谷坡

图4-4　瀑布跌水

(3) 植物

这里指各种乔木、灌木、藤本、花卉、草地及地被植物等。植物是造成四时景象和表现地方特点的主要素材，是维持生态平衡和保护环境的重要因子，植物的特性和形、色、香、音等也是创造意境、产生比拟联想的重要手段（图4-5）。

(4) 动物

这里是指有适宜驯养和观赏的兽类、禽鸟、鱼类、昆虫、两栖爬虫类动物等。动物是风景构成的原始而有机的自然素材。动物的习性、外貌、声音使风景情趣倍增（图4-6）。

(5) 空气

空气的流动、温度、湿度也是风景素材。如春风、和风、清风是直接描述风的；柳浪、松涛、椰风、风云、风荷是间接表现风的；南溪新霁、桂岭晴岚、罗峰青云、烟波致爽又从不同角度反

图4-5　植物造景

图4-6　观赏动物

图4-7　风云变幻

图4-8　灯光秀

映了清新高朗的天气给人的异样感受（图4-7）。

(6) 光

日月星光、灯光、火光等可见光是一切视觉形象的先决条件。在岩溶风景中，人们可以体会光对风景的意义。旭日晚霞、秋月明星、花彩河灯、烟火渔火等历来是风景名胜的素材，宝光神灯和海市蜃楼更被誉为峨眉山、崂山的绝景（图4-8）。

(7) 建筑

泛指所有建筑物和构筑物，如各种房屋建筑、云垣景洞、墙台驳岸、道桥广场、装饰陈设、功能设施等。建筑既可满足游憩赏玩的功能要求，又是风景组成的素材之一，也是装饰加工和组织控制风景的重要手段（图4-9）。

(8) 其他

凡不属于上述七种景物均可归为此类，如雕塑碑刻、胜迹遗址、自然纪念物、机具设备、文体游乐器械、车船工具及其他有效的风景素材。

4.1.1.3 景感

景感是风景构成的活跃因素和主观反映，是人们对景物的体察、鉴别和感受能力。大自然的物象是独立于主体和人类主观意识而存在的，然而风景不仅仅是客观素材，也是大自然物象带给人类意识的一种主观体验。景物以其属性对人的眼、耳、鼻、舌、身、脑等感官起作用，通过感知印象、综合分析等主观反应，从而产生美感和风景等一系列观念，据其特点大致有如下八种。

(1) 视觉

绝大多数风景都是视觉感知和鉴赏的结果，如独秀奇峰、香山红叶、花港观鱼、云容水态、旭日东升等风景主要是视觉观赏效果。

(2) 听觉

以听赏为主的风景是以自然界的声音美为主，常来自水声、风声、雨声、鸟语、蝉鸣等，如双桥清音、夹镜鸣琴、柳浪闻莺、蕉雨松风，以及"蝉噪林愈静，鸟鸣山更幽"等境界均属以听觉景感为主的风景。

(3) 嗅觉

景物的嗅觉作用多来自欣欣向荣的花草树木散发出的气味，如映水兰香、曲水荷香、金桂飘香、晚菊冷香、雪梅暗香等都是众芳竞秀四时芬的美妙景象。

(4) 味觉

有些风景名胜通过味觉景感而闻名于世。如青岛崂山、福州鼓山的矿泉水，诸多天下名泉如清冽甘甜的济南泉水、杭州虎跑泉水等。

(5) 触觉

景象环境的温度、湿度、气流及质感特征等都是需要通过接触感知才能体验其风景效果的。如叠彩清风、榕城古荫的清凉爽快，冷温沸泉、河海浴场的泳浴意趣，雾海烟雨的迷幻瑰丽，岩溶风景的冬暖夏凉，"大自然肌肤"的质感，都是身体接触到的自然美的享受。

图4-9 苏州报恩寺塔

（6）联想

当人们看到一处景物时，都会联想起自己所熟识的某些东西，这是一种不由自主、潜意识的知觉形式。"云想衣裳花想容"就是把自然想象成某种具有人性的东西。园林风景的意境和诗情画意即由这种知觉形式产生。所有的景物素材和艺术手法都可以引起联想和想象。

（7）心理

人们的感觉、知觉、记忆、思维、情感、意志、意识倾向等心理现象或心理活动即心理。换言之，心理就是人们在客观事物面前运用自身的感觉器官所表现出来的内心动态，以及所作出的言行动作的过程。人们遵循着一个理性景感，只有不危害人的安全与健康的景象素材和生态环境才能引起人的美感。

（8）其他

人的意识中的直观感觉能力和想象推理能力是复杂的、综合的、发展的，除上述七种外，如错觉、幻觉、运动觉、机体觉、平衡觉等对人的景感都可能会有一定作用（图4-10）。

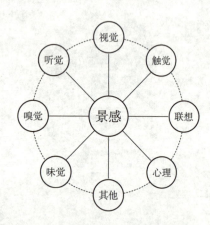

图4-10 景感的构成

4.1.2 境

《说文解字》云："境，疆也。"境，首先是一个物理空间概念，后来衍生为文艺作品通过形象描写山水、植物及游船的和谐画面所表现出来的艺术情调和境界（图4-11），是中国古典美学中最具有民族特色的重要范畴之一。不同于西方艺术，中国古典园林侧重于审美主体表现的意境创造而

图4-11 当代画家项鸿山水画

图4-12 师法自然的园林艺术

非审美客体单纯的景色营造，正是由于它"师法自然"的山林意境（图4-12），使得意境源于自然而高于自然。

我们日常所讲的山水景观、海滨景观、草原景观、大漠景观、极地景观等，它们在物象的形态、色彩、环境气候、自然天象等方面都有独特的美感。虽然这些景观不等同园林所创造的，但是，它们展现的是其所在"境"之美。所以，古人把景的本质高度概括为"景以境出"。这个境是景观美感的统一体现，包括听觉、视觉、嗅觉、触觉等所有生理感知和心理感受。所以，这

个"境"应包含物境与意境两种概念。物境是指自然的山川、田野、湖海、池沼、动物、植物、日月星辰、风雨雪夜、地区气候和人工的建筑物、构筑物，使人感到的是自然美和生活美。意境是物境在人的心理上产生的情感和联想，是中国传统文化艺术的特征。在追求自然美时把客观物境的景象同主观的情感融合，使之成为"有我之境"，达到"登山则情满于山，观海则意溢于海"的境界。正如清代王国维在《人间词话》所说："境非独谓景物也，喜怒哀乐，亦人心中之一境界。故能写真景物、真感情者，谓之有境界。否则谓之无境界。"物境是有实物、有空间、有时间变化的，并且能被生理感知到的客观世界；意境是存在于人头脑中的情，是别人看不见、摸不着的心理感知，所以园林中的景不但要有高质量的物境，而且以有没有意境而确定其格调的高低。有关意境的内涵在第1章绪论中已有论述。

风景园林艺术的景不是生活中的自然形态的"景"，而是在作者特定情感支配下，经过取舍提炼所创造的"景"，如果只是简单地抄袭自然，就如绘画写生作品一样不能成为一件真正的艺术品。既要看到作者的情、意在对自然特征进行选择、凝练时起着指导作用，还要看到意境形成的前提是生活基础。两者统一，才能见景生情，再缘情而取景，最后寓情于景，创造出有意境的风景园林艺术作品。

（1）园林意境的产生源于物境

园林意境的产生，来源于具体而真实的园林境域——物境。园林是有着三度空间的实际境域，是由陆地、山石、水体、植物、建筑、小品等物质因素所构成的，各种物质因素的形象各自具有表达个性与情意的特点。在此基础上，由各种物质因素所组成的园林境域基本单元——景，应是经过概括提炼、高度浓缩的艺术形象。

（2）形象多变的园林物境

激发产生意境的园林物境，其形象是多变的。园林是自然的境域，园林可以表现时间、季节和气候，它的形象时刻都在变化。早、午、晚光影、色彩瞬息万变；阴、晴、风、雨、霜、雪气象万千；春、夏、秋、冬有季相变化；植物发芽、展叶、开花、结果、落叶等物候也各不相同，正所谓梅绽迎春，叶落知秋……这些变化，不断地影响人的心情，使游赏者产生多种不同的意境。

（3）园林是非描写的艺术

园林是非描写的艺术，引发园林意境的风景园林艺术形象的表达能力有一定的局限性。园林不是语言文字，也不像绘画、雕塑、戏剧那样，可以详细描写人物、情节、对话，或者直接诉说出作者和作品中角色的思想感情。园林只能给游赏者创造一个具有自然美的环境，不能提供一个完整的故事，即使是模仿一些具体形象，也贵在似与不似之间。园林意境是由园林作品实物形象引起游赏者触景生情，带有感情色彩的联想和想象。

（4）融合多种艺术于一身

中国风景园林艺术的发展与诗、词、书、画等艺术门类之间有着很深的关系，园林意境也与其融合。例如，中国园林中的景题、楹联、匾额上的诗词、书法为园林意境的产生起到画龙点睛的作用；诗情和画意相结合的各种题字，不仅文字优美，而且书法秀丽，无不令人赏心悦目、回味无穷（图4-13）。

（5）蕴含无限内涵哲理

中国文学、中国画均善于应用"托物寄情"，或称"比"与"兴"，园林同样如此。植物、山石、水体、建筑作为园林造园要素，往往被拟人

图4-13 拙政园"荷风四面"匾额

化，物述人语。如松、竹、梅作为"岁寒三友"，早已是人尽皆知；莲的"出淤泥而不染"的君子之风也是做人之本。另外，各种历史典故和文化知识融于园林中，增加了园林的文化内涵。如兰亭的"曲水流觞"，沧浪亭中含有的千古流传的渔歌等。

4.2 景源

景源，也称景观资源。它是指能引起社会审美与欣赏活动，也可以作为风景游览对象和风景开发利用的事物与因素的总称。风景构成的三类基本要素都可以视作景源：景物是主要的物质性景源，也是景源的主体；景感是可以物化的精神性景源，如游赏项目与游赏方式就是对游人景感的调度和组织；条件是可以转化的媒介性景源，如赏景点与游线组织就是对赏景关系的肯定和赏景条件的规定。

尽管如此，通常应用和研究最多的仍然是物质性景源，其他景源仅在深化研究时才专门论及，本小节将仅针对物质性景源进行具体介绍。

4.2.1 景源特征

整体与地区并存，即各类景源要素均有不同程度的相互联系，并形成有机整体，动其一或用其一均会影响整体；同时，景源的时空分布很不平衡，并有鲜明的个性特点，其多寡之别或特色差异均难以相互替代。因而景源的保育和利用有着相当的复杂性。

有限性与无限性并存，即景源的规模和容量均有一定限度，而景源的内涵和潜能却随着人类社会的进步而不断发展。因而既需要严格而有效的保护，又需要节约并合理的利用，还要看到科学管理中有发挥其潜能的前景。

优势与劣势并存，中国景源的优势是总量大、类型齐全、价值高、独特性强。例如，中国有被称为"地球第三极"的世界最高峰，有世界第一的雅鲁藏布大峡谷及其大转弯，有大量的世界自然与文化遗产。劣势是人均景源面积少、景源的分布与利用不均衡、景源面临的冲击与压力多。例如，中国风景区的平均人口密度比国土平均人口密度高出约1倍，比美国国土平均人口密度高出约10倍，由此引发的人财物流压力可想而知。

4.2.2 景源分类

4.2.2.1 分类原则

景源分类既应遵循科学分类的通用原则，又应遵循风景学科分类或相关学科分类的专门原则，适应基础资料可以共用、通用与互用的社会需求。

景源分类的具体原则：首先是性状分类原则，强调区分景源的性质和状态；其次是指标控制原则，特征指标一致的景源，可以归为同一类型；再次是包容性原则，即类型之间有较明显的排他性，少数情况有从属关系；最后是约定俗成原则，社会和学术界或相关学科已成习俗的类型，虽不尽然合理而又不失原则尚可以意会的则保留其类型。

4.2.2.2 分类内容

中国景源可以概括为三大类型，12个中类，98个小类，797个子类。其中，大类按习俗分为自然、人文和综合景源类；中类基本上属景源的种类层，在同一中类内部，或其自然属性相对一致、同在一个自然单元中，或其功能属性大致相同、同是一个人工建设单元和人类活动方式及活动结果。小类基本上属景源的形态层，是景源调查的具体对象，详见表4-1。

(1) 自然景源

自然景源，是指以自然事物和因素为主的风景资源。中国天地广阔，从寒温带的黑龙江到临近赤道的南海诸岛，纵跨纬度近50°，南北气候差异显著；从雪峰连绵的世界屋脊到水网密布的东海之滨，海拔高差8km，东西高程变化悬殊；从鸭绿江口到北仑河口的万经海疆，渤海、黄海、东海、南海等中国海域总面积472 104km²，四海

表4-1 景源分类表

大类	中类	小类	子类	大类	中类	小类	子类
自然景源	1. 天景	1) 日月星光	（1）旭日夕阳（2）月色星光（3）日月光影（4）日月光柱（5）晕（风）圈（6）幻日（7）光弧（8）曙暮光楔（9）雪照云光（10）水照云光（11）白夜（12）极光	自然景源	2. 地景	5) 洞府	（1）边洞（2）腹洞（3）穿洞（4）平洞（5）竖洞（6）斜洞（7）层洞（8）迷洞（9）群洞（10）高洞（11）低洞（12）天洞（13）壁洞（14）水洞（15）旱洞（16）水帘洞（17）乳石洞（18）响石洞（19）晶石洞（20）岩溶洞（21）熔岩洞（22）人工洞
		2) 虹霞蜃景	（1）虹霓（2）宝光（3）露水佛光（4）干燥佛光（5）日华（6）月华（7）朝霞（8）晚霞（9）海市蜃楼（10）沙漠蜃景（11）冰湖蜃景（12）复杂蜃景			6) 石林石景	（1）石纹（2）石芽（3）石海（4）石林（5）形象石（6）风动石（7）钟乳石（8）吸水石（9）湖石（10）砾石（11）响石（12）浮石（13）火成岩（14）沉积岩（15）变质岩
		3) 风雨晴阴	（1）风色（2）雨情（3）海（湖）陆风（4）山谷（坡）风（5）干热风（6）峡谷风（7）冰川风（8）龙卷风（9）晴天景（10）阴天景			7) 沙景沙漠	（1）沙山（2）沙丘（3）沙坡（4）沙地（5）沙滩（6）沙堤坝（7）沙湖（8）响沙（9）沙暴（10）沙石滩
		4) 气候景象	（1）四季分明（2）四季常青（3）干旱草原景观（4）干旱荒漠景观（5）垂直带景观（6）高寒干景观（7）寒潮（8）梅雨（9）台风（10）避寒避暑			8) 火山熔岩	（1）火山口（2）火山高地（3）火山孤峰（4）火山连峰（5）火山群峰（6）熔岩台地（7）熔岩流（8）熔岩平原（9）熔岩洞窟（10）熔岩隧道
		5) 自然声象	（1）风声（2）雨声（3）水声（4）雷声（5）涛声（6）鸟语（7）蝉噪（8）蛙叫（9）鹿鸣（10）兽吼			9) 蚀余景观	（1）海蚀景观（2）溶蚀景观（3）风蚀景观（4）丹霞景观（5）方山景观（6）土林景观（7）黄土景观（8）雅丹景观
		6) 云雾景观	（1）云海（2）瀑布云（3）玉带云（4）形象云（5）彩云（6）低云（7）中云（8）高云（9）响云（10）雾海（11）平流雾（12）山岚（13）彩雾（14）香雾			10) 洲岛屿礁	（1）孤岛（2）连岛（3）列岛（4）群岛（5）半岛（6）岬角（7）沙洲（8）三角洲（9）基岩岛礁（10）冲积岛礁（11）火山岛礁（12）珊瑚岛礁（岩礁、环礁、堡礁、台礁）
		7) 冰雪霜露	（1）冰雹（2）冰冻（3）冰流（4）冰凌（5）树挂雾凇（6）降雪（7）积雪（8）冰雕雪塑（9）霜景（10）露景			11) 海岸景观	（1）枝状海岸（2）齿状海岸（3）躯干海岸（4）泥岸（5）沙岸（6）岩岸（7）珊瑚礁岸（8）红树林岸
		8) 其他天景	（1）晨景（2）午景（3）暮景（4）夜景（5）海滋（6）海火海光（合计84子类）			12) 海底地形	（1）大陆架（2）大陆坡（3）大陆基（4）孤岛海沟（5）深海盆地（6）火山海峰（7）海底高原（8）海岭海脊（洋中脊）
	2. 地景	1) 大尺度山地	（1）高山（2）中山（3）低山（4）丘陵（5）孤丘（6）台地（7）盆地（8）平原			13) 地质珍迹	（1）典型地质构造（2）标准地层剖面（3）生物化石点（4）灾变遗迹（地震、沉降、塌陷、地震缝、泥石流、滑坡）
		2) 山景	（1）峰（2）顶（3）岭（4）脊（5）岗（6）峦（7）台（8）崮（9）坡（10）崖（11）石梁（12）天生桥			14) 其他地景	（1）文化名山（2）成因名山（3）名洞（4）名石（合计149子类）
		3) 奇峰	（1）孤峰（2）连峰（3）群峰（4）峰丛（5）峰林（6）形象峰（7）岩柱（8）岩碑（9）岩嶂（10）岩岭（11）岩墩（12）岩蛋		3. 水景	1) 泉井	（1）悬挂泉（2）溢流泉（3）涌喷泉（4）间歇泉（5）溶洞泉（6）海底泉（7）矿泉（8）温泉（冷、温、热、汤、沸、汽）（9）水热爆炸（10）奇异泉井（喊、笑、羞、雪、药、火、冰、甘、苦、乳）
		4) 峡谷	（1）涧（2）峡（3）沟（4）谷（5）川（6）门（7）口（8）关（9）壁（10）岩（11）谷盆（12）地缝（13）溶斗天坑（14）洞窟山坞（15）石窟（16）一线天			2) 溪涧	（1）泉溪（2）洞溪（3）沟溪（4）河溪（5）瀑布溪（6）灰华溪

(续)

大类	中类	小类	子 类	大类	中类	小类	子 类
自然景源	3. 水景	3）江河	（1）河口（2）河网（3）平川（4）江峡河谷（5）江河之源（6）暗河（7）悬河（8）内陆河（9）山区河（10）平原河（11）顺直河（12）弯曲河（13）分汊河（14）游荡河（15）人工河（16）奇异河（香、甜、酸）	自然景源	4. 生景	3）古树名木	（1）百年古树（2）数百年古树（3）超千年古树（4）国花国树（5）市花市树（6）跨区系边缘树林（7）特殊人文花木（8）奇异花木
		4）湖泊	（1）狭长湖（2）圆卵湖（3）枝状湖（4）弯曲湖（5）串湖（6）群湖（7）卫星湖（8）群岛湖（9）平原湖（10）山区湖（11）高原湖（12）天池（13）地下湖（14）奇异湖（双层、沸、火、死、浮、甜、变色）（15）盐湖（16）构造湖（17）火山口湖（18）堰塞湖（19）冰川湖（20）岩溶湖（21）风成湖（22）海成湖（23）河成湖（24）人工湖			4）珍稀生物	（1）特有种植物（2）特有种动物（3）古遗植物（4）古遗动物（5）濒危植物（6）濒危动物（7）分级保护植物（8）分级保护动物（9）观赏植物（10）观赏动物
		5）潭池	（1）泉溪潭（2）江河潭（3）瀑布潭（4）岩溶潭（5）彩池（6）海子			5）植物生态类群	（1）旱生植物（2）中生植物（3）湿生植物（4）水生植物（5）喜钙植物（6）嫌钙植物（7）虫媒植物（8）风媒植物（9）狭湿植物（10）广温植物（11）长日照植物（12）短日照植物（13）指示植物
		6）瀑布跌水	（1）悬落瀑（2）滑落瀑（3）旋落瀑（4）一叠瀑（5）二叠瀑（6）多叠瀑（7）单瀑（8）双瀑（9）群瀑（10）水帘状瀑（11）带形瀑（12）弧形瀑（13）复杂型瀑（14）江河瀑（15）涧溪瀑（16）温泉瀑（17）地下瀑（18）间歇瀑			6）动物群栖息地	（1）苔原动物群（2）针叶林动物群（3）落叶林动物群（4）热带森林动物群（5）稀树草原动物群（6）荒漠草原动物群（7）内陆水域动物群（8）海洋动物群（9）野生动物栖息地（10）各种动物放养地
		7）沼泽滩涂	（1）泥炭沼泽（2）潜育沼泽（3）苔草甸沼泽（4）冻土沼泽（5）丛生嵩草甸（6）芦苇沼泽（7）红树林沼泽（8）河湖漫滩（9）海滩（10）海涂			7）物候季相景观	（1）春花新绿（2）夏荫风采（3）秋色果香（4）冬枝神韵（5）鸟类迁徙（6）鱼类洄游（7）哺乳动物周期性迁移（8）动物的垂直方向迁移
		8）海湾海域	（1）海湾（2）海峡（3）海水（4）海冰（5）波浪（6）潮汐（7）海流洋流（8）涡流（9）海啸（10）海洋生物			8）其他生物景观	（1）典型植物群落（翠云廊、杜鹃坡、竹海……）（2）典型动物种群（鸟岛、蛇岛、猴岛、鸣禽谷、蝴蝶泉……）（合计67子类）
		9）冰雪冰川	（1）冰山冰峰（2）大陆性冰川（3）海洋性冰川（4）冰塔林（5）冰柱（6）冰胡同（7）冰洞（8）冰裂隙（9）冰河（10）冰川（11）雪山（12）雪原	人文景源	5. 园景	1）历史名园	（1）皇家园林（2）私家园林（3）寺庙园林（4）公共园林（5）文人山水园（6）苑囿（7）宅园圃园（8）游憩园（9）别墅园（10）名胜园
		10）其他水景	（1）热海热田（2）奇异海景（3）名泉（4）名湖（5）名瀑（合计117子类）			2）现代公园	（1）综合公园（2）特种公园（3）社区公园（4）儿童公园（5）文化公园（6）体育公园（7）交通公园（8）名胜公园（9）海洋公园（10）森林公园（11）地质公园（12）天然公园（13）水上公园（14）雕塑公园
	4. 生景	1）森林	（1）针叶林（2）针阔叶混交林（3）夏绿阔叶林（4）常绿阔叶林（5）热带季雨林（6）热带雨林（7）灌木丛林（8）人工林（风景、防护、经济）			3）植物园	（1）综合植物园（2）专类植物园（水生、岩石、高山、热带、药用）（3）特种植物园（4）野生植物园（5）植物公园（6）树木园
		2）草地草原	（1）森林草原（2）典型草原（3）荒漠草原（4）典型草甸（5）高寒草甸（6）沼泽草甸（7）盐生草甸（8）人工草地			4）动物园	（1）综合动物园（2）专类动物园（3）特种动物园（4）野生动物园（5）野生动物圈养保护中心（6）专类昆虫园

(续)

大类	中类	小类	子类	大类	中类	小类	子类
人文景源	5. 园景	5) 庭宅花园	(1) 庭园 (2) 宅园 (3) 花园 (4) 专类花园 (春、夏、秋、冬、芳香、宿根、球根、松柏、蔷薇……) (5) 屋顶花园 (6) 室内花园 (7) 台地园 (8) 沉床园 (9) 墙园 (10) 窗园 (11) 悬园 (12) 廊柱园 (13) 假山园 (14) 水景园 (15) 铺地园 (16) 野趣园 (17) 盆景园 (18) 小游园	人文景源	6. 建筑	10) 其他建筑	(1) 名楼 (2) 名桥 (3) 名栈道 (4) 名隧道 (合计93子类)
		6) 专类主题游园	(1) 游乐场园 (2) 微缩景园 (3) 文化艺术景园 (4) 异域风光园 (5) 民俗游园 (6) 科技科幻游园 (7) 博览园区 (8) 生活体验园区		7. 史迹	1) 遗址遗迹	(1) 古猿人旧石器时代遗址 (2) 新石器时代聚落遗址 (3) 夏商周都邑遗址 (4) 秦汉后城市遗址 (5) 古代手工业遗址 (6) 古交通遗址
		7) 陵园墓园	(1) 烈士陵园 (2) 著名墓园 (3) 帝王陵园 (4) 纪念陵园			2) 摩崖题刻	(1) 岩面 (2) 摩崖石刻题刻 (3) 碑刻 (4) 碑林 (5) 石经幢 (6) 墓志
		8) 其他园景	(1) 观光果园 (2) 劳作农园 (合计68子类)			3) 石窟	(1) 塔庙窟 (2) 佛殿窟 (3) 讲堂窟 (4) 禅窟 (5) 僧房窟 (6) 摩崖造像 (7) 北方石窟 (8) 南方石窟 (9) 新疆石窟 (10) 西藏石窟
	6. 建筑	1) 风景建筑	(1) 亭 (2) 台 (3) 廊 (4) 榭 (5) 舫 (6) 门 (7) 厅 (8) 堂 (9) 楼阁 (10) 塔 (11) 坊表 (12) 碑碣 (13) 景桥 (14) 小品 (15) 景壁 (16) 景柱			4) 雕塑	(1) 骨牙竹木雕 (2) 陶瓷塑 (3) 泥塑 (4) 石雕 (5) 砖雕 (6) 画像砖石 (7) 玉雕 (8) 金属铸像 (9) 圆雕 (10) 浮雕 (11) 透雕 (12) 线刻
		2) 民居宗祠	(1) 庭院住宅 (2) 窑洞住宅 (3) 干阑住宅 (4) 碉房 (5) 毡帐 (6) 阿以旺 (7) 舟居 (8) 独户住宅 (9) 多户住宅 (10) 别墅 (11) 祠堂 (12) 会馆 (13) 钟鼓楼 (14) 山寨			5) 纪念地	(1) 近代反帝遗址 (2) 革命遗址 (3) 近代名人墓 (4) 纪念地
		3) 文娱建筑	(1) 文化宫 (2) 图书阁馆 (3) 博物苑馆 (4) 展览馆 (5) 天文馆 (6) 影剧院 (7) 音乐厅 (8) 杂技场 (9) 体育建筑 (10) 游泳馆 (11) 学府书院 (12) 戏楼			6) 科技工程	(1) 长城 (2) 要塞 (3) 炮台 (4) 城堡 (5) 水城 (6) 古城 (7) 塘堰渠陂 (8) 运河 (9) 道桥 (10) 纤道栈道 (11) 星象台 (12) 古盐井
		4) 商业建筑	(1) 旅馆 (2) 酒楼 (3) 银行邮电 (4) 商店 (5) 商场 (6) 交易会 (7) 购物中心 (8) 商业步行街			7) 古墓葬	(1) 由前墓葬 (2) 商周墓葬 (3) 秦汉以后帝陵 (4) 秦汉以后其他墓葬 (5) 历史名人墓 (6) 民族始祖墓
		5) 宫殿衙署	(1) 宫殿 (2) 离宫 (3) 衙署 (4) 王城 (5) 宫堡 (6) 殿堂 (7) 官寨			8) 其他史迹	(1) 古战场 (合计57子类)
		6) 宗教建筑	(1) 坛 (2) 庙 (3) 佛寺 (4) 道观 (5) 庵堂 (6) 教堂 (7) 清真寺 (8) 佛塔 (9) 庙阙 (10) 塔林		8. 风物	1) 节假庆典	(1) 国庆节 (2) 劳动节 (3) 双周日 (4) 除夕春节 (5) 元宵节 (6) 清明节 (7) 端午节 (8) 中秋节 (9) 重阳节 (10) 民族岁时节
		7) 纪念建筑	(1) 故居 (2) 会址 (3) 祠庙 (4) 纪念堂馆 (5) 纪念碑柱 (6) 纪念门墙 (7) 牌楼 (8) 阙			2) 民族民俗	(1) 仪式 (2) 祭礼 (3) 婚仪 (4) 祈禳 (5) 驱祟 (6) 纪念 (7) 游艺 (8) 衣食习俗 (9) 居住习俗 (10) 劳作习俗
		8) 工交建筑	(1) 铁路站 (2) 汽车站 (3) 水运码头 (4) 航空港 (5) 邮电 (6) 广播电视 (7) 会堂 (8) 办公 (9) 政府 (10) 消防			3) 宗教礼仪	(1) 朝觐活动 (2) 禁忌 (3) 信仰 (4) 礼仪 (5) 习俗 (6) 服饰 (7) 器物 (8) 标识
		9) 工程构筑物	(1) 水利工程 (2) 水电工程 (3) 军事工程 (4) 海岸工程			4) 神话传说	(1) 古典神话及地方遗迹 (2) 少数民族神话及遗迹 (3) 古谣谚 (4) 人物传说 (5) 史事传说 (6) 风物传说

(续)

大类	中类	小类	子类	大类	中类	小类	子类
人文景源	8.风物	5) 民间文艺	(1) 民间文学 (2) 民间美术 (3) 民间戏剧 (4) 民间音乐 (5) 民间歌舞 (6) 风物传说	综合景源	10.娱乐景地	6) 其他娱乐景地	(合计29子类)
		6) 地方人物	(1) 英模人物 (2) 民族人物 (3) 地方名贤 (4) 特色人物		11.保健景地	1) 度假景地	(1) 郊外度假地 (2) 别墅度假地 (3) 家庭度假地 (4) 集团度假地 (5) 避寒地 (6) 避暑地
		7) 地方物产	(1) 名特产品 (2) 新优产品 (3) 经销产品 (4) 集市圩场			2) 休养景地	(1) 短期休养地 (2) 中期休养地 (3) 长期休养地 (4) 特种休养地
		8) 其他风物	(1) 庙会 (2) 赛事 (3) 特殊文化活动 (4) 特殊行业活动 (合计52子类)			3) 疗养景地	(1) 综合医院疗养地 (2) 专科病疗养地 (3) 特种疗养地 (4) 传染病疗养地
综合景源	9.游憩景地	1) 野游地区	(1) 野餐露营地 (2) 攀登基地 (3) 骑驭场地 (4) 垂钓区 (5) 划船区 (6) 游泳场区			4) 福利景地	(1) 幼教机构地 (2) 福利院 (3) 敬老院
		2) 水上运动区	(1) 水上竞技场 (2) 潜水活动区 (3) 水上乐园区 (4) 水上高尔夫球场			5) 医疗景地	(1) 综合医疗地 (2) 专科医疗地 (3) 特色中医院 (4) 急救中心
		3) 冰雪运动区	(1) 冰灯雪雕园地 (2) 冰雪游戏场地 (3) 冰雪运动基地 (4) 冰雪练习场			6) 其他保健景地	(合计21子类)
		4) 沙草游戏地	(1) 滑沙场 (2) 滑草场 (3) 沙地球艺场 (4) 草地球艺场		12.城乡景观	1) 田园风光	(1) 水乡田园 (2) 旱地田园 (3) 热作田园 (4) 山陵梯田 (5) 牧场风光 (6) 盐田风光
		5) 高尔夫球场	(1) 标准场 (2) 练习场 (3) 微型场			2) 耕海牧渔	(1) 滩涂养殖场 (2) 浅海养殖场 (3) 浅海牧渔区 (4) 海上捕捞
		6) 其他游憩景地	(合计21子类)			3) 特色村街寨	(1) 山村 (2) 水乡 (3) 渔村 (4) 侨乡 (5) 学村 (6) 画村 (7) 花乡 (8) 村寨
	10.娱乐景地	1) 文教园区	(1) 文化馆园 (2) 特色文化中心 (3) 图书楼阁馆 (4) 展览博览园区 (5) 特色校园 (6) 培训中心 (7) 训练基地 (8) 社会教育基地			4) 古镇名城	(1) 山城 (2) 水城 (3) 花城 (4) 文化城 (5) 卫城 (6) 关城 (7) 堡城 (8) 石头城 (9) 边境城镇 (10) 口岸风光 (11) 商城 (12) 港城
		2) 科技园区	(1) 观测站场 (2) 试验园地 (3) 科技园区 (4) 科普园区 (5) 天文台馆 (6) 通信转播站			5) 特色街区	(1) 天街 (2) 香市 (3) 花市 (4) 菜市 (5) 商港 (6) 渔港 (7) 文化街 (8) 仿古街 (9) 夜市 (10) 民俗街区
		3) 游乐园区	(1) 游乐园地 (2) 主题园区 (3) 青少年之家 (4) 歌舞广场 (5) 活动中心 (6) 群众文娱基地			6) 其他城乡景观	(合计40子类)
		4) 演艺园区	(1) 影剧场地 (2) 音乐厅堂 (3) 杂技场区 (4) 表演场馆 (5) 水上舞台				
		5) 康体园区	(1) 综合体育中心 (2) 专项体育园地 (3) 射击游戏场地 (4) 健身康乐园地	3	12	98	798

相连通大洋;这种地理位置和海陆间热力差异,形成了特有的季风气候,使高温多雨的华南成为世界上亚热带最富庶的地区;在这高山平原纵横、江河湖海交织的疆域里,保存与繁育着世界上最古老而又复杂繁多的生物种群和地下宝藏。正是这些因素,使中国兼备雄伟壮丽的大尺度景观和丰富多彩的中小尺度景象。

为了便于调查研究与合理利用,依据景源的自然属性和自然单元特征,将其提取、归纳、划分为4个类别:

①天景　是指天空景象（图4-14）。
②地景　是指地文和地质景观（图4-15）。
③水景　是指水体景观（图4-16）。
④生景　是指生物景观（图4-17）。

（2）人文景源

人文景源，是指可以作为景源的人类社会的各种文化现象与成就，人为事物因素为主的景源。古老而又充满活力的中华民族，在上下五千年的社会实践中创造了博大的物质财富和精神财富，并成为人类社会重要而又独特的文化成果。在各个历史进程中，遗留下了大量的人类创造或者与人类活动有关的物质遗产——文物史迹；在不同历史、自然环境条件下，人们创造的生存、生活和工作空间——建筑艺术成就；在崇尚自然的精神活动中，中华民族创造了丰富的天人哲理、山水文化和艺术的生态境域——园林艺术成就；在多样化的地域环境和历史轨迹中，多民族团结奋进的中国，还有着丰富多彩的风土民情和地方风物。

在实际工作中，依据人文景源的属性特征，按其人工建设单元或人为活动单元，将其归纳、划分为4个类别：

①园景　是指园林景观（图4-18）。
②建筑　是指建筑景观（图4-19）。
③史迹　是指历史遗迹景观（图4-20）。
④风物　是指风物景观（图4-21）。

图4-14　夕阳景观

图4-15　丹霞地貌景观

图4-16　瀑布景观

图4-17　生物景观

图4-18　苏州网师园景观

图4-19　新加坡建筑群景观

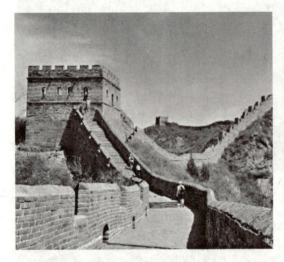
图4-20　长城景观

图4-21　苗乡人文

(3) 综合景源

综合景源，是由多种自然和人文因素综合组成的中、小尺度景观单元，是社会功能与自然因素相结合的景观或景地单元。综合景源大都汇合于一定用地范围，常有一定的开发利用基础，尚有相当的价值潜力需要进一步发掘评价和开发利用。

中国文化的重要特征之一是重视人与自然的和谐统一，强调人与自然的协调发展。在历史发展进程中，人类不断地认识、利用、改造自然，使原生的自然逐渐增加了人的因素，并日益成为人化的自然。然而，在这个"自然的人化"过程中，人类自身也逐渐地被自然化，风景旅游日益成为人的一种基本需求。随着城市化进程的不断发展，人们对自然环境的渴求也日益强烈，并向多元化发展，从而产生多种类型的社会功能与自然因素相结合的景观环境或地域单元为主的综合景源。

综合景源，可以依据其主导功能属性，按其活动特征和自然单元，将其归纳为4个类别：

图4-22　游憩绿地

图4-23　娱乐绿地

图4-24　保健绿地

图4-25　城市绿地

①游憩绿地　是指野游探胜、求知求新的景观或景地（图4-22）。

②娱乐绿地　是指游戏娱乐、体育运动、求乐求新的景观或景地（图4-23）。

③保健绿地　是指度假保健和休养疗养的景观或景地（图4-24）。

④城乡绿地　是指可以观光游览的城市和乡村景观（图4-25）。

4.3　欣赏与鉴赏

风景园林随着社会、经济、文化发展而发展，同时也反映不同历史时期的社会风貌。古今中外，各个时期的园林都与观赏者赏景间互相影响，并见证人类文明的传承。赏景是在一定的主客观条件下进行的，因为风景构成的要素和制约因素是赏景主体与风景客体所构成的特殊关系。赏景是人们对园林景观进行欣赏和评价的全部过程。赏景的意义最大程度而言是能给人们带来身心愉悦，从而得到物质与精神双层面的满足。作为园林相关从业者，在欣赏园林的同时，也要了解其对于园林设计的意义与重要性。

4.3.1　园林欣赏

园林欣赏，是对园林艺术作品的观赏，从而产生愉悦的心理感受。欣赏的目的只是主观感受的追求，往往重在对美好一面的捕捉，甚至是"只可意会，不可言传"的一种主观心理意识活动。园林欣赏是一种以游客为审美主体、园林为审美客体的审美认识活动，其过程可概括为观、品、悟三个阶段。它们是一个由被动而主动，从实境至虚境的复杂心理活动过程。园林欣赏效果的获得是园林与游人双向交会的结果。因此美好的园林是进行园林欣赏的前提，而游人本身具有较高文化素养，并在游园时保持良好的心境，是获得艺术美享受的保证。

人们欣赏园林有一种传统的期待，希望达到"鸟语花香"的境界。欣赏园林也希望能将"鸟语"和"花香"结合在一起。除此之外，还希望能在园林中步移景异，享受园路曲径和亭台廊榭，让园林中的一草一木、一山一水，自觉地、积极地进入游览者眼帘。

4.3.1.1　欣赏的三阶段

优秀的园林、闻名的景点，它们所具备的美，都能雅俗共赏并获得欣赏者大致相似的审美评价。因此，为了剖析园林欣赏过程，将其分为观、品和悟三阶段，但在具体的欣赏活动中，三者是综合的，它们之间并无绝对的界限。对于园林，人们只有多游多览，多进行欣赏实践，才能体会和把握其游赏过程和规律，获得更多的艺术享受。

(1) 观

园林中的创作首先是以亭台楼阁和树木花草等特殊的感性形象作用于人们的感觉器官，因此欣赏园林艺术也首先要有充分的感受。人们对艺术品的欣赏，总是从艺术品的直观感受开始的。"观"，为欣赏园林的第一阶段，主要表现为欣赏主体对园林中感性存在的整体直观或直觉把握。在这个阶段，园景起着决定性作用，园林以其实在的形式特性，如园林形状、色彩、线条、质地、芳香等，向游园者展示审美特质。就"观"的方式来看，陈从周先生认为有动观、静观之分。园林不像盆景可以卧以观之，而是具有一定范围的境域，尤其是面积较大的园林，游人身入园中，从不同的视点，或廊或亭或门洞，在行进中欣赏整个园林。

(2) 品

如果说"观"主要是按照园林景象来理解园林的话，"品"则是欣赏者根据自己的生活经验、文化素养、思想情感等，运用联想、想象、思维等心理活动去扩充、丰富园林景象，领略、开拓园林意境的过程。它是一种积极、能动的再创造性的审美活动。园林欣赏中的联想和想象，是作为艺术效果的一种显现并证实该艺术创造的价值，也能说明该园林具有调动欣赏者积极性来参与艺术美的创造的能力。在品赏园林的时候，应该注意理解园林的景点与景点、景点与园林总体之间的关系，将它们汇总而达到对园林美的较完整的感受与理解。

(3) 悟

相对于前两个阶段的"观"与"品"，园林欣赏的第三个阶段称为"悟"。如果说"观"和"品"是感知和想象的话，那么欣赏中的"悟"则是理解和思索，是欣赏者从梦境般的游园中醒悟过来，陷入一种沉思、探求和回忆，以获得对园林意义的深层理性把握。在赏园过程中出现"悟"的阶段，是由园林艺术本身所决定的。园林虽然在很大程度上依存于自然，但归根结底还是人创造的，所以人对于自然的态度便很容易反映于园林形式上。园林也要反映人们的社会生活，表现造园者的思想。也就是说，优美的园林景色、深远的艺术境界，都蕴藏内在的理性。

4.3.1.2　欣赏与取悦

人类对大自然的喜爱源于本能，风景最初存在的意义便是寄托情趣、愉悦心情。风景的审美主体是人，由于知识水平、修养层次的差异，观赏者对风景的理解水平也不相同。

对于观赏者而言，名胜古迹、自然景区等人为干预的景观不仅能够让观赏者体验到大自然的宏伟壮阔、鬼斧神工和人文发展的结晶（图4-26），而且能促进当地旅游业的发展，提升当地人的生活质量与情趣。随着时代变迁，现代园林追求开放化、多元性的功能空间，能提供锻炼身体、聚会活动等娱乐场所，不仅将现代人从忙碌的生活中解放出来，激发人们铸就更高的道德情操、品德素养，也能体验到人与人、人与社会、人与自然之间的互动交流。近年来园艺疗愈和康养逐渐兴盛，在观赏风景过程中，植物能够带给观赏者舒适感，从精神上缓解各方面的压力（图4-27）。对于有一定生理或心理障碍的人群，

图4-26　自然景区

图4-27　园艺疗法

图4-28　自然教育

合精神投入、希望、期待、收获与享受的过程，通过在自然式开放场地中活动娱乐，达到教育儿童、解放天性、协助障碍患者获得治疗与康复，了解自己及周围世界的目的（图4-28）。

4.3.2　园林鉴赏

园林鉴赏，是对园林艺术作品的鉴别、欣赏、评价，乃至再创造的过程。这是一个从感受、认知、理解到评价的思维活动过程。欣赏是鉴赏的前期过程。无论是万顷浩瀚的名山大川，还是娟秀雅致的庭院角隅，任何风景都承载着供观赏的功能。园林的审美需要主体行进在审美客体之中来实现，也需要用心理感知去理解。由于主体的感知受到多方因素的影响，景物的观赏过程也因人而异。

4.3.2.1　鉴赏的类型

（1）景物鉴赏

观赏者赏景具有能动性，不同的观赏方式会带来不同的审美效果。其欣赏能力取决于文化水平、艺术修养、知识积累、游赏经验等基本条件，同时又受到审美观点、赏景标准、赏景代价等态度的影响。对景物的鉴赏一般分为三个层次：第一个层次是走马观花，初步感受园林。这样的观赏者文化水平不高，艺术修养不高，知识积累不足，游赏经验较少。他们蜻蜓点水地观赏过后，得出好玩与否的结论，不会在意景物的设置，更谈不上其中意境。第二个层次则是文化水平较高，艺术修养较深，知识积累较丰厚，游赏经验较多的观赏者。观赏过程中，他们时时关注景物的质量、景观效果、立意主旨、功能分区、空间组织、植物搭配等。这一层次的观赏者对景物的鉴赏较为全面，能充分欣赏到景物的艺术创作之道。第三个层次更为高深，观赏者不仅对景物敏感，更能体味到"众里寻他千百度，蓦然回首，那人却在灯火阑珊处"之意境。这类观赏者有着很高的文化水平，很好的艺术修养，丰富的知识积累，甚至是专业人士。

（2）意境鉴赏

物象的意境鉴赏是人类特有的精神境界。由于创造者的思想观念、情感经历、社会背景等因

效果尤其显著。人类长期进化过程中均离不开植物的自然环境，通过感受自然，参加交互活动，能够明显改善高龄化人群的生活状态，尽快适应高压的社会环境。又如从自然资源和儿童心理学衍生出的森林教育模式，以返璞归真为核心，结

素的影响，并非所有人都能感受到创造者所要表达的意境，即使观赏者身临其境，也很难体味景物的内涵。这不仅要求观赏者要有基本的文化水平、艺术修养、知识积累、游赏经验，更要求观赏者对园林创作者有一定的了解。

4.3.2.2 鉴赏的特点及过程

鉴赏能力是人们对艺术作品的鉴别、欣赏以及评判的能力。鉴赏能力是知觉能力、想象能力、领悟能力、回味能力等能力的综合体，在鉴赏过程中具有特别重要的作用，需要在具体鉴赏过程中培养。在多种心理因素的综合作用下，鉴赏者接受、理解、把握艺术作品，并从中得到思想上的启迪和艺术上的享受。鉴赏的特点表现在以下六个方面的统一：①感性认识（情）与理性认识（理）相统一；②教育与娱乐相统一；③享受与判断相统一；④制约性与能动性相统一；⑤共同性与差异性相统一；⑥审美经验与"再创造"相统一。在鉴赏过程中，鉴赏者应该主动、积极地调动自己的思想认识、生活经验、艺术修养，通过联想、想象和理解，补充和丰富艺术形象，从而对艺术形象和艺术作品进行再创造，对形象和作品的意义进行再评价。鉴赏过程的精髓主要体现在再创造和再评价两个环节之上，如果没有这两个环节鉴赏，便失去了意义，即变成了单纯的欣赏。鉴赏的过程是由浅入深的，大致上经历感官的审美愉悦、情感的审美体验，到最终理性的审美超越这三个层次。鉴赏是艺术批评的基础，也是作品发挥社会功用的必然途径，它能满足鉴赏者的审美需要，提高其审美能力，培养其品德，提高其思想，陶冶其情操。此外，鉴赏还能开发人们的智力，增加智慧，拓宽认识，为将来的风景园林事业奠定深厚的根基。

4.3.2.3 鉴赏与借鉴

风景园林的发展是一个文化沉淀和经验总结的过程，不论中外古今，各个时期的园林都在观赏者赏景的同时互相影响，见证人类文明的传承。正如吴良镛院士所言，中国一切有抱负的建筑师，应当学习外国的先进东西，但各种学习的最终目的，在于从本国的需要和实际出发进行探索，创造自己的道路。不断汲取经验，巧妙地平衡新与旧，因地制宜地创造，这些经验可以细化为功能、尺度、主题、造园等要素。

自建造之始，园林便被赋予供人观赏休憩、休闲娱乐等功能。随着社会生产力的提高，园林的生态功能逐渐被重视，并且成为本质要求。中国各地争创"国家园林城市"过程中，将园林景观与城市融合"园林即城市，城市即园林"，强调城市生活中人与自然的和谐，满足人们回归自然、亲近自然的需求，并且考虑使用者的行为需求，兼顾流线与交通的关系。

尺度设计是场所生成的重要前提。由于受到社会经济、文化思想等多方面的影响，尺度影响着园林的功能性和观赏性，并有着反映人生理与心理行为特点的比例原则。从秦汉皇家园林到明清私家园林，中国古典园林在空间上不断缩小，而西方园林则"强迫自然接受匀称的法则"，建筑物体积巨大且多位于中轴线起点处，各要素左右对称布置，园内常见大面积平整的草坪和形态规则的植物。随着中西方文化交融，现代园林公共功能的需求，以及大地园林化的不断发展，风景园林的设计尺度从数十、数百平方米的庭院一直延伸到诸如国家公园的国土空间的尺度。

任何艺术形式都有其特定的主题，园林也不例外。中国古典园林多透露出造园者之情怀，在

图4-29　园林景观元素集合

摹写自然的过程中感悟人生。西方园林多以"人定胜天"的艺术风格表达主题，但也不乏在创作中融入造园者情感思想的景观，如以废墟、古墓之类引起游人的伤感情绪。随着社会生活节奏加快，人们的精神需求有所变化，同时受到现代主义、文脉主义、极简主义等多种艺术思潮的影响，现代园林的主题更加多元化。除了沿袭古代园林中常用的主题外，还有纪念主题、生态主题、教育主题等蕴含时代特色的主题式园林。如今，开放化、大众化已成为现代园林的特征。

造园理念和园林文化主要由造园基本要素所体现，由于时空因素、社会生产力、文化思想等多方面的影响，构成园林的基本要素也有所差异，主要体现在以下几个方面：道路、山水、建筑与植物等。这些造景基本要素构成了可以借鉴的园林美，从而产生鉴赏功能（图4-29）。

园林美是一种通过艺术手段将自然的或人工的山水、植物、建筑按照一定的审美要求组成的综合艺术的美。这种美以模拟自然山水为目的，结合自然与人工、现实与艺术，如歌德所说"既是自然的，又是超自然的"，即源于自然而高于自然。首先作为传统文化的精髓，园林的本质目的还是提供一个适宜当地的居住生活环境，而非完全再现自然，实现审美性与实用性的结合。如王安石题杭州聚景园"绿漪堂前湖水绿，归来正复有荷花。花前若见余杭姥，为道仙人忆酒家"。其次作为一种文化载体，园林艺术不仅由自然山水、树木花草、亭台楼阁等物质要素构成，还离不开哲学、宗教思想、历史文化、山水诗画等传统文化因素。园林美不仅客观又真实地反映了不同时代的历史背景、社会经济的兴衰和工程技术的水平，而且特色鲜明地折射出人类自然观、人生观和世界观的演变，因此它是一个综合性的艺术美。如中国古典园林中的花窗月门（图4-30、图4-31）、匾额楹联、壁画铺装、雕刻栏杆等都是受中国传统文化和影响的直接体现，这些多元因素丰富了园林艺术，使园林美更加富含深刻意义。最后园林美的鉴赏包含景物鉴赏和意境鉴赏，除了欣赏者的层次性，也有审美过程的阶段性。在中国古典园林中，绿色生命与亭台轩

图4-30　花窗

图4-31　月洞门

榭共同营造氛围，寒来暑往，春华秋实。植物生长、成熟、衰败的过程，大自然的日月星辰也影响园林审美的阶段性。

4.3.2.4　鉴赏与创作

园林艺术，是精神产品的艺术形式之一，对它的鉴赏，是一种观赏、领略和理解园林美景从而进行评价的审美活动过程。园林艺术的生产

（园林创作和造园）和消费（园林艺术欣赏与鉴赏）虽然各自处于不同的层面，分别具有独立性与封闭性，却又在园林作品的生产和运作中构成了相互依存的关系。因为有园林设计和造园的活动，鉴赏者才有鉴赏的外在对象，假如没有园林创作，当然也就没有风景可供鉴赏。反之，鉴赏则是创作的内在对象，创作的目的是满足欣赏的需要。

园林创作与鉴赏的相互依存关系，还表现在园林艺术作品社会价值的肯定与社会效果的显现上。对于社会和历史来说，艺术品究竟具有什么价值，能起什么作用，却不由创作者单方面决定，而要有欣赏者与鉴赏者的参与与体会。因为欣赏活动并不仅仅是对创作的被动接受，而是欣赏一方在创作的诱导下，发挥积极的能动作用。对园林的鉴赏过程，是人们对园林艺术作品形象进行感受理解和评判的思维活动和过程。人们在鉴赏中的思维活动和感情活动一般都从艺术形象的具体感受出发，经历由感性阶段到理性阶段的认识飞跃，既受到艺术作品的形象、内容的制约，又根据自己的思想感情、生活经验、艺术观点和艺术兴趣对形象加以补充和丰富。不同时期、不同民族、不同阶段、不同文化层次的人，由于思想感情、生活习惯、经历及艺术修养、艺术感受能力的不同，对作品的感受和理解也千差万别。

4.3.3 赏景感知

在历史的发展与人类的社会活动中，园林已经发展成为一个复杂的实体，不仅是一个体现自身文化、社会层面的产物，同时不同的社会群体通过这种方式构建并表现自己和其他人对于领土、社会和政治的关系。不管东西方所存在的显著的历史发展与文化审美方面的差异，园林依旧是人们看待历史的一种方式，是多种美好事物和现象的产物，能使人们产生多种心理活动与反应，从而获得精神上的多层次享受（图4-32）。

园林体现的不仅是设计者的具象化心理感知，更是当地文化和社会层面的产物。因此对于园林的感知与欣赏，不能视为自然或少人工化的产物，

图4-32 园林建筑形成的独特景观

相反应带有明显的文化倾向与地方特色。园林作为人与自然相互作用的动态关系的表现，人们对于园林的感知是一段长时间的过程，不仅是感知其中客观的物理对象，而且感知其中主观的情感对象。赏景被定义为过程性行为，它的存在既取决于它的构成过程，又是一个持续进化的过程。

4.3.3.1 心理感知因素

赏景的心理感知需要从多个学科对其进行研究，不仅是园林心理学、社会学科、神经学等。我们既要关注个人思想，又要了解文化共享的意义或图像。如今整个学科中理论是分散的，能够被通用接受的理论尚未出现，这体现了园林的心理感知有着复杂的基础，需要我们结合社会发展进一步研究。园林欣赏中的心理感知是与人们身体、心灵和环境本质相互关联的过程。由于人类心理的复杂性与园林的综合性，目前在国际研究中依旧缺少共同的理论框架相互联系。从心理学角度出发，借鉴其对于人的心理机制的较为系统的分析，对园林欣赏起着至关重要的作用。

尽管存在学科差异，但所有方法都明确或间接提出三个假设：①人们对于园林的感知方式不仅仅由物理属性决定人们所受到的心理感知；②人们对于复杂的赏景过程时的信息接收和处理所形成的心理感知往往介于物理和心理之间；③人们的赏景心理感知有许多影响因素。这三个假设表明生物、个体、文化、社会等各个层面都存在着影响。生物因素表明人们的基因构成中存在着固定的先天倾向，比如我们倾向于喜欢引发积极情绪的物体或环境，或者类似有益人们生存的环境，这让我们在处理基本生活任务时具有适应性。因此，选择偏好已经发展成为服务于生存的自适应系统，人们在漫长的岁月中保留了某些环境方面相关的先天倾向，使我们对于某些园林物理属性产生了特定的反应基因（图4-33）。

园林偏好是古老而又深远的，在心理层面对于景观感受中，往往有四个指标：连贯性、易读性、复杂性及神秘性。连贯性和易读性有助于理解场景，而复杂性与神秘性则可以使场景变得有趣并增加更多的心理预期。其中连贯性与神秘性

图4-33　积极景观

相关的研究中成了园林心理感知的主要预测因素。然而，对于人类的天生园林偏好属性而言，它只占据人们潜意识中的部分内容，人们很可能对于半开敞空间，尤其对于大片植被空间和水景空间有着天生的偏好（图4-34、图4-35），虽然缺少广泛的跨文化研究，但是各国的园林发展过程与研究成果的确证实了这方面理论。重要的是对于园林感知而言，现实中的社会文化与个人经历也能影响人们的园林偏好。

基于不同的园林与自然的历史变化，东西方国家对于园林的文化层面看法也是截然不同的。大部分中国古典皇家园林和私家园林至今保留的是明清时期的园林，而早期的古典园林都是从史书、笔记等记载得以流传；西方古典园林（图4-36）往往表现的是上层阶级的思想，对于外行人的想法知之甚少。然而由于历史上经济与文化的局限性，目前对于公众的自然形象认知研究往往是不全面的。

图4-34　黄河发源地

图4-35　尼罗河发源地

图4-36　西方古典园林

图4-37 秦朝阿房宫

图4-38 北海公园濠濮间

相较于西方，东方园林尤其是中国古典园林，受到文化影响的程度更深，从园林的最早形式园圃作为一种通神的敬仰祭祀而造，到秦汉以礼为核心，"席卷天下，包举宇内，囊括四海，并吞八荒"（图4-37），在园林营造中，也尽显宇宙包容万物的风格。随着经济与文化的进一步发展，魏晋时期隐逸思想的产生，到唐宋时代亦官亦隐的园林境界，到后来明清时代，人们也开始将自己容身于更小的栖身之所，将"天人合一""天人之际"的哲学体系和传统文化体系用造景要素体现。造景手法的变化体现大千世界的变化，其中最重要的是开始表现园主的审美，表达出园主内心的需要，南北方差异也越发明显，这表明人们内心初期的从众想法开始逐渐减退，自我意识开始加强，以期满足自己的需求或者类似文化社会的要求。

不同的园林类型表示不同的文化传承与种类，不仅是园林建造者决定着园林，人们的心理感知也与其所处的文化环境相关。从时空上而言，秦汉的赏景者对于明清时代的园林想必是无法喜欢的；从地理上而言，将南方园林搬至北方，即使是造园家，也无法领会到其中园林精髓（图4-38）。因此社会学和人类学研究已经证明了文化对于人们感知自然与特定园林的影响，在现代这种趋势更加明显。园林已经被赋予特定的民族主义内涵，作为深受当地文化影响的人们，会采用自己独有的方式对园林进行评估，因此文化角度在赏景的心理感知中占据了很大的比重。

4.3.3.2 知觉因素

心理感知是通过感官、组织等来获取信息的过程。它是一种在生物体和环境之间发生的互动过程，从知觉角度出发，园林的组成部分是多样和复杂的；园林越大，系统越复杂，置身其中的人们的感知和体验越丰富。对园林的物理感知不仅是一种生理现象，而且受到个人经历以及社会和文化因素的影响，不同的文化身份和地位会影响人们体验和理解环境的方式。因此，对我们周围环境的感知是学习的、选择性的、动态的、互动的及因人而异的过程。

虽然我们通过感官（视觉、听觉、嗅觉和感觉）接收空间信息，但视觉被认为是最有价值的感觉。园林的视觉元素可以平衡生物、文化与经济之间的关系，视觉环境质量则影响人们的审美情趣、生理和心理健康。园林视觉环境质量是景观的视觉特征与人类心理活动（感知、情绪等）共同作用的结果，其评价依赖于两个方面，即客观的园林和主观的欣赏者。客观的视觉园林评估方法假设园林的视觉质量是一种固有的特征，环境的物理属性决定了它的审美价值；主观的方法假设视觉质量在观察者的眼中，并且可以通过主观评价来确定环境的审美价值，色彩与情感的表达详见表4-2所列。

表4-2 色彩与情感

色彩	情感反映	情感来源
红色	热烈、兴奋、激动	火焰、血液
黄色	明朗、欢快、温暖	阳光、稻谷、麦子
绿色	平静、稳定、活力	树林、草地
白色	纯净、清爽、悲哀	白雪、白骨
黑色	阴森、恐怖、严肃	夜晚、阴影

目前被学术界广泛接受的则是由德国心理学家马克斯·韦特海默（Max Wertheimer）、科特·考夫卡和沃尔夫冈·克勒提出的格式塔理论（图4-39）。格式塔理论可以概括为人们倾向于将事物视为整体而不是分开的部分，他还提出"感性形式的组织法"（Wertheimer，1938）。在视觉感知角度，人处在园林中的行为是不断寻找目标的过程，因此需要一个视觉主导空间，即该园林空间的主要观赏面，也是在可能的视点中寻找所能观赏到的最能反映该园林特征来为人们进行导航。

色彩作为视觉感知的重要因素不仅与色彩本身有关（图4-40），而且与色彩的组合和搭配紧密相关。例如，黑白搭配，因对比强烈而分割明显；红底上的黄色，则显示一种欢乐和明朗的特性。此外，色彩之美与不美，还受民族风俗、文化的深刻影响。同一种色彩在不同的民族、文化氛围中，可能有不同的感受。

在感受园林的过程中，为了对园林有更真实的感受，人们往往会用手、皮肤等触觉器官对园林进行直接体验。轻触一个物体，人们能感觉到温度、质感和肌理，大概的硬度、重量，也能进一步探知其形状和体积。触觉使我们能对园林有着直接和真实的体验，并通过肌肉固有的记忆机制，形成相对稳定的行为习惯和园林感知，使风景变得更为亲切、更能触动观赏者，实现人类深层次的心理认同。

声音作为一种园林设计元素，是影响个人对园林的感知和理解的重要元素。人们从声音中获取信息，就像视觉园林一样，声音可以作为园林空间序列的一个内容，被定义为环境的声学特征。然而，作为感官体验的声音与视觉有很大不同。声学空间没有明显的界线，在方向和定位方面也不精确（Porteous，1996）。因此，将声音评估为设计元素比视觉感知复杂得多。

声音，在中国传统造园中已有所体现。关于园林中的声音，计成在《园冶》写道："瑟瑟风声、夜雨芭蕉、鹤声送来枕头、静扰一榻琴书、梵音到耳。"其实，景观中的声音远非这些，瑟瑟风声、雨打芭蕉、鸟唱蝉鸣、弹琴竹里、梵音诵唱、松海涛声、残荷夜雨、古寺钟声、渔舟晚唱等亦是常用之声。

在现实环境中，人们面对的是一个多种声音并存的环境，单独的风声、水声、虫鸣鸟叫等声音，长时间听也会让人产生疲劳，甚至厌恶。而设计师将这些元素配合视觉空间加以综合利用，创造多感官的环境，从而在节奏上达到抑扬顿挫、层次上丰富多变、感官上赏心悦目，创造出令人身心愉悦的听觉空间环境。例如，颐和园谐趣园中的玉琴峡，利用前后湖的高差，湖水穿石而过，音如鸣琴，周以竹林，风过竹动，水流叮咚，更为幽静的环境增添了气氛。

不同的园林场所会产生特定的嗅觉，尽管人们不能表述所有的嗅觉，但大多数与生活相关的嗅觉人们是能感受到的。嗅觉感受在园林设计中

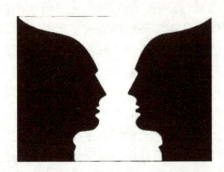

图4-39 格式塔理论

图4-40 颜色图

通常与视觉、听觉相辅相成。通过嗅觉对园林进行感知，使得气味构成园林的要素之一，加上某些气味对神经的刺激或者物理上的影响，可以直接表达愉快及悲伤等情感，这种情感机能十分强烈。通过嗅觉人们能加深对园林场所的记忆，并能在再次闻到时想象出具体的生活场景。此外，气味也具有振奋精神或镇静情绪的作用，对心理和生理能产生一定的影响，借助气味，在此基础上建立对景象的记忆也是常用的设计方法。景观环境氛围的营造，气味在其中的作用不容忽视。从描写花香的古诗词中我们可以感受到芳香植物通过嗅觉感受带给人们的赏景心理感受，如描写桂花的"弹压西风擅众芳，十分秋色为伊忙"（图4-41）；描写梅花的"疏影横斜水清浅，暗香浮动月黄昏"（图4-42）；描写栀子的"竹篱新结度浓香，香处盈盈雪色装"等，都生动形象地描绘了嗅觉在赏景时候的表现。

图4-41 桂花

人的感官是相互影响的，视觉很大程度上会影响嗅觉，因为视觉能很直观地预先感受到事物。可是嗅觉相对视觉更具可靠性，它能对视觉进行检验，以避免视觉被事物表面错误引导，品相不好的食物未必嗅（味）觉效果不好。在一个壮阔的环境下，人的情感容易被激发，人们天生热爱大海的辽阔和深沉，渴望森林的幽静，我们向往大海，向往自然的生活。在现代社会中人们步履匆匆，古典园林中人头攒动，羊肠小道上摩肩接踵。在这些放松和愉悦的空间里面，我们有着独特的嗅觉感知，这些活动虽然不是园林，但园林却给这些活动带来了充分的激情。这是嗅觉感知非参与性的表现形式，即园林和嗅觉非一体，却相互影响。人对园林的感知会通过很多手段实现，对于不同空间性质和感受主体的变换，我们应该采用不同的感知手段，针对感知主体的感知需求进行设计。只有这样的设计才能使每个人感受到设计的全面性和人性化，而有些设计的失败可能就是对这些细节的忽视和对问题处理的单一化所造成的。

综上所述，视觉、触觉、听觉、嗅觉是风景园林的物理属性特征，能让人产生明显而直观的印象和感受。其赋予人们潜意识情感思维，并逐

图4-42 梅花

渐演变成了一种心理暗示活动。因此，在园林设计中应充分运用这些特征所带给人们的心理暗示，对设计进行合理有效的配置，满足人们知觉方面的心理享受，提升人们生活环境品质，增强赏景的能力。

4.4 赏景方式

4.4.1 赏景过程

欣赏景物的活动也是审美心理认识、情感、意识过程的集合。严羽在《沧浪诗话·诗辨》里说："夫诗有别材，非关书也；诗有别趣，非关理也。而古人未尝不读书，不穷理。所谓不涉理路、不落言筌者，上也。"亦同作诗之理"不涉理路，不落言筌"，赏景过程中情感过程融合了认识过程和意识过程，理性沉淀于感性，感动而后领悟。赏景过程一般分为心理需要动机期（审美期待）、欣赏期（审美展开）及信息反刍期（审美弥散）。

(1) 心理需要动机期

赏景这一过程的实质是完成由普通心理状态向审美心理状态的转换，处于"临美阶段"，又称"审美期待"。在一般心理学中，认为期待是在人们对外界信息不断反应的经验基础上，或是在推动人们行为的内在力量需求基础上，所产生的对自己或他人行为结果的某种预测性认知，因而它是一种认知变量，是信息价值的动机。

赏景这一审美态度也有着经验性、动机需求性和可变化性，要求观赏者拥有一种审美经验的心理因素，自觉或不自觉地遵循审美方向，朝某一特定的审美对象做准备。根据审美经验，观赏者期望审美展开，或符合其经验，验证其经验，或丰富其经验，获得新经验。审美不能只依靠经验，也讲究"各以其情而遇，通情然后悟理"。在这一过程中，动机是唤醒静态经验记忆必不可少的因素。因此经验是伴随情感意象及情感需要动机而共存于审美期待之中的。

(2) 欣赏期

所谓欣赏期其实就是审美的实现阶段，由情感、感知、理解、想象等主要心理因素构成全过程。通过五官感受，反映物象的特有属性。再通过知觉整合，反映事物的整体状貌。随后进入欣赏期的高潮——审美联觉。这是一种富于创造力的审美心理能力的层次，通过联系审美感知提供的表象和已有的审美经验，发现意蕴并将自己的情感意识融入，使内在的感情与外在的形象形成意志同构而产生共感，升华审美感知。

这种心无旁骛的境界会不自觉地迷失理性而让非理性支配了观赏者，从而获得最大的审美愉悦。在达到审美高潮的过程中情感和想象互动共济：想象因情感而紧张展开，创造出已有或虚无的物象；而情感则因想象得到充分表现，得到一切可能需要的满足。欣赏期的最后是情感判断，它联系主体的情感，在情感和想象产生的体验之后衡定物象的观赏价值。

(3) 信息反刍期

信息反刍期影响审美能力的提高和素养的优化。在观赏者完成物象的鉴赏之后，审美心理因得到某种满足而产生的对审美经验的积聚和沉淀，对审美情境的寻索和玩味，对审美理想的充实和提升。获得了新鲜的经验，丰富了旧有的经验，这种内驱力会渗透于观赏者的其他心理过程中，启发心智，升华理想（图4-43）。

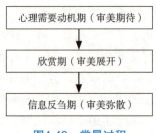

图4-43 赏景过程

4.4.2 视点、视距、视域

赏景点是指游人在观赏景物时所处的位置，也称视点。游人赏景的前提是观景，景观通过知觉传达到大脑才形成内心感知。或俯或仰，或近或远，视点的位置决定了观赏者与景物的相对距离关系（即观赏视距）。由于人的视觉特性，观景视角与赏景效果紧密相关。

正常人的清晰视距为25~30m，明确看到景物细部的视距为30~50m；能识别景物类型的视距为250~270m，能辨认景物轮廓的视距为500m，能明确发现物体的视距为1200~2000m，但此时已经失去了最佳的观景效果。至于远观山峦、俯瞰大地、仰望星空等，则是畅想与联想的综合感受。中国古典园林之所以有"咫尺之地再造佳境"的美誉，正是因为它合理应用视距规律进行造景、借景，达到步移景异的艺术效果。

人的正常静观视场，垂直视角为130°，水平视角为160°。但按照人的视网膜鉴别率，最佳垂直视角<30°、水平视角<45°，在这个范围内视距为景宽的1.2倍，即人们静观景物的最佳视距为景物高度的2倍，宽度的1.2倍，以此定位设景，景观效果最佳。但是，即使在静态空间内，也要允许游人在不同部位赏景。建筑师认为，对景物观赏的最佳视点有3个位置，即垂直视角为18°（景物高的3倍距离），是全景最佳视距；27°（景物高的2倍距离）是景物主体最佳视距；45°（景物高的1倍距离）是景物细部最佳视距。如果是纪念雕塑，则可以在上述3个视点距离位置为游人创造较开阔平坦的休息场地。在园林设计中，为了获得较清晰的景物形象和相对完整的静态构图，应尽量使视角与视距处于最佳位置。通常，垂直视角为26°~30°，被认为是最佳的观景视角（图4-44）。

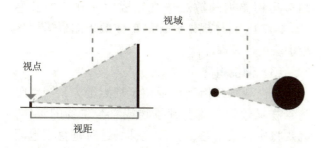

图4-44 观景视角

4.4.3 静态观赏与动态观赏

游人赏景的方式主要有两种：动态观景和静态观景，即所谓游憩。在一个园林中，游而无憩使人感到筋疲力尽，憩而不游又失去游览的意义。

（1）动态观赏

动态观赏是指游人的视点与景物发生相对位移，空间变化越大，动态感越强。如乘车看路两旁的风景，一景接一景形成连续的动态构图，呈现在游人眼前，景象静止而游赏者在移动。看电影时，则是景象在动而游人不动。动态观赏可分为步行、乘船、乘车等几种手段。一般在中、小型园林中以步行为主，乘船多结合水上游乐。面积广大的风景名胜区，采取的形式较多，如杭州西湖的三潭印月、湖心亭、阮公墩三岛都以水路游览为主，上岛后改为步行。不同移动方式的动态观赏，观景效果也不同。乘车的速度快，视野较窄，多注意景物的体量轮廓和天际线；而乘船视野较开阔，视线的选择也较自由，游览效果比乘车要好；至于缓步漫游，既能注意前方，又能左顾右盼，视线的选择更为自由。

（2）静态观赏

静态观赏是指游人的视点与景物的位置不变，不论向一个方向观赏，还是向左右几个方向观赏，也不论被观赏的景色是静态的还是动态的。如看一幅风景立体画，整个画面是一幅静态构图，所观景物结构、层次固定不变，这就要求观景点前的景物需要精心设置。由于在静态观赏时，头部往往要转动。因此，除主要方向的景物外，还要考虑其他方向的景物，以满足观景的需要。

观赏者在实际的游园中，往往动静结合，在园林设计中也非常注意观景位置与园林的画面组织。宋代画家郭熙在《林泉高致》中说"山水有可行者，有可望者，有可游者，有可居者"，说明在山水景观的环境中应有可行的道路，可望又引人驻足的静态风景画面可游的园径，以及园内满足游人游园需要的厕所、游览室、小卖部、茶室等功能性园林建筑。从静与动的观赏角度分析，"可望"和"可居"属于静态观赏，"可行"与"可游"属于动态观赏。园林内以动态流线观赏为系统，辅以小景点供人驻足进行细致观赏，大园以动观为主，小园则以静观为主。

4.4.4 多方位赏景

园林建筑讲求利用自然地形的起伏或以人工方法堆山叠石，以使之具有高低错落的变化。人在其中必然会时而登高远眺，时而山谷觅踪。登临高处时不仅视野开阔，而且由于自上向下行，所见的景观为鸟瞰或俯视角度；反之，自低处向上行，则常可使人感到巍峨壮观，这时所见的景观为仰视角度。还有一种情况，即处于适中的位置，这时既可向上仰视景观，又可向下俯视景观。在园林建筑中如果能够利用抬高视角的变化来设计景观，无疑可以收到人们所意想不到的效果（图4-45）。

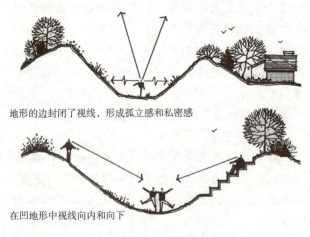

地形的边封闭了视线，形成孤立感和私密感

在凹地形中视线向内和向下

图4-45　不同视角赏景

图4-46　杭州西湖

图4-47　中国古代绘画

（1）平视观赏

平视观赏是指人的视线与景观平行而视，人的头部不必上仰或下俯，可以舒展地、平静地欣赏景观，不易疲劳。用于平视观赏的景观普遍位于游人视点相似的地面上，并有较为适宜的视距。杭州西湖多恬静感（图4-46），是与有较多的平视观赏分不开的。在扬州平山堂上展望江南诸山，能获得"远山来此与堂平"的感觉，故名平山堂。平视的景物与游人视点越远，景观的透视的消失感越弱，色彩也越淡。正所谓"树远平林淡，远山无脚，远树无根，远舟无身"。人们为了达到更辽阔的平视效果，常用提高视点的方法，正如唐代诗人王之涣的《登鹳雀楼》所云："白日依山尽，黄河入海流。欲穷千里目，更上一层楼。"

（2）俯视观赏

俯视观赏是指景观处于视点的下方，须低头观看，也就是人的60°视锥向下移，中视线与地面相交。俯视的景观有较强的消失感，景观越低显得越小。居高俯视有征服者的自尊感，居高临下也有自危的险境感，似乎只有脚踏在下面的平地上才最安全。所以登高往往是游览中的高潮部分，也是组织景观序列左右游人情绪的手段。中国绘画多运用俯视的散点透视绘成山河壮美的长卷（图4-47），园林规划设计的整体效果图也运用鸟瞰手法进行表现。

（3）仰视观赏

仰视观赏是指当景观位于视点上方，视点距离景物又较近，要看到景物或看全景物的整体，就要将中视线上移，头部上仰。这时垂直于地面的线和面开始有透视的消失感。仰视的景物会有高大、雄伟、威严的气势产生，使观赏者产生崇拜的心理。自古庙观的佛像和皇帝的宝座都高于人的视线以上，须仰视才能看到，目的是提升崇高、威严的气势。北京故宫的太和殿，三层汉白玉台基高出地面8m，殿内皇帝的宝座又高于室内地面2m。园林中堆山、山上建亭和楼阁都是要仰视观看的景物。北京颐和园的佛香阁（图4-48），建在万寿山的山肩上，体量高大，色彩艳丽，是偌大建筑群中的主体建筑。如果从建筑群中轴线

图4-48 颐和园佛香阁

上的排云门、排云殿向上攀登，步步高耸，前进中的三层院落逐渐缩短视距，观看佛香阁的仰角也在行进中不断提高。在德辉殿后面抬头仰视佛香阁的仰角为62°，只能望见露出的飞檐翘角，以蓝天为背景，大有高耸入云之势。

小结

本章主要阐述了风景园林赏景的基本概念、方法与方式。首先，明确了景与境、欣赏与鉴赏等基本概念，自然景源与人文景源两个基本景源的类型及其具体分类。其次，分析了鉴赏与创作、赏景的感知等，将人的生理与心理对景观的需求应用到景观创作的基本途径。最后，阐释了赏景过程和赏景方式，赏景过程可分为动机期、欣赏期及反刍期，赏景的方式分为动态观赏与静态观赏，以及平视观赏、俯视观赏、仰视观赏等多方位观赏。

思考题

1. 风景的特征主要有哪些？
2. 风景与意境的关系是什么？
3. 赏景的意义主要是什么？
4. 赏景的心理感知因素如何影响个人与社会发展？
5. 赏景的具体方式有哪些？

推荐阅读书目

1. 人间词话．王国维．上海古籍出版社，1998.
2. 中国园林意识概论．曹林娣．中国建筑工业出版社，2009.
3. 叠山理水．侯振海，赵佩兰．安徽科学技术出版社，2010.
4. 心理学大词典．林崇德．上海教育出版社，2003.
5. 浮生六记．[清]沈复．人民文学出版社，1999.
6. 西方现代景观设计的理论与实践．王向荣．中国建筑工业出版社，2002.
7. 景观的视觉设计要素．西蒙·贝尔著．王文彤译．中国建筑工业出版社，2004.
8. 景观设计学．西蒙兹著．俞孔坚等译．中国建筑工业出版社，2009.
9. 说文解字．[汉]许慎，[宋]徐铉杨．中华书局，1963.
10. 林泉高致．[宋]郭熙．中华书局，2010.
11. 园林设计心理学初探．余树勋．中国建筑工业出版社，2009.
12. 心理学导论．张朝，李天思，孙宏伟．清华大学出版社，2002.
13. 风景园林艺术原理．张俊玲，王先杰．中国林业出版社，2014.
14. 中国古典园林分析．彭一刚．中国建筑工业出版社，2008.
15. 园林设计心理学初探．余树勋．中国建筑工业出版社，2009.

第5章 风景园林规划设计基本原理

5.1 形式美构图原理

5.1.1 形式美要素

风景园林作为一种时空艺术,和其他艺术一样都遵循形式美法则。一般来说,形式美是通过点、线、面、体、色彩、质感等基本要素形态表现出来的,是诸多美的形式的概括和反映,具备各种艺术形式与组成要素所具有的共同特征,适用于所有的艺术创作。园林设计就是把这些基本要素按照形式美的规律进行创造性的组合,在设计中把点、线、面、体等概念性的要素物化,置换成具体的园林设计要素,如地形、水体、植物、园林道路、园林建筑等。

5.1.1.1 点

点,一个简单的圆点代表空间中没有量度的一处位置,点是具有空间位置的视觉单位,即一切形态的基础,是从美学角度抽象出来的最基本元素。点本身没有具体的大小、形状、方向、体积等,但如果有了背景环境,点就有了大小、方向、形状,并由它和整体的关系来决定。如地球对于人类来说,是人类赖以生存的星球,是个庞然大物,但在星光浩渺的银河系之中,地球就相当于一个点。点具有一种轻松、随意的装饰美,会因各种不同点的变化、扩大、排列及聚散等,在构图中形成极为丰富多彩的效果,因此点的合理运用是园林设计师创造力的延伸。园林空间中的点也是一个相对的概念,可以有大小,也可以有形状,用于在空间中表示位置。

(1) 点的表现方式

①单点作为画面的中心 可构成空间的核心,成为游人视线的焦点。景点,相对于整个园林就是点的概念。如园林建筑及小品(亭、台、楼、阁、雕塑等)、(园景)树、山石等都是园林中的点。

②点的线性排列 两个点在同一个视域或空间范围内可形成线,游人的视线将其联系起来,使景观富有层次感和韵律感,吸引游人的游赏兴趣,因此常在一个景点的相应位置设置对景。景点之间互相呼应,加强了各方联系,整体感会更加强烈。点是线的收缩,线是点的延长。如园林中由点构成的汀步不但有了线的方向感,同时由于点的跳跃性,在水的环境中似乎产生了叮咚有声的韵味。

③点的平面化 当多个点组合到一起,可产生面的视觉感受。一般通过同一造景元素在平面上的应用来实现。园林中多点的效果常常兼有面的性格,如典型的林下空间,由多点形成面,由面构成空间环境,加之树干的直线分割,使空间产生类似音乐旋律的效果。

(2) 点在园林中应用

景点在平面构图中的分布是否均衡直接关系到布局的合理性。在园林构图时可以用景点的分布来控制全园,在功能分区和游览内容组织上,景点起着核心作用。在园林布局中,要正确处理景点聚散的关系。中心区域景点适当集中,重点突出,然而景点太"聚",游客过于集中,会造成功能上的不合理,因此,景点又应适当"散",以疏散游客。景点聚散的合理运用,就会产生类似于书画作品上"留空布白"的艺术效果(图5-1至图5-5)。

图5-1　点状小路

a. 英国巨石阵

b. 哈佛大学泰纳喷泉

图5-2　多点成面

图5-3　点状构筑物

图5-4　小品形成的点

图5-5　点状灯柱

5.1.1.2 线

线是当点被移位或运动时,形成的一维的线,是点在某个方向上的延伸。线不仅具有装饰美,还充溢着一股生命活力的流动美,不同线条的特点会给人以不同感受。

线分为直线和曲线两大类。线既有粗细、长短、浓淡、虚实之分,可单独运用又可组合给人以完全不同的视觉印象。如长条横直线代表水平线的广阔宁静,短直线表示阻断与停顿;虚线产生延续、跳动的感觉;用直线类组合成的图案和道路,表现出耿直、刚强、秩序、规则和理性。

曲线是园林设计中最广泛的自然形式,其特征是由一些逐渐改变方向的曲线组成,比如来回曲折的平滑河床是蜿蜒曲线的基本形式。在空间表达中,不同线条表达不同的内涵,如蜿蜒的曲线带有某种神秘感,沿水平线望去,水平布置的蜿蜒曲线似乎时隐时现,并伴有轻微的上下起伏之感。在空间的围合和划分中,利用曲线能够形成简洁、流畅、醒目、规整或不乏柔和的景观空间,在形式上呈现明快的风格(图5-6至图5-9)。

(1) 线的作用

①引导方向 线能够在视觉上产生流动感和方向感,它的导引功能体现在道路上,通过路径交叉、宽窄、曲直、坡度的变化,使人流加速、停滞、分流、汇集和定向。除了作为游览线路的交通功能外,更重要的作用是景观结构中的脉络导引。

图5-6 线状道路

图5-7 线状建筑

图5-8 曲线形大地艺术

②限定边界　园林中通过线来限定边界可以分为两种情况：一种是同质面域之间由于高差、方向不同引起的边界，如下沉式广场的两个台面之间的边界；另一种是异质面域之间的边界，如水面与陆域之间或草地与铺地之间的交界线。

③分隔空间　其功能体现在线对面的作用是切割与划分，对建筑是通过墙体、门窗的线来分隔立面与空间的；而在园林设计中，线划分空间的作用更为丰富，利用一条路、一行树、一排绿篱、一座建筑、地形起伏等都可以分隔特定的空间。

(2) 线在园林中应用

线在园林空间中无处不在，它可以表现为具体的线条，如起伏的地形轮廓线、曲折的道路线、婉转的河岸线和美丽的桥拱线、丰富的林冠线、严整的广场线、挺拔的峭壁线、简洁的屋面线等。

在园林中线也可以是虚的，如风景视线、景观轴线等。中国古典园林里借景、对景、障景等艺术手法都是通过对人的观赏视线的控制和引导达到的。而在空间的视线感知中，轴线能以其强有力的秩序控制力对周边的园林要素进行组织限定，使各部分的景观要素达到动态的平衡，使园林中的空间更加有层次，各个景点更加有秩序。

5.1.1.3　面

面是当线按照一定的方向移动时，形成一维的平面或表面，但没有厚度，这个表面的外形称为面或图形。

(1) 面的分类

面一般分为规则式和不规则式两类。规则式图形的特征是稳定、有序、有明显的规律变化，有一定的轴线关系，庄严肃穆，秩序井然。不规则式面表达了人们对自然的向往，其特征是自然、流动、不对称、活泼抽象、柔美和随意。

(2) 面在园林中的应用

面由不同的线条采用不同的围合方式而形成，是构成园林空间的主要形状，广泛应用在风景园林的设计之中。园林中的布局、地面、墙面、花坛、草坪、水面、广场等均由各种各样的图形构成（图5-10至图5-13）。

图5-9　水岸线、林冠线

图5-10　水面、路面

图5-11　面状道路

图5-12 景墙面

图5-13 点线面的组合

图5-14 实体与虚体

5.1.1.4 体

体是二维平面在三维方向的延伸，是由面进阶而来。每一个物体，对于观者来说都有无数个面，在不同的角度其远近、高低都不同。立体是多角度的、多空间的一种状态。立体是有结构的，有三维空间特征。体是相对于平面而言的，例如一张纸平放在桌子上，它只是一个平面体，只有长度和宽度，如果在这纸上切两刀，做一个裁切、弯曲或拉伸，它就是一个立体的造型。

(1) 体的分类

体可以是实体，也可以是虚体。实体是表面封闭的体，具有正量感；虚体是线形成的体或透明的体（如玻璃金字塔），也可以是二维平面所营造的虚拟空间，具有负量感（图5-14）。

体可以是几何形的或者是不规则的，著名的柏拉图理论指出构成世界的五种基本单位结构有：正四面体、正六面体、正八面体、正十二面体、正二十面体。另外还有球体和锥体。

体可以是圆滑而柔软的，也可以是坚硬而有棱角的；也可以是规则式与不规则式的（图5-15）。

(2) 体在园林中应用

将各种体进行集合构成，就可以变化为园林中的建筑、小品、构筑物。埃及的金字塔和其他古代人造结构等都是几何形体的实例。不规则式的体应用较多，如引人注目的地形是突出平面的高耸实体。有平面或其他实体界定，是围合的空间，如建筑物的内部、深深的山谷和森林中树冠下的空间。

5.1.1.5 色彩

色彩是所有物体都有的内在属性，物体能通过对光的反射，反射出不同的光波。

(1) 色彩的分类与特点

①暖色系　暖色系主要指红、黄、橙三色以及这三色的邻近色。红、黄、橙色在人们心目中象征着热烈、欢快等。该色系中，波长较长，可见度高，色彩感觉比较跳跃，是一般园林设计中比较常用的色彩。

②冷色系　主要是指青、蓝及其邻近的色彩。由于冷色光波长较短，可见度低，在视觉上有退远的感觉，给人以宁静和庄严感。

(2) 色彩在园林中应用

园林中的色彩设计最重要的就是把园林中的天空、水体、山石、植物、建筑、小品、铺装等色彩的物质载体进行组合，以期得到理想中的色彩配置方案。色彩是园林艺术的重要表现内容，对人的生理、心理产生特定的反应，彰显色彩美，具有情感属性。人们在风景园林空间里，面对色彩的冷暖和感情联系，必然产生丰富的联想和精神满足。

在按照色彩的设计原则进行园林色彩设计时要考虑的因素：地域的风俗和偏好，文化宗教的影响；场地性质对于色彩的要求；场地的地理特色、气候因素；色彩的心理、生理感知影响；光线变化、气候因子；使用者的兴趣、爱好；对比与协调的效果；材料的特性等（图5-16至图5-20）。

图5-15　规则式与不规则式的体

图5-16　彩色铺装、小品

图5-17　彩色植物

图5-19　彩色小品

图5-18　彩色铺装与设施　　　　　　　　　　　　　　　图5-20　红色墙面

暖色系多用于一些庆典场面，常应用于广场花坛、主要入口和门厅等环境，给人朝气蓬勃的欢快感，从而形成一种欢畅热烈的气氛，顿时提高游客的观赏兴致，也象征欢迎来自远方宾客。暖色有平衡心理温度的作用，因此宜在寒冷地区应用。但暖色不宜在高速公路两边及街道的分车带中大面积使用，因红、黄、橙色可见度高，易分散司机和行人的注意力，增加事故率。

对一些空间较小的环境边缘，可采用冷色或倾向于冷色的植物，能增加空间的深远感。冷色能给人宁静和庄严感。在园林设计中，特别是植物组合方面，冷色也常常与白色和适量的暖色搭配，能产生明朗、欢快的气氛，如在一些较大的广场中草坪、花坛中应用。冷色在心理上有降低温度的感觉，在炎热的夏季和气温较高的南方，采用冷色会给人凉爽的感觉。在园林设计中，要使冷色与暖色获得面积同大的感觉，就必须使冷色面积略大于暖色。

5.1.1.6　质感

质感是指通过触觉和视觉所感知的物体质地特征。质感是通过在物体表面反复出现的点或线的排列方式使物体看起来粗糙或光滑，或者产生某种触摸到的感觉。质感也产生于许多反复出现的形体的边缘，或产生于颜色和映像之间的突然转换。

风景园林中，建筑、小品、植物、道路、广场等各造园要素均由不同的材质构成，组合在一起，体现出不同材质的质感美，形成不同的艺术风格。不同的材质有不同的质感，如天然的石材、木材等有粗糙的感觉，人工的金属、玻璃等则有细腻的感觉。在造型艺术中，对某种材质的偏好会形成独特的景观风格（图5-21至图5-24）。

5.1.2 形式美原理

美，是一个很复杂的问题。园林美，又是美学中较复杂的一种美。其原因除了审美活动中主客观交融的复杂性外，还在于园林构成材料的多样性和欣赏主体成分的复杂性。

一般来说，园林美包括自然美、社会美（或生活美）和艺术美三种形态。而形式美则是艺术美的基础。形式美是人们从充满秩序的生活与自然中总结出来的一系列经验，这种经验经长期的社会实践已成为形式美的观念。因此，形式美具

图5-21 镜面不锈钢景观

图5-22 竹子、玻璃、钢材景观

图5-23 钢筋骨架和彩色水泥景观

图5-24 木材与钢材景观

有相对的稳定性、普遍性和共同性，它是所有艺术门类共同遵循的规律，与随着时代、民族、地域而产生变化的审美观念是两个不同的概念。对其进行研究有助于艺术作品的创作。

形式美原理是带有普遍性、必然性和永恒性的法则，是一种内在的形式，是一切设计艺术的核心，是一切艺术流派的美学依据。在现代风景园林设计中，形式美要素被推到了较为重要的位置，只有正确掌握了形式美要素才能把复杂多变的设计语言整合到美的形式表现中去。设计师综合运用统一、均衡、节奏、韵律等美学法则，以创造性的思维方式去发现和创造景观语言是我们最终的目的。

当代城市景观风貌变化显著，人们的生活品位、审美情趣不断提高，要求风景园林设计师们注重园林设计的艺术性。用风景园林设计的构成要素和构成法则，加之理性的分析方法，以设计、艺术、经济、综合功能四个方面的关系为基础，用审美观、科学观进行反复比较，最后得出一种最佳设计方案，遵循形式美规律已经成为当今景观设计的一个主导性原则。

人们在长期社会劳动实践中，按照美的规律塑造景物外形，逐步发现了一些形式美的规律性，即所谓法则。形式美通过各种形体表现出来，而各形体间的组合又是按一定规则进行的，绝不是随意地堆砌，这种组合规则又称形式美的法则。那么什么是形式美的法则呢？简单说，就是多样统一原则，也叫作统一中求变化的原则。风景园林的形式美法则，即园林空间及构成园林空间的各要素，如植物、地形、水体、建筑等在园林构图方面的艺术规律。它是人类在创造美的形式、美的过程中对于美的形式规律进行经验总结和抽象概括的结果。其具体又在形体、色彩、布局等各个方面通过主从与重点、对称与均衡、韵律与节奏、比例与尺度、对比与微差、层次与景深等多种手段加以体现（图5-25）。

5.1.2.1 多样统一

意大利建筑师帕拉迪奥在《建筑四书》中，对美做了如下描述："美得之于形式，亦得之于统

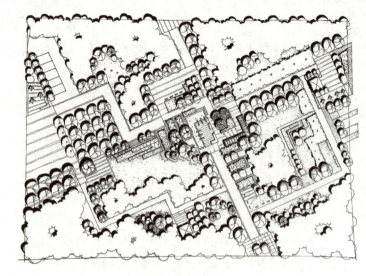

图5-25　某项目平面图

一，即从整体到局部，再从局部到整体，彼此相呼应，如此，建筑成为一个完美的整体。在这个整体之中，每个组成部分彼此呼应，并具备了一切条件来组成你所追求的形式。"

古今中外的风景园林，尽管在形式处理方面有极大的差别，但凡优秀的作品，必然遵循一个共同的准则——多样统一。因而，只有多样统一才称之为形式美的规律。至于主从、对比、韵律、比例、尺度、均衡等，都不过是多样统一在某一方面的体现。

多样统一，又称有机统一。为了明确起见，又可以说成是在统一中求变化，在变化中求统一，或者寓复杂要素于统一体之中。任何造型艺术，都具有若干不同的组成要素，这些要素之间，既有区别，又有内在的联系，把这些要素按照一定的规律，有机地组合成为一个整体；而各要素之间的差别，体现多样性和变化，利用各部分要素之间的联系，表现和谐与秩序。既有变化，又有秩序，这是艺术品创作必须遵循的原则。

从宏观世界来讲，宇宙间各星球都是按照万有引力的规律互相吸引并沿着一定的轨道、以一定的速度、有条不紊地运行着。从微观世界来讲，构成物质基本单位的原子内部结构也是条理分明、井然有序的。这两者，虽然人们不可能用感官直接地感受到它们的和谐统一性，但借助于科学研究，在人们的头脑中形成了极其深刻的观念。至于在人们经

验范围内可以认识到的有机体，则更是充斥于自然界的各个角落。例如，植物，它的根、茎、叶乃至每一片树叶上的叶筋与叶脉的连接，都以其各自的功能为依据而呈现合乎逻辑的形式，并形成和谐统一的整体。鸟类的卵和植物的果实，则由核、幔、壳（表皮）等部分所组成，并以核为中心，在核的周围有一层厚厚的幔，而用极薄的壳或表皮作为表层，把整体围护起来。另外，大多数动物的外形均呈对称、均衡的形式，并具有优美的外轮廓线。此外，呈不对称形式的动物如田螺，其外形亦具有其独特的规律性——呈螺旋状。在自然界中，甚至一些没有生命的东西，如各种形式的结晶体，其外形也都具有均衡、对称的特点和奇妙的、有规律的变化（图5-26、图5-27）。

人体作为一种有机体，其组织也是极有条理和合乎逻辑的——其外表为适应生存的需要，呈对称的形式：有两只眼睛、两只耳朵、两只手臂和两条腿；其内脏为适应生理功能的需要，呈不对称的形式：左肺有两扇肺叶，右肺有三扇肺叶，心脏偏左，肝脏居右。口、食道、胃、肠具有合理的承续关系。总之，各种器官组织得十分巧妙，各自都有正确而恰当的位置（图5-28）。

整个自然界，也包括人体这样一个有机、和谐、统一、完整的本质属性，反映在人的大脑中，就会形成完美的观念，这种观念无疑会支配着人的一切创造活动，特别是艺术创作。西方古典园林形式的整齐一律、对称均衡，具有和谐的比例关系和韵律、节奏感；中国古典园林本于自然，却高于自然，将大自然之美通过人工的建造纳于咫尺山林之间，造园家在追求完美的创造中，既受到自然的启示，又灌注了心灵的创造，从而体现出艺术创造上的主观与客观的统一。现代园林形式在传承古典园林的精华的同时，又融入了现代艺术的手法。

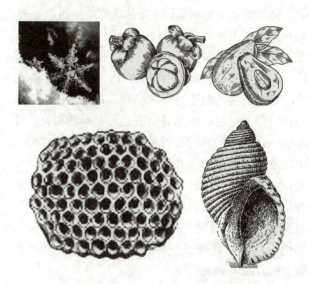

图5-27　结晶体雪花、果实、果核、蜂巢与田螺

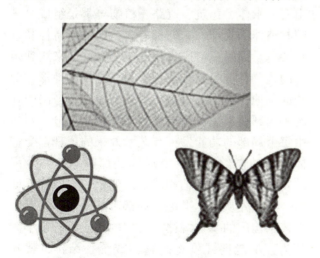

图5-26　叶筋与叶脉的连接、宇宙天体运行轨道、蝴蝶外形

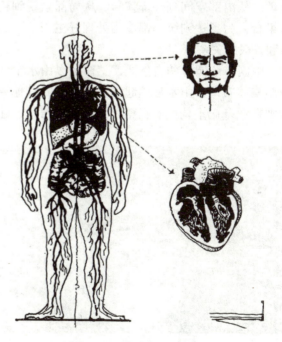

图5-28　人体结构的有机统一

5.1.2.2 主从与重点

一个风景园林设计或建成的作品是由若干要素组成的整体，每一要素在整体中所占的比重和所处的地位，都会影响整体的统一性。倘使所有要素都竞相突出自己，或者都处于同等地位，不分主次，这些都会削弱整体的完整统一性。古希腊朴素唯物主义哲学家赫拉克利特认为，自然趋向差异对立，协调是从差异对立而不是从类似的东西产生的。差异，可以表现为多种多样的形式，如主从、高矮、宽窄、明暗、冷暖、轻重等，其中主从差异于整体的统一性影响最大。在自然界中，植物的干与枝、花与叶，动物的躯干与四肢或双翼都呈现出一种主与从的差异，它们正是凭借着这种差异的对立，才形成一种统一协调的有机整体。各种艺术创作形式中的主题与副题、主角与配角、重点与一般等，也表现为一种主与从的关系。上述这些现象给我们一种启示：在一个有机统一的整体中，有核心与外围组织的差别。否则，各要素平均分布、同等对待，即使排列得整整齐齐、很有秩序，也难免会流于松散、单调而失去统一性。

在风景园林设计实践中，从平面组合到立面处理、从内部空间到外部体形、从局部景观到群体组合，为了达到统一都应当处理好主与从、重点和一般的关系。

中国传统园林的自然式，整体是以山水空间控制整体布局、山水搭建起主要的框架，其他要素则在此基础上构建。在整体布局上，植物、建筑等要素从属于山水地形；而在立面的景观上，主体的建筑对于空间构图起着主导作用。

近现代风景园林，由于功能日趋复杂或地形条件的限制，采用多种的构图形式。为此多采用一主一从的形式，使次要部分从一侧依附于主体；中轴对称从形式本身来看也未免过于机械死板、缺乏生气和活力。随着人们审美观念的发展和变化，尽管从历史上看有许多著名建筑都因对称而具有显而易见的统一性，但到了近现代却很少有人像以往那样热衷于对称了。

除此之外，还可以用突出重点的方法来体现主从关系。所谓突出重点就是指在设计中充分利用功能特点，有意识地突出其中的某个部分，并以此为重点或中心，而使其他部分明显地处于从属地位，这也同样可以达到主从分明、完整统一。一座园林如果没有这样的重点或中心，不仅使人感到平淡无奇，而且会由于松散以致失去有机统一性（图5-29）。

（1）整体与局部

整体与局部是形式美的变化统一规律在风景园林整体布局中的具体应用。统一与变化的关系也是整体与局部的关系。整体是由不同的局部组成的，每个组成整体的局部都有自己的个性，表现在功能上和艺术构图上；但它们又要有整体的共性，体现在功能的连续性、分工关系和艺术内容与形式的完整协调方面。风景园林中的地形、山石、水体、建筑、道路、植物等都是组成风景园林整体的局部，它们都有自己的功能特性和景观特色。同时，它们又相互组合，共同来达到园林的统一功能要求和景观效果。高耸的地形、低洼的场地、植物的栽植、景观的展现与道路的导游等局部要素的设计与整体布局密不可分。园林中每个局部的功能发挥和艺术效果的展现都受整体布局的制约，而每个局部又都影响整体效果的发挥，两者是相辅相成的。但是，在园林设计中，必须先从整体考虑，局部服从整体，这是所有艺术构图的基本规律。西方的格式塔心理学派认为，不能把握事物的整体或统一结构，就永远不能创造和欣赏艺术品。清代画家蒋骥，在

图5-29　突出重点

他的《读画纪闻章法》中说："山水章法如作文之开合，先从大处定局，开合分明，中间细碎处，点缀而已。若从碎处积成大山，必至失势。"可见在园林设计中抓住整体的重要性，要在整体的统一中求局部的多样性。

在一个整体中，某一部分的体量、尺度、色彩、重要性都要恰到好处，否则会影响全局的统一，这是已经被广泛认识的艺术创作规律。倘若所有要素或构成部分都想突出自己，或者都不突出，处于平均分配的局面，这将是一个杂乱无章或平淡、缺乏吸引力的作品。

(2) 主景与配景

在形式美规律中有主与次、重点与一般的形式表现，在风景园林表现为主景和配景，也有重点与一般的关系。全园整体中有主景和主要景区，每个局部的景区也有主景和配景。主景是所在园林空间的构图中心，体现主题，具有较强的艺术感染力；配景起着衬托主景的作用，在体量、位置、色彩、形式等方面，配景都不能超越主景，要防止其喧宾夺主。主景与配景是互不可分、相得益彰的变化统一的整体。每个景区中主景只能有一处，配景可以多处。例如，北京北海公园的主景是琼华岛，岛上的主景是白塔，琼岛春荫、漪澜堂、悦心殿、阅古楼、延楼等都属于主景区中的配景。园中的濠濮间、画舫斋、静心斋都是配景区，这些配景区中又有自己本区的主景和配景。又如哈尔滨的斯大林公园里防洪纪念塔广场是全园的主景和平面构图中心，而防洪纪念塔本身又是所在广场空间的主景，它后面的半圆形柱廊，前面的树池、喷泉、花坛都是衬托主景的配景。突出主景的方法主要如下。

①主体升高 主景的主体高于所在空间或全园的其他景物。一是抬高主体的基座。如北京北海公园的白塔坐落在琼岛山顶。二是主体本身体形高耸。如广州塔，建筑总高度600m，其中主塔体高450m，天线桅杆高150m，具有结构性超高、造型奇特、形体复杂、用钢量最多的特点。广州塔屹立在广州城市新中轴线与珠江景观轴线交会处，地处城市中央商务区，与海心沙亚运公园和珠江新城隔江相望，以其独特设计造型，将力量与艺术完美结合，展现了广州这座城市的雄心壮志和磅礴风采，成为城市新中轴线上的亮丽景观（图5-30）。

②运用轴线和风景视线焦点 在规则式布局中，轴线具有很强的控制力，尤其是主轴线的端点和与其他副轴线的交点处，都是景观序列的核

图5-30 广州塔

图5-31 侵华日军南京大屠杀遇难同胞纪念馆

心和视觉焦点。故常将主景安排在主轴线的端点或近于端点的其他轴线交点上。例如，天津园博园内的缩小摩天轮雕塑，构成了全园的主景。又如侵华日军南京大屠杀遇难同胞纪念馆的主体雕塑，运用了纵深轴线的尽头，突出了主题，加强了场所感（图5-31）。

③运用动势向心　也叫百鸟朝凤或烘云托月法。采用四面动势，如果中间是开敞的水面、广场、庭园，周边的向心性会更明显，水面、广场便烘托主景（图5-32）。

④运用空间的构图重心　这一点与上文运用动势向心法大同小异。在规则式园林中常常将主景布置在几何中心，如广场中心放置雕塑、喷泉、花坛等。在自然式园林中，则将主景安排在自然重心上，显得更为自然（图5-33）。

除上述几种强调主景的手法外，在色彩、体量、形态、质地上也都具有强调主景的作用，这就需要采用对比的手法（图5-34、图5-35）。

⑤园中园法　不少大面积风景区或园林在园中设置园中园，以其独立成景并成为大园中要重点表达的一个主要内容园林，如园博园中的各种地方园、主题园等。近年北京、天津、西安、昆明、沈阳、锦州等城市举办的园艺（园林）博览会，更是荟萃了世界各地和国内各省（自治区、直辖市）的园中园，异彩纷呈，凸显了不同地区、不同民族文化背景下的园林特色（图5-36、图5-37）。

图5-32　北京世园公园的永宁阁

图5-33　北京玉渊潭公园看中央电视台电视塔

图5-34　2019北京世博园泰森园中的木质植草小品

图5-35　天津园博园摩天轮

图5-36 天津园博园八一园

图5-37 天津园博园宁波园

5.1.2.3 对称与均衡

处于地球引力场内的人都有这样的认识：平衡（包括动态和静态）是一切物体能够处于某种形态或状态的先决条件。这种认识又逐渐演变成了审美观念，即平衡是一种美。而且，通过自然的启示和人类的实践活动，人们更进一步地认识到实现平衡的手法可以是多种多样的。在风景园林设计上常用的方法是对称和均衡。

（1）对称

对称是关于点、线、面上下左右等形等量的布局，是自然造物的普遍法则，也是人类造物的普遍法则。人体、动物体、植物体都是对称的，人造物多是对称的，艺术反映现实时也避免不了对称。在风景园林设计中，对称是一种通过轴线两侧或中心四周景物完全一致而使统一体达到平衡的方法。对称像天平，当力矩相等、砝码一样时，便构成了平衡状态（图5-38、图5-39）。

体现对称关系的形式是多种多样的，一般而言，在西方古典园林形式中，多以对称的形式把体量高大的景物作为主体置于轴线的中央，把体量较小的从属要素分别置于四周或两侧，从而形成四面对称或左右对称的组合形式。四面对称的组合形式，其特点是均衡、严谨、相互制约的关系极其严格。但它的局限性也是十分明显的，因而在实践中除少数风景园林由于功能要求比较简单而允许采用这种构图形式外，大多数风景园林并不适用这种形式。从历史和现实的情况来看，采用左右对称构图形式的风景园林较为普遍。对称的构图形式通常呈一主两从的关系，主体部分位于中央，不仅地位突出，而且可以借助两翼部分次要要素的对比、衬托，从而形成主从分明的有机统一整体。凡是采用对称布局的，虽然其形式可以有很多变化，但就体现其主从关系来讲，所遵循的原则基本上是一致的。

对称是自然现象的美学原则，如许多动植物的形态，都遵循这一对称的原则。对称的构图都能取得均衡的效果，对称中有绝对对称和相对对称两种形式。绝对对称的对称轴两侧物体形状及尺寸完全相同；相对对称的对称轴两侧物体形状及尺寸大致相同，局部不尽相同。在园林设计中往往需要强调对称中心与对称轴，这样在视觉感受上，才会得到一种静止的力感。若无对称中心，视觉感受会游移不定，因找不到明显的均衡中心

图5-38 对称均衡

图5-39 不对称均衡

而显得平淡乏味。园林设计中运用对称的法则，往往能表现端庄、严肃的艺术形象，相对对称能在端庄大方中获得生动的艺术效果（图5-40）。

（2）均衡

均衡是在艺术构图中达到变化统一必须解决的问题，常用的方法有构图中心法、杠杆均衡法及惯性心理法。在园林中的景物一般都要求赏心悦目，使人心旷神怡，所以无论静观或动观的景物在艺术构图中，都要求达到均衡。构图上的均衡虽与力学上的平衡科学含义一致，但纯属感

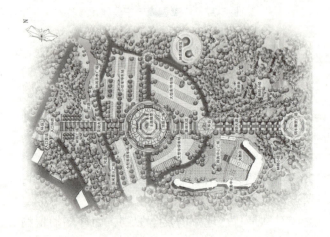

图5-40　对称构图

图5-41　不对称均衡风景园林

骑行的自行车　　飞行的蝙蝠　　旋转的陀螺

图5-42　动态均衡

觉上的。均衡则是通过感觉上的力的总体平衡而使统一体达到稳定的方法。从外表看，在均衡情况下的中轴线两侧的景物大小、轻重、高低可能都有差异，但由于力矩、物体比重等的不同，同样可以产生力的平衡感。这就像中国的秤，秤砣虽小，却可与比它重得多的被秤物相匹配，奥妙在于力矩的不同。运用均衡的手法，更须强调均衡中心显示，才能提纲挈领地取得活泼而又稳定的效果。

均衡按照其动静形态又分为静态的均衡和动态的均衡。静态的均衡按其对称的形式分为对称和不对称形式的均衡：对称的形式天然就是均衡的，加之它本身又体现出一种严格的制约关系，因而具有完整统一性。正是基于这一点，人类很早就开始运用这种形式来建造建筑。古今中外有诸多著名建筑都是通过对称的形式获得明显的完整统一性。不对称形式的均衡即上文所讲的相对对称，尽管对称的形式天然就是均衡的，但是人们并不满足于这一种形式，并用不对称的形式来保持均衡。不对称形式的均衡虽然相互之间的制约关系不像对称形式那样明显、严格，但要保持均衡的本身也就是一种制约关系。而且与对称形式的均衡相比较，不对称形式的均衡显然要轻巧活泼得多。德国建筑师格罗皮乌斯在《新建筑与包豪斯》一书中曾强调："现代结构方法越来越大胆的轻巧感，已经消除了与砖石结构的厚墙和粗大基础分不开的厚重感对人的压抑作用。随着它的消失，自古以来难以摆脱的虚有其表的中轴线对称形式，正在让位于自由不对称组合的生动有韵律的均衡形式。"这表明，随着科学技术的进步和人们审美观念的发展、变化，尽管对称形式的均衡曾在历史上风行一时，如今却很少被人们采用（图5-41）。

动态的均衡即景物的质量不同，体量也不同，但也使人感到平衡。如行驶的自行车、展翅飞翔的小鸟、奔驰的动物、旋转的陀螺等（图5-42），就是属于这种形式的均衡，一旦运动终止，平衡的条件将随之消失，因而人们把这种形式的均衡称为动态均衡。近现代建筑师和造园家还往往用

动态均衡的观点来考虑问题。此外，造园艺术非常强调时间和运动这两方面因素。通常，人对于园林景观的观赏不是固定于某一个点上，而是在连续运动的过程中来观赏的。

5.1.2.4 韵律与节奏

韵律和节奏是听觉艺术的用语，但同样适用于视觉艺术。韵律是以变化为主的多样统一，节奏是以统一为主的重复变化。自然中有许多事物和现象都是通过有规律地重复出现或有秩序地变化而构成一个群体或整体的，如一年四季、寒暑轮回、山峦起伏、高低交替、水波荡漾、圈纹扩散等。这些事物或现象深刻地影响人们的思想和实践，并逐渐被总结为韵律与节奏美。

韵律与节奏是音乐中的词汇。韵律是在节奏的基础上赋予一定的情感色彩，节奏是指音乐中音响节拍轻重缓急有规律地变化和重复。风景园林要素的韵律与节奏通过体量大小的区分、空间虚实的交替、构件排列的疏密、长短的变化、曲直刚柔的穿插等变化来体现。韵律本来是用来表明音乐和诗歌中音调的起伏和节奏感的，以往一些美学家多认为诗和音乐的起源是和人类本能地爱好节奏与和谐有着密切的联系，亚里士多德则认为爱好节奏和谐之类的美的形式是人类生来就有的自然倾向。

自然界中许多事物或现象，往往由于有规律地重复出现或有秩序地变化，也可以激发人们的美感。例如，把一颗石子投入水中，就会激起一圈圈的波纹，并由中心向四周扩散。这就是一种富有韵律感的自然现象。除自然现象外，其他如人工编织物，由于沿经纬两个方向互相交错、穿插，一隐一显，也同样会给人以某种韵律感。对于上述各种事物或现象，人们有意识地加以模仿和运用，从而创造出各种以具有条理性、重复性和连续性为特征的美的形式——韵律美（图5-43）。

（1）韵律

韵律，按其形式可以分为多种类型，如连续韵律、渐变韵律、起伏韵律、交错韵律等。园林绿地中常见的韵律如下（图5-44）。

①连续韵律　即由同种因素等距反复出现的

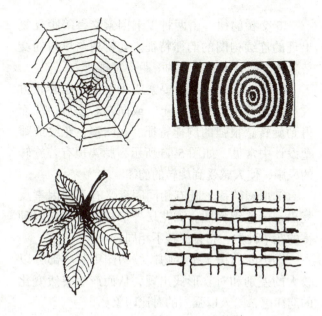

图5-43　自然界中的韵律

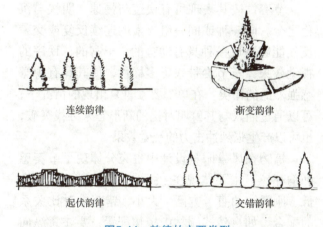

图5-44　韵律的主要类型

连续构图的韵律特征。如等距的行道树、等高等距的长廊、等高等宽的登山台阶、爬山墙等。

②渐变韵律　指园林布局连续出现重复的组成部分，在某一方面做有规律的逐渐加大或变小，逐渐加宽或变窄，逐渐加长或缩短的韵律特征。如体积大小、色彩浓淡、质地粗细的逐渐变化。

③起伏韵律　指园林要素在高度上的有规律的起伏变化。如连绵不绝的山脉，错落有致的林冠线。

④交错韵律　两组以上的要素按一定规律相互交错变化。常见的有芦席的编织纹理和中国的木棂花窗格。

⑤交替韵律　由两种以上因素交替等距反复出现的连续构图的韵律特征。如柳树与桃树的交替栽种、两种不同花坛的等距交替排列。

⑥旋转韵律　某种要素或线条按照螺旋状方式反复连续进行，或向上、或向左右发展，从而得到旋转感很强的韵律特征。在图案、花纹或雕塑设计中常见，如图5-45所示，廊架顶有若旋转的风扇，使人感受到旋转的韵律。

⑦拟态韵律　既有相同因素又有不同因素反复出现的连续构图。如花坛外形相同但花坛内种植的花草种类、布置又各不相同。

⑧突变韵律　指景物连续构图中某一部分以较大的差别和对立形式出现，从而产生突然变化的韵律感，给人以强烈的对比印象。

(2) 节奏

节奏，按其表现可有快速与慢速、明快与沉稳之分。同一种或同一组要素的连续反复或交替反复能够造成一种具有动势的、丰富的、秩序的视觉效果，给节奏带来了多样性，使其具有视觉感强烈的韵律美。在单一要素重复出现的情况下，可以通过插入与其鲜明对比的新形态来寻找突破，也可以产生强烈冲击力的视觉效果。

植物在风景园林设计中也充分体现了节奏感和韵律感，主要体现在：强弱、长短、疏密、高低、刚柔、曲直、方圆、大小、错落等对比关系的配合。如自然式园林中植物配置，要注意纵向立体轮廓线和空间变换，做到高低搭配、有起有伏，产生节奏韵律，避免布局呆板。

在风景园林设计中韵律与节奏是风景连续构图中达到和谐统一的必要手段，在道路两侧各栽种一排行道树，树种大小完全一致、整齐划一，如同列队的卫士，威风凛凛但缺乏变化，不能产生节奏。如果这样的排列长达数十千米，容易使驾驶员目眩和困乏。如果用两株冠形不同的行道树或在每两株行道树之间种一丛花灌木，则有了变化。如果再在行道树带前，种上一行绿篱，则在高低音之间又增加了一个和谐的音符。如若打破有规律的节奏，在道路两旁用多种树木花草布置成高低起伏不同的形态，各要素疏密相间的结构变化，则更富有节律感。由此可知韵律与节奏是风景连续构图中达到和谐统一的必要手段（图5-46）。

风景园林是一个完整的统一体，在进行空间的组合时，通过一定的分隔，使各景区之间既要保持有机联系，富于变化，又要使整个园林成为一个有节奏的，统一和谐的空间整体。这样，整个风景园林空间不再显得呆板，形成有一种明快的虚实变化的节奏美。从某种意义上说，风景园林空间的变化主要就是虚实之间的变化，这种变化形成一种无声而有韵律的秩序与节奏，让游赏者在不知不觉中感到舒适与惬意。不论是中国园林或西方园林，也不论是古代建筑或现代建筑，

图5-45　花架旋转的韵律

图5-46　各要素布局的韵律

都体现了美的韵律节奏感。过去有人把建筑比作"凝固的音乐",其道理正在于此。

5.1.2.5 对比与微差

亚里士多德在论述艺术形式时,经常涉及有机整体的概念。据他看来形式上的有机整体是内容上内在发展规律的反映。就风景园林空间来讲,它的内容主要是指功能,形式必然要反映功能的特点,而功能本身就包含有很多差异性,这反映在风景园林空间的形式上也必然会呈现出各种各样的差异。此外,工程技术与艺术的内在发展规律也会赋予风景园林空间以各种形式的差异性。

对比与微差所研究的正是如何利用这些差异性来求得风景园林空间形式的完美统一。对比指的是要素之间显著的差异,微差指的是不显著的差异。就形式美而言,这两者都是不可缺少的。对比可以借彼此之间的烘托陪衬来突出各自的特点以求得变化;微差则可以借相互之间的共同性以求得和谐。没有对比会使人感到单调,但过分地强调对比会失去相互之间的协调一致性,则可能造成混乱,只有把这两者巧妙地结合在一起,才能达到既有变化又和谐一致,既多样又统一。

组成整体的要素之间在同一性质的表现上都有不同程度的比较关系。如体量之间、形状之间、色彩之间、空间的明暗之间……在同一性质上它们有共性,也有个性。当个性大于共性时,彼此的反差就大,称作对比。可以说,对比的产生是因为相互个性突出,在整体构图中突出了个性,便是强调了变化。如果共性占有优势,个性的成分较少时称作微差。这是对比与微差的基本概念。没有对比会产生单调,而过分强调对比导致失去连续性又会造成杂乱。对比与微差是达到构图形式统一,体现变化统一规律的主要手法之一。只有把这两者巧妙地结合起来,才能达到既有变化又协调一致。具体在风景园林构图中,可以在园林建筑的雕塑、喷泉、花坛等单体设计中应用,也可以在整体的空间构图中应用。其中对比性质主要有以下几种。

①形状的对比 主要表现在园林景物的面、体、形状的比较。如圆形广场中央设置圆形花坛,便属于形状的协调统一。如果在方形广场中央设圆形花坛,形状各具个性,便成对比关系,个性得到强调,感到环境活跃。园林中的广场与水体的几何形常常相互对比衬托(图5-47)。

②体量的对比 体量是对景物的实体大小而言,实际上还有粗细与高低的对比关系。如同样2m高的杜松和黄刺玫,它们体量的对比即是粗细的对比。

③方向的对比 园林中的实体或空间具有线的方向性时,便产生了线与线、线与面的方向性对比。例如,广场中高耸的纪念塔与地面形成垂直方向与水平方向的对比。沿驳岸的木质铺装和伸向水体的平台形成了水平不同方向的对比,垂直方向的乔木与水平的平台也实现了竖向与平面的对比(图5-48)。

④开合的对比 是指开敞空间与闭合空间的过

图5-47 形状对比

图5-48 树木平台的方向对比

渡缓急程度。如果从开敞空间骤然进入闭合空间，便有视线突然受阻、空间变小的压抑感。同样，从封闭空间转入开敞空间时又有豁然开朗、心情舒畅的感受。我们在游览风景区、公园的山洞时都体验过这些感受。空间的开合变化手法不但强调了对比，同时也增加了其层次和景深。利用空间的收、放、开、合，形成景观空间的变化序列，富于节奏感。例如，北京颐和园的后湖苏州河，与前山前湖景区的大空间形成了空间开合的强烈对比，而苏州河本身的小河流水变化多样并富于景深。

⑤明暗的对比　明暗与开合是相关的。一般情况是开则明，合则暗。空间环境的明与暗对人产生不同的心理感受。明亮使人感到开朗、明快、精神振奋、自信心增强；昏暗则使人感觉昏昏欲睡、压抑，想找到出口迅速逃离。因此风景园林中经常利用山洞、狭道、密林与林中空地制造明暗对比效果和空间层次变化。

⑥虚实的对比　形式构图的虚实关系主要是视线受阻程度，其次是质感和错觉。如在建筑造型中，门、窗的玻璃为虚，窗间墙为实；实体围墙为实，栏杆、花墙为虚；山体为实，山洞为虚；水中小岛与礁石为实，水面为虚（图5-49）。风景园林中有时要扩大心理上的空间层次感，在实墙处设一漏窗，也属于实中有虚的手法。虚实的对比与开合对比、明暗对比又有联系，因为明处有虚感，暗处有实感。

⑦色彩的对比　运用色彩的色相、明度之间的对比与协调达到变化与统一的目的。如色相之间的互补色，可以达到对比效果。人们常说的"万绿丛中一点红"，是指在大片的绿色中，只要有一点红色便非常突出。色相比较接近的红色和橙色、蓝色与绿色相衬托时便有协调的效果。有时互相衬托的色相不是互补色，可以通过色彩的明暗度弥补，仍可取得对比效果。如深绿色的树木与米黄色的建筑相衬托，使建筑色彩突出（图5-50）。

在风景园林中运用对比手法达到统一变化的内容较多，除以上列举的几种以外，还有质感对比、动静对比等。

对比和微差是相对的、联系着的概念，前者表现为突变，后者表现为渐变。何种程度的差异表现为对比，何种程度的差异表现为微差，这之间没有一条明确的界线，也不能用简单的数学关系来说明。一列由小到大连续变化的要素，相邻者之间由于变化甚微，可以保持连续性，则表现为一种微差关系。例如，以色调表达黑白两极，黑与白是强烈的对比关系，在黑白之间可以用深浅逐渐变化的中间色调作为过渡，相邻之间的色调由于变化较小则表现为一种微差的关系。再如，在这两种实例中，如果从中抽去若干要素，将会使连续性中断，凡是连续性中断的地方，就会产生引人注目的突变，这种突变则表现为一种对比的关系。突变的程度越大，对比就越强烈（图5-51、图5-52）。

由方到圆的形状对比与微差的关系，A、B、C、

图5-49　岛、堤与水面虚实对比

图5-50　质感对比

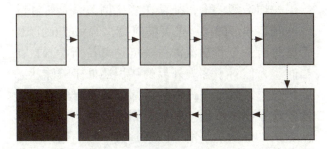

图5-51　微差

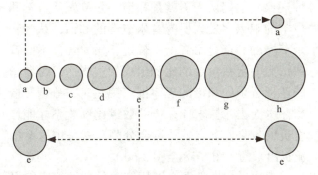

图5-52　大小之间

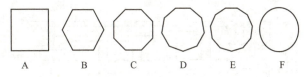

图5-53　不同形状之间

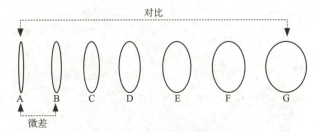

图5-54　弧度由小到大的变化

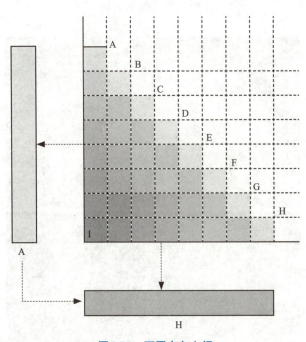

图5-55　不同方向之间

D具有连续性，表现为微差，D与A或E与A则表现为对比（图5-53）。正如几何中，正N边形当N趋向于无穷大，就是圆形。

A、B、C……到H之间保持连续性变化表现为微差，积微差而出现突变，A与H表现为对比（图5-55）。

图5-54中依次排列着不同弧度的椭圆形，能够保持连续性变化的是微差，不能保持连续性变化的，如A与I则表现为对比。

对比和微差只限于同一性质的差异之间，如大与小、直与曲、虚和实以及不同形状、不同色调、不同质地……在园林设计领域中，无论是整体还是局部，单体还是群体，内部空间还是外部体形，为了求得统一和变化，都离不开对比与微差手法的运用（图5-56、图5-57）。

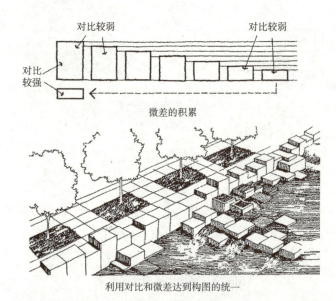

图5-56　对比与微差

图5-57　微差

5.1.2.6　比例与尺度

(1) 比例

任何物体，无论呈何种形状，都必然存在着三个方向——长、宽、高的度量，比例所研究的就是这三个方向度量之间的关系问题。所谓推敲比例，是指通过反复比较而寻求出这三者之间最理想的关系。

比例，是指要素本身、要素之间、要素与整体之间在度量上的一种制约关系。在风景园林设计领域中从全局到每一个细节无不存在这样一些问题：大小是否合适，高低是否合适，长短是否合适，宽窄是否合适，粗细是否合适，厚薄是否合适，收分、斜度、坡度是否合适……这一切其实就是度量之间的制约关系，即比例问题。简而言之，前文所讲的主从、重点、对称、均衡、对比、微差等归根到底也是一个比例问题，由此可见，如果没有良好的比例关系，就不可能达到真正的统一。

一切造型艺术，都存在着比例关系是否和谐的问题，和谐的比例是美的前提。公元前6世纪，希腊曾有一个哲学流派——毕达哥拉斯学派，在当时，人们对于客观外界的认识还处于蒙昧状态的情况下，就有这样一种认知：即在自然界纷繁的现象中找出统摄一切的原则或因素。在这个学派看来，万物最基本的因素是数，数的原则统治着宇宙中的一切现象。他们不仅用这个原则来观察宇宙万物，还进一步用来探索美学中存在的各种现象。他们认为美就是和谐，并首先从数学和声学的观点出发去研究音乐节奏的和谐，认为音乐节奏的和谐是由高低、长短、强弱各种不同音调按照一定数量上的比例组成的。毕达哥拉斯学派还把音乐中和谐的规律推广到建筑、雕刻等造型艺术中去，探求什么样的数量比例关系才能产生美的效果，著名的"黄金分割"就是由这个学派提出来的（图5-58至图5-60）。

毕达哥拉斯学派企图用简单的数的概念统摄在质上千差万别的宇宙万物的想法，显然是片面的和形而上学的，但是把范围缩小到建筑、风景园林艺术，还是有意义的。在风景园林中，无论是要素本身、各要素之间或要素与整体之间，无不保持着某种确定的数的制约关系。这种制约关系当中的任何一处，如果超出了和谐所允许的限度，就会导致整体的不协调。然而，怎样才能获得美的比例呢？从古至今，曾有许多人不惜耗费

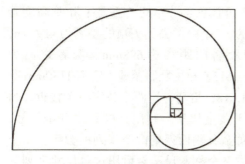

图5-58　黄金分割

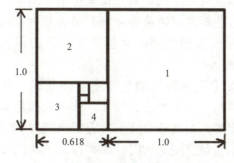

图5-59　黄金矩形

图5-60　黄金矩形构图应用

巨大的精力去探索构成良好比例的因素，但得出的结论却是众说纷纭的。一种看法是：只有简单而合乎模数的比例关系才能易于被人们所辨认，所以它往往是富有效果的。从这一点出发，进一步认定像圆、正方形、正三角形等具有确定数量之间制约关系的几何图形，可以用作判别比例关系的标准和尺度。凡是符合于圆、正三角形、正方形等具有简单而又肯定比例的几何图形，就可能由于具有几何制约关系而产生完整、统一、和谐的效果（图5-61）。根据这种观点，他们运用几何分析的方法来证明历史上某些著名建筑，凡是符合于上述条件的建筑均因具有良好的比例而使人感到完整统一。

至于长方形，其周边可以有种种的比率而仍不失为长方形。究竟哪一种比率的长方形可以认作最理想长方形呢？经过长期的研究、探索、比较，终于发现其比率应是1：1.618，这就是著名的"黄金分割"，又称"黄金比"。

风景园林平面构图还有一种获得美的比例方法是运用相似形，即若干毗邻的长方形，如果它们的对角线互相垂直或平行（即它们都是具有相同比例的相似形），一般可以产生和谐的效果（图5-62、图5-63）。

几何分析法虽然有牵强附会的一面，但其中也包含一些合理因素。例如，像若干个矩形，如对角线互相平行或垂直，由于同是相似形而可以达到和谐的道理，则十分浅显且易被理解。

然而，人们还不能仅从形式本身来判别怎样的比例才能产生美的效果。如以柱子为例，西方古典柱式的高度与直径之比，显然要比我国传统建筑的柱子小得多，能不能以此证明，要么是前者过粗、要么是后者过细呢？都不能。西方古典建筑的石柱和我国传统建筑的木柱，应当各有自己合乎材料特性的比例关系，才能引起人的美感。如果脱离了材料的力学性能而追求一种绝对的、抽象的美的比例，不仅是荒唐的，而且也是永远得不到的。由此可见，良好的比例，不单是直觉的产物，还应是符合理性的。

现代著名的建筑师勒·柯布西耶把比例和人体尺度结合在一起，并提出一种独特的"模度"体系。他的研究结果是：假定人体高度为1.83m，举手后指尖距地面为2.26m，肚脐至地面高度为

图5-61　模数为1的圆形、正三角形、正方形

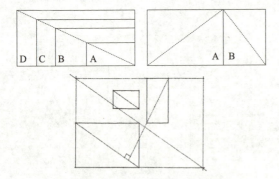

图5-62　运用相似形获得构图的和谐

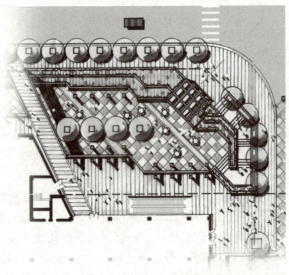

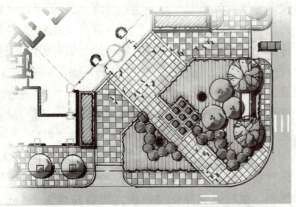

图5-63　运用相似形获得和谐的平面构图

1.13m，这三个基本尺寸的关系是：肚脐高度是指尖高度的1/2；由指尖到头顶的距离为432mm，由头顶到肚脐的距离为698mm，两者之商为698÷432=1.615，再由肚脐至地面距离1130mm除以698得1.618，恰巧，这两个数字一个接近、另一个正等于黄金比率。利用这样一些基本尺寸，由不断地黄金分割而得到两个系列的数字，一个称红尺，另一个称蓝尺，然后用这些尺寸来划分网格，这样就可以形成一系列长宽比率不同的矩形。由于这些矩形都因黄金分割而保持着一定的制约关系，因而相互间必然包含着和谐的因素（图5-64、图5-65）。

功能对于比例的影响也是不容忽视的。例如，房间的长、宽、高三者尺寸，基本上都是根据功能决定的，而这种尺寸正决定着空间的比例和形状。在推敲空间比例时，如果违反了功能要求，把该方的房间拉得过长，或把该长的房间压得过方，这不仅会造成不适用，而且也不会引起人的美感。这是因为美不是事物的一种绝对属性，美不能离开目的性，从这个意义上讲，"美"和"善"这两个概念是统一而不可分割的。

除材料、结构、功能会影响比例外，不同民族由于文化传统的不同，在长期历史发展的过程中，往往也会以其所创造的独特的比例形式，而赋予风景园林以独特的风格。

（2）尺度

与比例相联系的另一个范畴是尺度。比例一般只反映景物及各组成部分之间的相对数比关系，不涉及具体尺寸；尺度则是指风景园林景物、建筑物整体和局部构件与人或人所习见的某些特定标准之间的大小关系。尺度所研究的是风景园林空间和组成要素的整体或局部给人感觉上的大小印象和其真实大小之间的关系问题。比例主要表现为各部分数量关系之比，是相对的，可不涉及具体尺寸；尺度则不然，它涉及真实大小和尺寸，但是又不能把尺寸的大小和尺度的概念混为一谈。尺度一般不是指要素真实尺寸的大小，而是指要素给人感觉上的大小印象和其真实大小之间的关系。从一般道理上讲，这两者应当是一致的，但

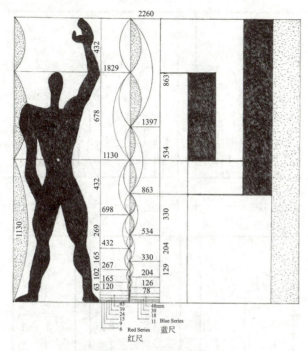

图5-64 人体黄金比

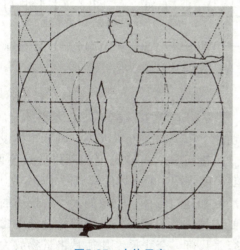

图5-65 人体尺度

实际上，却可能出现不一致的现象。如果两者一致，则意味着景物形象正确地反映了其真实的大小；如果不一致，则表明景物形象歪曲了其真实的大小。这时可能出现两种情况：一是大而不见其大，即实际尺寸很大，但给人的印象并不如真实的大；二是小题大做，即本身并不大，却以装腔作势的姿态故意装扮成很大的样子。对于这两种情况，通常都称为失掉了应有的尺度感。

风景园林空间的整体是由局部组成的，整体的尺度感固然与构筑物的真实大小有着直接的联系，但从空间处理的角度看，局部对于整体尺度的影响也是很大的。通过对比作用，局部越小，越可以反衬出整体的高大；反之，过大的局部，则会使整体显得矮小。在风景园林造景中，运用尺度规律进行设计的方法有以下几种。

①单位尺度引进法　即应用某种为人所熟悉的景物作为尺度标准，来确定群体景物的相互关系，从而得出合乎尺度规律的园林景观。例如，在苏州留园中，为了突出冠云峰的高度，在其旁及后面布置了人们熟知的亭子和楼阁作为陪衬和对比，来显示其"冠云"之高。

②人的习惯尺度法　习惯尺度是以人体各部分尺寸及其活动习惯尺寸规律为准，来确定风景空间及各景物的具体尺度。如亭子、花架、水榭、餐厅等尺度，就是依据人的习惯尺度法来确定的（图5-66）。

③模度尺设计法　运用合适的数比关系或被认为是最美的图形，如圆形、正方形、正三角形、黄金率矩形等作为基本模度，进行多种划分、拼接、组合、展开或缩小等，从而在立面、平面或主体空间中，取得具有模度倍数关系的空间，如房屋、庭园、花坛等，这不仅得到好的比例尺度效果，而且也给建造施工带来方便。一般模度尺的应用多取增加法和消减法进行设计。

④尺度与环境的相对关系　一件雕塑在展室内显得气魄非凡，移到大草坪、广场中则感到分量不足，尺度欠佳；一座大假山在大水面边奇美无比，但放到小庭园里则必然感到尺度过大，拥挤不堪。这都是环境因素的相对关系在起作用，也就是说景物与环境尺度要协调和统一。

从一般意义上讲，凡是和人有关系的物品，都存在着尺度问题。例如，供人使用的劳动工具、生活日用品、家具等，为了便于使用都必须和人体保持着相应的大小和尺寸关系。日久天长，这种大小和尺寸与它所具有的形式，便统一为一体而铸就人们的记忆，从而形成一种正常的尺度观念。任何违反常规的物品，便使人感到惊奇。对于生活日用

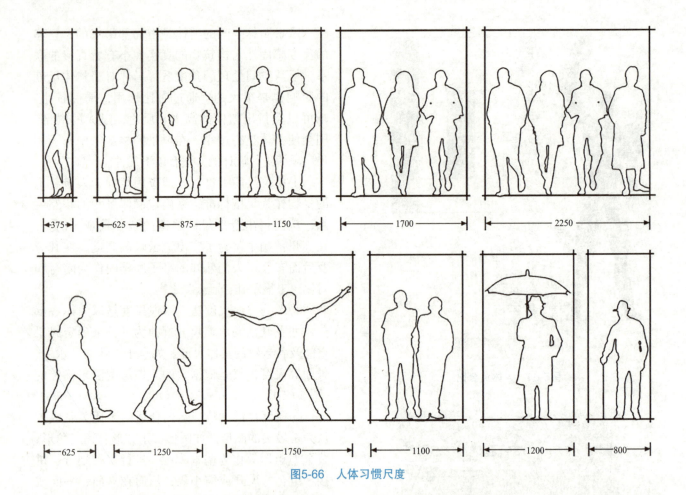

图5-66 人体习惯尺度

品，人们容易根据生活经验做出正确判断，但是对于风景园林空间有时陷入迷茫，这可能是由于两方面原因造成的：一是空间的体量巨大，人们很难以自身的大小去和它做比较，从而失去了敏锐的判断力；二是空间不同于生活日用品，在空间中有许多要素都不是单纯根据功能单一因素来决定它们的大小和尺寸的。例如，门本来只要略高于人体就可以了，但有的门出于别的考虑却设计得很高大，这些都会给人辨认尺度带来困难（图5-67）。

空间中也有一些要素如栏杆、扶手、踏步、坐凳等，为适应功能要求，基本上保持恒定不变的大小和高度。此外，某些定型的材料和构件如植物、铺装、路缘石等，其基本尺寸也是不变的。利用这些熟悉的构件去和空间的整体或局部做比较，将有助于获得正确的尺度感（图5-68）。

任何风景园林景观，都要研究双重的三个关系：一是景物本身的三维空间；二是整体与局部；三是功能、审美和环境特点决定风景园林设计的尺度。尺度可分为可变尺度和不可变尺度两种。不可变尺度是按一般人体的常规尺寸确定的尺度。可变尺度如建筑形体、雕像的大小、景桥的幅度等都要依具体情况而定。风景园林设计中常应用的是夸张尺度，夸张尺度往往是将景物放大或缩小，以达到造园造景效果的需要。

关于尺度的概念讲起来并不深奥，但在实际处理中却并非易事，就连许多有经验的设计大师也难免犯错误。例如，由米开朗琪罗设计的圣·彼得大教堂，就是由于尺度处理不当，而没有充分显示出它应有的尺度感。原因是因为把许多细部放大到不合常规的地步，这就会给人造成错误的印象，根据这种印象去估量整体，自然会歪曲整个建筑体量的大小。

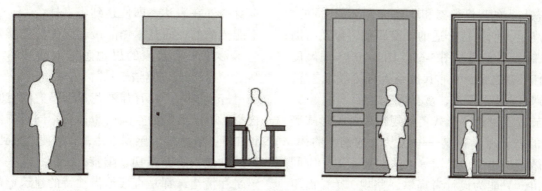

图5-67 门与人体的尺度

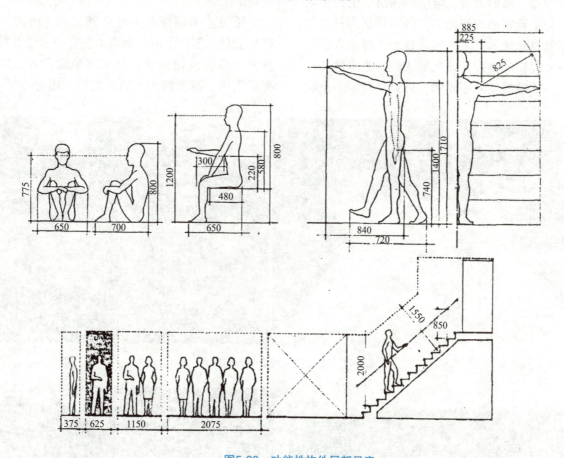

图5-68 功能性构件局部尺度

对于一般风景园林来讲，设计者总是力图使观赏者所获得的印象与空间的真实大小相一致。但对于某些特殊类型的风景园林空间，如纪念性园林，设计者往往有意识地通过处理，希望给人以超过它真实大小的感觉，从而获得一种夸张的尺度感；与此相反，对于另外一些类型的风景林，如庭园空间，则希望给人以小于真实的感觉，从而获得一种亲切的尺度感。

比例与尺度有联系，也有区别。前者指对象各部分之间量的关系，如一个树丛中的乔木与灌木高度上的比值问题等。后者则是指对象与普通人体大小、宽窄、轻重方面的比较关系，如乔木的尺度显得较大，一般花草的尺度显得较小等。

功能对于比例与尺度的影响也是不容忽视的。

空间形态与人的尺度静态和动态的适应是不同的，空间要满足人们保持合适的社交距离，以及帮助人们控制个人空间（图5-69、图5-70）。大尺度给人雄伟壮观之感，正常尺度给人自然亲切之感，小尺度则给人小巧玲珑、富有情趣之感。

本节着重讨论了形式美的规律以及与形式美有关联的若干基本范畴——主从、均衡、韵律、对比、微差、比例、尺度等。这些要素对于空间设计来讲，只能为设计者提供一些规、矩，而不能代替创作，就如语言文学中的文法，借助于它可以使句子通顺而不犯错误，但不能认为只要句子通顺就自然地具有了艺术表现力。过去人们常常有一种模糊的概念，即把形式美和艺术性看作一回事，这显然是不正确的。形式美只限于景物本身的外在表达，即使达到了多样统一，也还是不能传情的，而艺术作品最起码的标志就是通过艺术形象来唤起人的思想感情上的共鸣，所谓"触物为情"或"寓情于景"。

古今中外，具有强烈艺术感染力的空间不胜枚举，不同类型的空间由于性质不同有的使人感到庄严，有的使人感到雄伟，有的使人感到神秘，有的则使人感到亲切、幽雅、宁静，这些不同的感受和情绪，都是直接地借独特的建筑形象的激发而产生的。

任何艺术创作都十分强调立意，所谓"意"就是信息。创作之前如果根本没有一个艺术意图，就等于没有发出信息，就去感染观赏者。当然，有了正确、高尚的艺术意图之后，还有待于选择

图5-69 静态空间尺度与人的关系

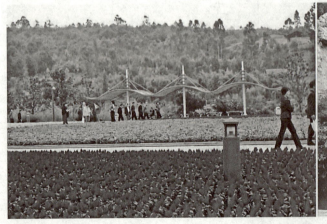 

图5-70 空间尺度与人的关系

表现形式。这里则要求有熟练的技巧和素养，否则还是无法把意图化为具体的建筑形象的。此外，还要考虑到社会上大多数群众的欣赏能力，如果脱离了群众的接受能力，即使发出了信息，也不会引起共鸣。

5.2 生态学原理

人们将世界园林的发展过程归纳为三个阶段，即自然阶段、人工阶段和生态学阶段。三个阶段的划分清楚地说明了风景园林的社会性和时代性。当前，生态学原理是风景园林设计遵循的重要原理之一。

5.2.1 景观生态学

5.2.1.1 景观生态学的起源与发展

1939年，德国植物学家C·特罗尔（Corl Troll）在利用航片研究东非土地利用时首次提出了景观生态学的概念，用来表示对支配一个区域的自然—生物综合体相互关系的分析。

20世纪60年代，蕾切尔·卡森《寂静的春天》敲响了全球生态保护的警钟。全球性的环境恶化与资源短缺使人类认识到对大自然掠夺式的开发与滥用所造成的后果。应运而生的生态与可持续发展思想给社会、经济及文化带来了新的发展思路。1969年，美国宾夕法尼亚大学景观建筑师、城市和区域规划师及园林教授伊恩·麦克哈格出版了一本引起整个环境设计界瞩目的经典之作——《设计结合自然》，提出了综合性生态规划思想。麦克哈格在该书中运用生态学的理论解决了人工环境与自然环境相协调的问题，并以此为基础，提出土地使用准则和模式，阐述了在规划设计中结合自然环境诸要素的方法，这种将多学科知识应用于解决规划实践问题的生态决定论方法对西方园林产生了深远的影响，例如保护表土层、不在容易造成土壤侵蚀的陡坡地段建设、保护有生态意义的湿地与水系、按当地植物群落进行种植设计、多用乡土树种等，这些基本的生态观点与知识现已广为设计师所理解、掌握并运用。知名设计师刘易斯·茫福德（Lewis Mumford）、劳伦·艾斯利（Loren Eiseley）、查尔斯·艾略特（Charles Eliot）、尤金·奥德姆（Eugene Odum）和帕特里克·格德斯（Patrick Geddes）等，都在生态与景观结合道路上不断探索。茫福德在很多书中探究了在城市中人类行为是如何与自然过程错综复杂交织在一起的。他几乎没有使用生态学术语，但他的工作与城市的景观规划紧密相关。还有其他同时代的景观建筑师，如杰斯·詹森（Jens Jensen）所做的工作，特别是他对乡土植物的理解和应用，重建了现在与过去的联系。实际上詹森1939年在《筛选》（Siftings）一书中写道："每一种植物都有它的适应性（fitness），必须做到适地适树才能够展示出它们完全的美丽。做到这一点，景观艺术也就展现在其中了。"詹森长期呼吁自然设计，即基于利用乡土植物的区域景观规划设计，影响深远。

1972年，联合国斯德哥尔摩"人类环境会议"后，欧美等西方发达国家内掀起了"绿色城市"运动。在这场运动中，人们把保护城市公园和绿地的活动，扩大到保全自然生态环境的区域范围，并将生态学、社会学原理与城市规划、园林绿化工作结合，形成了一些富有新意的理论。到20世纪80年代初，景观生态学才在北美受到重视，并很快发展成为一门热门的独立学科，得到了世界范围的广泛关注。20世纪90年代，在计算机科技的辅助下，更多应用于区域规划的生态学方法进入城市领域，并更加密切地与实践相结合。1987年，世界环境与发展委员会完成《我们共同的未来》（Our Common Future）发展报告，在这份历时3年才完成的报告中提出了"可持续发展（sustainable development）"的概念。1992年，联合国环境与发展大会通过《21世纪议程》，进一步强调"可持续发展"概念。这在城市与自然融合的生态城市建设构想中加入了时间维度、地方文化和技术特征。

随着人地关系被重新审视，城市生态系统日

趋复杂化,科学和设计都受新的城市化问题所迫而代入新的关系中,体现为自然科学的城市化与设计的科学化。可持续发展的城市研究已经开展了大量技术和环境领域的调查研究,如把生态学的理论纳入城市建设理念中。景观建筑师和规划师正致力于将生态学原则应用于对人实用的景观尺度之中,不断探索可持续的建设模式。

5.2.1.2 景观生态学中的景观元素

景观生态学核心内容包括:①景观系统的整体性和景观要素的异质性;②景观研究的尺度性;③景观结构的镶嵌性;④生态流的空间聚集与扩散;⑤景观的自然性与文化性;⑥景观演化的不可逆性与人类主导性;⑦景观价值的多重性。

景观生态学中的景观是由各种景观要素组成的异质性区域,景观要素是景观尺度上相对均匀的单元或空间要素。景观要素按其形状和作用可分为斑块、廊道和基质三种基本类型,它们共同构成了景观最基本的空间单元。各种景观要素以其不同的大小、类型、数量、形状和不同的组合方式又构成了景观的空间结构,简称景观结构。

(1) 斑块

斑块是指外观上不同于周围环境的相对均质的非线性地表区域,是组成景观的最基本要素。它既可以是岩石、建筑物、山体等无生命的物质,也可以是动植物群落等有生命的物质。不同大小、形状、边缘的斑块会影响物种的分布、生产力水平以及能量和养分的分布。

(2) 廊道

廊道是指不同于两侧基质的狭长地带,可以看作是线状或带状的斑块。几乎所有的景观都会通过廊道联系起来,同时又被廊道切割。廊道可按宽度不同分为线状廊道和带状廊道,高速公路就是常见的带状廊道,由于其宽度的原因,带状廊道每边都有边缘效应,城市绿地中绿道、防风林带、河道等也都属于廊道。

(3) 基质

基质是景观中面积最大、连通性最好的景观要素类型,通常根据相对面积、连接度和动态这三个指标来确定基质。风景园林中基质差异较大,如江南水乡水域与东部广袤的土地基质差异。

5.2.1.3 景观生态恢复

景观生态修复是指对生态系统停止人为干扰,以减轻负荷压力,依靠生态系统的自我调节能力与自组织能力使其向有序的方向进行演化,或者利用生态系统的自我恢复能力,辅以人工措施,使遭到破坏的生态系统逐步恢复或使生态系统向良性循环方向发展,主要用于在自然突变和人类活动影响下受到破坏的自然生态系统的恢复与重建工作。

生态恢复的目标:①保护自然的生态系统;②恢复现有的退化生态系统,尤其是与人类关系密切的生态系统;③对现有的生态系统进行合理管理,避免退化;④保持区域文化的可持续发展;⑤包括实现景观层次的整合性,保持生物多样性及保持良好的环境等。不同生态系统在不同的社会、经济、文化和生活需要下,生态恢复的目标不同,但基本的目标和要求是一致的。

5.2.2 城市景观生态学

5.2.2.1 城市景观生态学思想的萌芽

尽管城市生态学在生态学领域的各个分支中比较年轻,但城市生态学的思想自城市问题一出现就形成了。例如,在古希腊柏拉图的《理想国》、16世纪英国托马斯·莫尔(Thomas More)的《乌托邦》、19世纪末英国人欧文(R. Owen)的《过分拥挤的祸患》,以及1898年英国学者霍华德(E. Howard)著述的《明日的花园城市》等著作中,反映出当时人们对保护城市自然生态环境的渴望和研究,这都蕴含着一定的城市生态学哲理。

真正地运用生态学的原理和方法对城市环境问题进行深入研究,始于20世纪。国外一批科学家将自然生态学中的某些基本原理运用于城市问题的研究过程中,英国生物学家P·盖迪斯从一般生态学进入人类生态学的研究,即研究人与城市环境的关系,他在《城市开发》和《进化中的城市》两本书中，将生态学的原理和方法应用于城市研究，将卫生、环境、住宅、市政工程、城镇规划等结合起来研究，开创了城市与人类生态学的新纪元。

5.2.2.2 城市景观生态规划理论

城市生态规划是运用系统分析手段、生态经济学知识和社会、自然、信息、经验、规划、调节和改造城市各种复杂的系统关系，在城市现有的有利和不利条件下寻找增大效益、减少风险的可行性对策所进行的规划。其致力于城市各要素间生态关系的构建及维持，城市生态规划的目标强调城市生态平衡与生态发展，并认为城市现代化与城市可持续发展依赖于城市生态平衡与城市生态发展，包括界定问题、辨识组分及其关系、适宜度分析、行为模拟、方案选择、可行性分析、运行跟踪及效果评审等步骤。

城市生态规划在应用生态学的观点、原理、理论和方法的同时，不仅关注城市的自然生态，而且关注城市的社会生态和经济生态。此外，城市生态规划不仅重视城市现今的生态关系和生态质量，还关注城市未来的生态关系和生态质量，关注城市生态系统的可持续发展，这些也正是生态城市建设的目的所在。因此，城市生态规划理论应成为生态城市建设的理论基础。

5.2.2.3 城市景观生态学研究的基本内容

城市景观生态学研究的基本内容包括以下几个方面。

①城市景观空间格局分析及其动态研究 包括土地利用类型的配置，以及城市中各类斑块、廊道的布局和时空变化。

②城市自然生态景观研究 以城市生物和非生物环境的演变过程为主线，研究城市自然生态系统中景观的布局和变化对城市的影响，包括对自然植被、次生植被和园林绿地的研究。

③城市景观文化和景观美学研究 以人为中心，侧重于城市社会系统，对如何结合城市生态进行城市美化、城市形象设计、环境艺术设计以及研究人类历史、思想和行为对城市景观产生、发展的影响。

④城市综合景观生态研究 将城市作为社会—经济—自然复合生态系统，综合研究城市生态系统中的物质、能量的利用，社会和自然的协调；从人类生活、经济运行、环境保护等进行多层面综合研究。

⑤城市环境问题研究 研究主要集中在城市敏感地带保护、环境清洁优化、城市规模和环境容量控制、城市自然空间建立等方面的规划设计和工程建设。

在以上任何一项的研究中，现状分析和评价都是为规划设计和景观建设服务的，景观规划设计和按此规划设计所进行的建设管理才是城市景观生态研究的最终目的。城市景观生态规划应该和城市规划有机地融为一体，增加其可操作性和可实施性，研究如何按照景观生态学的原理和方法，结合我国具体国情，开展景观生态分析，进行合理的景观生态规划和建设，从而实现景观生态学的建设和管理功能。

5.3 人体工程学原理

从古至今，有很多造园手法和景观实践都与人的需求直接相关，是人体工程学的无意识实践。造园家利用了感知的特点，创造了无与伦比的空间感受，如中国古典园林的意境营造。人体工程学是将人类与自然环境联系起来的综合学科，其研究为风景园林规划与设计的人性化发展提供了重要的理论支持。

5.3.1 人体工程学起源和发展

人体工程学是一门系统导向的学科，它的研究领域涵盖人类活动的所有方面，包括生理、认知、社会、管理、环境等。杨公侠认为人体工程学是研究"人—机—环境"系统中三大要素之间的关系，为解决该系统中人的效能、健康问题提供理论与方法的学科。"人"是指作业者或使用者，人的心理特征、生理特征以及人适应机器和环境的能力都是重要的研究课题。"机"是指机器，包括人操作和使用的一切产品和工程系统，怎样才能设计出满足人的要求、符合人的特点的机器产品，是人体工程学探讨的重要问题。"环境"是指人们工作和生活的环境，这包括声音、照明、气温等环境因素以及无处不在的社会文化，它们对人的工作和生活的影响，是人体工程学研究的主要对象。

人体工程学作为一个独立的学科兴起于20世纪40年代，及至第二次世界大战后，各国把人体工程学的实践和研究成果，迅速有效地运用到空间技术、工业生产、建筑及室内设计中，是多学科交叉的典范。

5.3.2 人体感知系统与环境

5.3.2.1 感觉与知觉

(1) 感觉

在人体工程学中，感觉主要包括视觉、听觉、嗅觉、味觉和触觉，合称为五大感觉。不同的感觉之间存在相互影响，且它们之间的相互作用也影响个人对总体环境的评价。

(2) 知觉

知觉是人脑对直接作用于感觉器官的事物的整体反映，是对感觉信息的组织和解释过程。在日常生活中，人们通常是以知觉的形式来反映事物。例如，人眼看到的红色不是脱离具体事物的红色，而是红花、红旗等的红色；对于听到的声音，人们总是自觉为言语声、流水声或汽车声等有具体对象定位的声音。环境知觉是个体或群体直接地和真实地感知环境信息的过程。这种感知是紧接着刺激发生的，并和过去的知识经验密切相关。

5.3.2.2 视觉

视觉环境设计是风景园林设计中极为重要的一个方面。人的视觉是指眼睛在光线的作用下，感知物体与环境的形状、大小、明暗和颜色等综合感觉。

(1) 光感

光感与光亮度呈正比，光亮度可以分为绝对亮度和相对亮度。绝对亮度是指眼睛所能感觉到的光的强度，相对亮度是指光强度与背景的对比关系。此外，明暗适应也是光感的重要特征。在风景园林设计中，可以通过提高绝对光亮度，提高主体与背景之间的亮度差别（即增大相对亮度），增大光面积等光感处理手法将设计主题突出，使其更加醒目、更易察觉；在景观序列组织上则可以利用空间开合和转折形成明暗变化，如使用"柳暗花明"这种处理手法。

(2) 色觉

不同波长的光波刺激视网膜可以产生不同的色觉，视野中心范围察觉色彩的能力最强，视野边缘部分感觉色彩的能力很弱。一般情况下，亮度越大，眼睛对色彩的感知能力越强。在风景园林设计中，可以通过加强空间的亮度，或者使用明度高、纯度高的颜色突出物体的色彩感。

(3) 眩光

耀眼、刺眼的强烈光束都叫眩光。眩光会干扰视线，使可见度降低，使眼睛疲劳、感到不适，不利于工作和日常生活。环境中的光污染主要来自反光材料的滥用。

(4) 视野与视距

视野是人体在头部和眼球固定不动的情况下，眼睛正视前方物体时所能看见的空间范围，包括水平视域与垂直视域（图5-71）。风景园林中，围合空间的界面在视野范围以内，则空间感觉就显得压抑；反之，则显得较为宽敞。

视距是人在操作系统中正常的观察距离，不同的距离可观察的内容及感受差别极大（表5-1）。凯文·林奇在《场地规划》一书中把约25m的空间尺度作为在社会环境中最舒适和得当的尺度，而超过110m的空间尺度在良好的城市空间中是罕见的。

视野和视距是风景园林设计中的主要依据，合理地利用其原理，则设计可以给人以不同的心理感受。例如，纪念性景观，为烘托景观主体的特征，可以通过主体升高，缩短观景距离，以形成仰视的环境，强化空间感受（图5-72）。

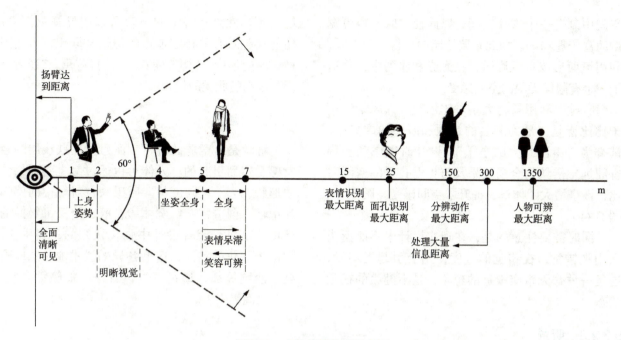

图5-71　人的视觉范围示意图

表5-1　空间设计中的距离控制

距离（m）	项　目
500~1000	人们根据背景、光照，特别是所观察的人群移动与否等因素，可以看见和分辨出人群；典型场所：野外
300	社会性视域，在更远距离见到的人影就成了具体的个人；典型场所：城市
70~100	确认人的性别、大概的年龄以及活动；典型场所：球场
30	认出面部特征、发型和年纪等；典型场所：剧院
20~25	能辨认人的表情与心绪；典型场所：剧院
约7	能看清面部的细节，且无交谈困难；典型场所：阶梯教室
3~7	中等强度的人与人之间的公众交流；典型场所：普通教室
1~3	能进行很好的交谈，体验到人际交流所必需的细节；典型场所：起居室
0~0.5	强度极高的人与人之间的交流，所有的感官一起作用，细枝末节一览无遗

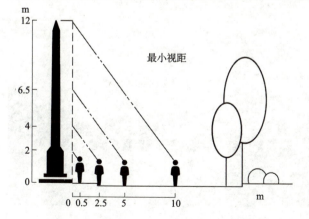

图5-72　视距与设计重点间的关系示意图

（5）视觉错觉

错觉是与客观事物不相符的错误知觉。其中，视错觉最具有普遍性，包括图形错觉、透视错觉、空间错觉等，这些错觉现象与风景园林设计的关系极为密切。中国园林的精髓在于移缩自然，即合理有效地利用视错觉，营造富于意境的景观环境，如快中见慢、大中见小、重中见轻、虚中见实、深中见浅、矮中见高等，其最终的目的都是使人形成错误的判断和感知。例如，虚中见实的园林特点，通过水面或镜面的镜像，在一个实体空间中制造一个虚体空间，以此使空间显得更宽敞而富于趣味；再如北京园博园中彼得·沃克园，利用镜面形成景观廊道，在光影和序列中，营造了一个有限即无限的空间感受。

园林中利用景物大小对比创造宜人风景的例子比比皆是，最为著名的是颐和园中的廓如亭，被誉为"中国最大的亭子"。设计时考虑到从佛香阁远望借景的全局效果及与十七孔桥的空间对比，该亭增大了体量，提升了空间感受（图5-73、图5-74）。

同时需要注意的是，在现实设计中不能泛滥利用视错觉，视错觉的过度使用会引起视幻觉，这是一种毫无事实根据的想象，是不健康的视觉状态。

5.3.2.3 听觉

听觉是外界声音刺激作用于听觉器官而产生的感觉。它是自然界动物或人类彼此联系的一种工具，不同的声音信息有助于形成不同的环境氛围。听觉接收的信息远比视觉少，但无处不在，与整体环境体验密切相关。对于噪声产生的不利影响，园林中可以通过利用植物吸声，设置绿篱等进行隔音防噪，提高环境质量。声音的巧妙利用还能获得某些特殊体验，如闹市中喷泉的水声可以掩蔽噪声，起到闹中取静的作用，有利于游人休闲和进行相对私密的活动；在室内大堂中设置跌水等设施，通过潺潺流水声可营造自然的环境氛围。此外，特定的声音可以引导视觉探索，还能唤起对有关特定地点的记忆和联想，烘托园林意境的形成。"柳浪闻莺""雨打芭蕉""残荷听雨"等都是此类的代表。

5.3.2.4 触觉

触觉是由微弱的机械刺激触及皮肤浅层的触觉感受器而引起的。人体可以通过触觉判断物体的形状、大小、硬度等。质感来自对触摸的感知和记忆。创造富有触觉体验，既安全又可触摸的环境，是风景园林设计中强化认知的重要手段，如富于变化的路面、造型各异的浅水池、感应喷泉、沙坑等都是通过场景设计，增加触觉体验，提升空间吸引力。

图5-73 颐和园廓如亭

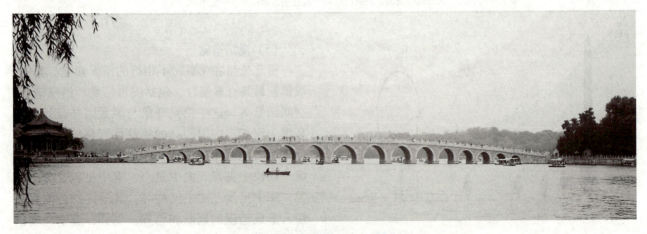

图5-74 廓如亭与十七孔桥

不同的质感，如草地、沙滩、碎石、积水、厚雪、土路等，有时还可以唤起人们不同的情感。具有浓郁日本民族风格的枯山水庭园，就充分运用沙石的质感和肌理，经过精心布局，利用耙过的沙纹象征大海或湖泊，在有限的庭园空间里，体现其富有哲理的园林空间意境（图5-75）。

表5-2　人类重要感觉绝对阈值的近似值

感觉类别	绝对阈值
视觉	明朗的黑夜可以见到48.28km外的一束烛光
听觉	安静的房间里可以听到5.10m外手表的滴答声
味觉	9.09L水中加一匙糖可以辨出甜味
嗅觉	一滴香水可使香味拓展至3个房间
触觉	一片蜜蜂翅膀从1cm外落在面颊上，可感觉其存在
温冷觉	皮肤表面温度有1℃之差就可察觉

图5-75　日本枯山水

5.3.2.5　其他感觉

除视觉、听觉、触觉、嗅觉外，其他感知觉还有味觉、温度感觉、痛觉、肤觉等，人体重要感觉绝对阈值的近似值见表5-2所列。近年来，设计师们日益重视不同感觉与环境体验的相互关系，在风景园林中将多种感觉因素作为重要的设计因素进行研究和实践探索。比如利用芬芳植物的植物专类园设计、以采摘体验为特色的农业观光园设计等。

5.3.3　人体活动行为与环境

风景园林设计是为人们的休闲活动与行为提供合理舒适的空间环境，人体工程学和环境行为学的重要任务就是为设计提供相关参数及准则。

5.3.3.1　风景园林中人的活动

风景园林中人的活动可以包括游览相关的步行、攀登、乘船、就座、观赏、运动等，一般以个体活动为主。从人体工程学角度看，需要关注个体的静态人体尺寸及动态人体尺寸。静态人体尺寸取自被试者在固定的标准姿势时的躯体尺寸。动态人体尺寸是活动的人体条件下测得的尺寸，如图5-76所示。大多数情况下，采用静态尺寸作为基础依据，设计时加入适于活动的周围边界间的净空。如设置座椅时考虑到人体舒适度需求，坐面宽度一般为40~45cm；而台阶的高度一般为12~15cm。对于活动性场地空间设计而言，还需要考虑不同个体间活动的干扰，如设置秋千时，需要考虑秋千使用过程中摆度范围的安全距离，仅使用静态尺寸参考往往过于局限。乒乓球场地、羽毛球场地等也是如此（图5-77），需要预留合理的空间，以提高安全性。

当然，风景园林设计过程是自然的艺术加工过程，与之相关的活动设施也尽可能地兼具艺术与功能特征。古典园林中的美人靠，为了便于侧身观景、停坐及与周边环境融合，形成了优美的弧线造型，是人体工程学在风景园林设计中的经典案例（图5-78）。

图5-76 人体基本动作的动态尺寸

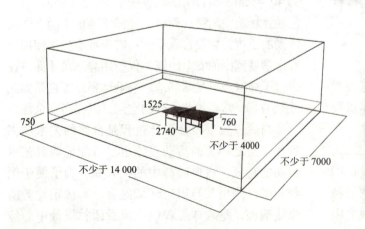

图5-77 乒乓球场地（单位：mm）

图5-78 古典园林中的美人靠

5.3.3.2 动觉

动觉是对身体运动及其位置状态的感觉,它与肌肉组织、肌腱和关节活动有关。身体位置、运动方向、速度大小和支撑面性质的改变都造成动觉改变。例如,当人们在水中踩着汀步行进时,必须在每一块石头上略做停顿,以便找到下一个合适的落脚点,造成方向、步幅、速度和身姿不停地变化,构成动觉和视觉相结合的特殊感觉模式。

如果动觉发生突变的同时伴随别致的景色出现,突然性加上特殊性就易于使人感到意外和惊喜。这种现象在中国古典园林中较为常见,比如"先抑后扬""峰回路转""曲径通幽"等都是典型代表。北京颐和园中谐趣园的景观序列,就充分利用了以上的造园手法。它由临水的十余座亭、台、楼、榭和其间迂回曲折的游廊相连通组成,保留了江南园林的灵秀之气,具有"一亭一径,一步一景,景随步移,步步皆奇趣"的意境。在风景区中,常利用山路回转、坡度变化和建筑群体亮相的突然性,使游客获得深刻的动觉体验,并成为旅游景区的重要特色之一。

5.4 环境心理学原理

环境心理学是涉及人类行为和环境之间关系的一门学科,它包括以利用和促进此过程为目的并提升环境设计品质的研究和实践。它有两个目标:一是了解"人—环境"的相互作用;二是利用这些知识来解决复杂和多样的环境问题。这里所说的环境虽然也包括社会环境,但主要是指物理环境,包括噪声、拥挤、空气质量、温度、建筑设计、个人空间等。

5.4.1 环境心理学理论模型

许多心理学家、建筑师为了解决现实环境中产生的问题,采取传统的心理学方法进行调查、试验和研究,并以此建立了相关环境心理学的理论模型。这些理论中最主要的是刺激理论和控制理论。

5.4.1.1 刺激理论

刺激理论认为现实环境是人们很重要的感觉信息源。这种信息既包括较为简单的信息,如光线、色彩、声音、噪声、热和冷等,也包括复杂的刺激,如房屋、街道、室外环境和其他人等。环境刺激可以有两种变化,即数量和意义。数量上,它可以是强度、持续时间、频率和发生源的数目等明显的维度上的变化。意义是由人们对这些环境刺激的心理学评价得到的,如人们的想法、社会的交互作用、工作的效能、情感,甚至包括由于此刺激和人们对它反应的方式所造成的健康问题等。

5.4.1.2 控制理论

环境心理学的另一组理论是集中在控制方面,而非刺激。人们可能适应于刺激的某一水平,并且刺激也会太强或太弱,但还有另一种情况没有提到,即人们对环境刺激能有多大的控制。显然那些对刺激的数量和种类能有很好控制的人要比无控制的人情况要好,这类理论包括个人控制理论和边界调节机制及交互作用理论。"我们影响环境,环境影响我们",交互作用理论代表了环境心理学中高级的和较符合理想的理论。

5.4.2 环境知觉与空间认知

环境知觉是把外界环境的信息通过感官传入大脑,并由大脑对这些信息作出解释,它涉及一系列复杂的心理过程。环境知觉依赖于环境信息和知觉者自身的经验。环境知觉包含的过程是:感官从外界获取信息,从外界刺激中抽取广泛的特征,知觉对象的前后关系和背景参与形成人们的知觉。空间认知首先依赖于环境知觉,人们借着各种感官捕捉环境特征,通过观察道路、地物、界限和其他环境特征获取某一地方的信息,并设法弄清楚事物之间的联系,了解不同地点间的距离,是否可以从此处到彼处。凯文·林奇在《城市意向》一书中,提出路径、边界、区域、节点和地标,这五种要素与其他实质的、社会的方方面面联系起来并进行比较时尤为出色。林奇以此为基础,建立了城市设计理论中最重要的概念,即城市的辨识性。

5.4.3 环境中社会行为

1966年美国人类学家霍尔在他的《隐藏的向度》一书中,提出北美人日常交往中的人际距离归纳为:亲密距离、个人距离、社交距离和公共距离四种。亲密距离的范围为1~45cm。在亲密距离内,能清楚地看到另一个人的脸部,辨别出对方面部的细微变化,综合视觉、气味、声音、呼吸和体温的感觉,合并产生了较为亲密的关系,如家人、密友、恋人等。个人距离的范围为45~120cm,可用一臂长来形容这一距离。在这一范围内的人大多关系融洽,但嗅觉和细微的视觉线索开始消退,使人们的交往保持在一个合理的亲近范围之内。社交距离的范围为120~360cm,较近的距离是120~210cm,这种距离应用于业务洽谈、接待新客人等;较远的距离是210~360cm,属于一般的社交距离。当不需要过分热情,只需要语言接触、目光交流时即可,可以采用社交距离。公共距离的范围为360~750cm;这个距离一般用于较正式的场合,用于地位不同的人们之间,如讲演厅的演讲人和听众之间通常使用这个距离。人们之间的交流和沟通,主要通过视觉和听觉进行,通常是单向沟通时采用。适宜的人际距离方便了人们之间的沟通,距离作为一种媒介,影响风景园林空间的尺度,如私密空间、开敞空间、半开敞空间等的设置都是为了满足人们不同使用需求。

风景园林营造的不仅是一个单纯的园林空间,更是一个社会交往空间环境,为游人各种行为发生提供场所,这也是风景园林作为城市基础设施对于社会服务的重要职能体现。例如,园林中座椅的形式和朝向体现了对不同需求的适应。座椅朝向多样性,使得人们能看到正在发生的一切,这是最有竞争力也是最吸引人的地方,形成了看与被看的关系。座椅的形式则为使用者提供了不同的心理距离选择空间(图5-79)。

环境心理学是风景园林设计中重要的理论基石之一,支撑了风景园林学在社会方面的相关研究,更为深入地探索人、自然、社会的关系。风景园林是人工自然,更是社会化的产物,如何满足人的生理、心理使用需求是现今风景园林研究的重要方向。风景园林是生态文明建设的重要实践方式,这需要当代设计师把握生态学、人体工程学、环境心理学等相关学科的多方面知识,共同构筑科学、合理、优秀的设计,提升设计的内涵和服务能力。

小结

本章着重阐述了风景园林设计的基本原理。首先是构图原理,即形式美的原理,是在风景园林设计中图纸表达所需遵循的原理。把风景园林的基本要素即山水、园林道路、园林植物、园林建筑等基本组成要素提炼为形式美的要素:点、线、面、体、色彩、质感等,按照形式美的基本法则即主从与重点、对称与均衡、韵律与节奏、对比与微差、比例与尺度等进行组合,达到艺术构图的形式美要求。其次是生态学原理从斑块、廊道、基质等层面研究景观格局,相对尺度较大,并明确了城市景观生态学的研究内容。再次是人体工程学原理是在设计的过程中按照人的生理和心理需求,以满足人们或动或静、或独处或集体活动的功能要求。最后是环境心理学的理论模型、环境知觉与空间认知及环境中社会行为等方面阐述了设计中满足人们心理层面的需求。

思考题

1. 如何理解形式美的多样统一的基本法则?
2. 举例说明形式美法则中的主从与重点的主要内容。
3. 什么是对称与均衡?均衡的主要类型都有哪些?
4. 举例说明如何体现韵律与节奏的美感?
5. 试说明对比与微差的关系。
6. 试说明比例与尺度的含义,并举例如何获得好的比例和宜人的尺度?
7. 景观生态学中的景观元素的类型及特征是什么?
8. 城市景观生态学研究的基本内容是什么?
9. 请结合本章节思考"一拳则太华千寻,一勺则江湖万里"的造园原理。
10. 请问什么是"五感"?举例说明"五感"在园林设计中的应用。

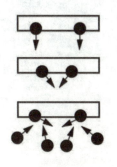  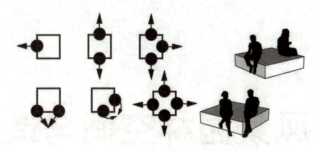

直板式

适于不认识的人使用,可以观看发生在正前方的事。坐在上面的两个人可以转成谈话的方向,但是免不了会相互碰到膝盖。不适于一群人交往。站着的人会阻塞人行道路

单独式

适合于单人或(依尺寸而定)2~4个互不相识的人使用;通过背向而坐,他们之间可以互不干扰。由于尺寸限制和难以转身,不适于两人交流,也不适于群体使用

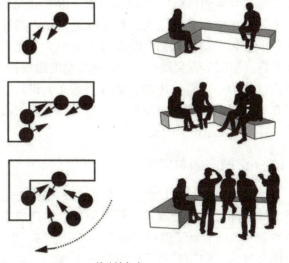 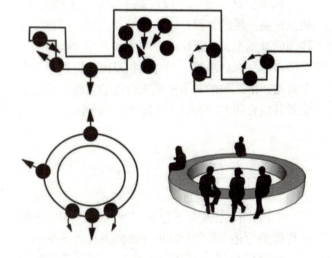

单独转角式

转角可容纳两个人交谈而不发生膝盖碰撞。在两端的人不容易交谈,但可以满足四个人交谈的需要。如果仍有几个人要站着,对于一小群人的交流来说,这种形式比直板式和单独式要好;站着的那些人不会阻塞邻近的通道

多重转角式/环形

多重转角式:最佳,可满足多种需要;
环形:适于互不相识的人使用;
曲线让邻近的人微微偏离开,有助于减少干扰

图5-79　户外座椅形式

推荐阅读书目

1. 心理环境学.苏彦捷.高等教育出版社,2015.
2. 图解设计心理学.陈根.化学工业出版社,2017.
3. 园林设计心理学初探.余树勋.中国建筑工业出版社,2009.
4. "心"景观:景观设计感知与心理.度本图书.华中科技大学出版社,2014.
5. 多感官体验式互动景观的研究.张煜子.南京工业大学,2012.
6. 设计与人文关怀.田喜.艺术与设计(理论).2011(5):7-9.
7. The Hidden Dimension. Hall. E. T. Doubleday. Doubleday, 1965.
8. 文化城市时代的景观探索与实践——从生态学"入世"到文化身份的认同.俞孔坚.建筑与文化,2009(3):14-15.
9. 环境心理学.徐青磊,杨公侠.同济大学出版社,2002.
10. 园林设计.叶振起,许大为.东北林业大学出版社,2000.
11. 风景园林艺术原理.张俊玲,王先杰.中国林业出版社,2014.
12. 建筑空间组合论.彭一刚.中国建筑工业出版社,1998.

第6章
风景园林空间与造景

风景园林表现的不仅仅是平面形式美的艺术，更是营造三维的空间艺术。因此，在风景园林设计构图的基础上，风景园林空间主要是通过园林的地形、水体、园林建筑、园林植物及园林道路等几大要素按照形式美的基本法则来营造的空间，组成要素及其组合的方式决定了空间造景的手法。

6.1 风景园林空间

中国古代先哲老子曾对"空间"这一概念有过精辟的论述："三十辐共一毂，当其无，有车之用。埏埴以为器，当其无，有器之用。凿户牖以为室，当其无，有室之用。故有之以为利，无之以为用。"这段话的意思是：30条辐集中到1个毂（车轮中心轴穿过的圆木），有了毂中间的洞，才有车的作用。踩打陶泥作器皿，有了器皿中间的空虚，才有器皿的作用。开凿门窗造房子，有了门窗和四壁中的空间，才有房子的作用。所以，"有"所给人的便利，完全是靠"无"起着决定性作用。老子指的这个"无"就是此刻所说的空间。

虽然人们对空间的创造自古至今一直延续，空间很容易被人们感知和使用，但很难用语言把它表达清楚，其中主要的原因是空间所具有的"无"的特性，很难理解。所以，很多关于空间的理论是和空间相关的"有"，而非空间本身。例如，当人们谈论空间时往往会把空间的论述转移到"空间的围护""空间的尺度"等物质形式上；或者是"空间的创造""空间的等级"等社会关系上；甚至把空间延伸到人的行为以及与私人领域的关系上，但却没有把空间作为一个独立的元素来看待。空间的意义要么作为其他事物的附属物，要么仅作为一个背景出现。从这个意义上讲，空间并不是想象中那么清晰单一；相反，空间的内涵一直处于复杂多样的变化之中。

6.1.1 空间与园林空间

什么是空间？在日常生活里人们大概会先想到房屋道路、城市景观等，属于物质、物理或实质的空间，即看得见摸得着的东西。但仔细一想，很快会发现，空间好像不仅是房屋本身，还是虚空的所在或位置，可以让事物在这里发生。只是若要辨认空间的形式样貌，还是要依赖围成这个空间的事物，比如墙体或某些障碍物，人们才会感到空间的存在，并且应该注意到界定空间的两项要点：①空间不是事物本身，但要依赖事物来构成。换言之，空间似乎是事物之间的关系，如远近距离等。②这些事物的主要角色或功能，似乎是一种边界或门槛。换言之，边界是空间界定的根本要素。法国画家塞尚把自然物归结为球体（含多面体）、柱体、锥体和组合体等几个种类，认为这些是基本的块，也称立体。而空间可以理解为若干个立体相围合，即形成一个虚体，这个虚体就叫作空间。

空间还可以衍生出其他精神层面的类型，如内心空间、版面空间、自由空间、梦想空间、心灵空间等。人们常认为这些都是衍生性或比喻上的空间，也是物质或实质空间在非物质层次的比喻，而风景园林所探讨的空间主要为物质空间。人们在塑造空间的同时也被空间塑造。风景园林艺术其实也是空间艺术，加雷特·埃克博曾说过，在一个好的三维空间中的体验是人生最重要的体验之一。所以，在学习和创造园林空间时，可以先从对空间的理解和把握入手。

风景园林空间从空间的定义延伸而来，可以表述为由风景园林的构成要素（地形、水体、园林道路、园林植物和园林建筑）按照园林设计基本原理有机构成的空间。

风景园林空间设计是一种环境设计，目的在于给人们提供一个舒适而美好的外部休憩的场所。园林空间的构成，是依据人观赏事物的视野范围，在于垂直视角（20°～60°），水平视角（50°～-50°）以及水平视距等心理因素所产生的视觉效果。因此，风景园林空间的构成需具备以下三个因素：①植物、建筑、地形等空间境界物的高度（H）；②视点到空间境界物体的水平距离（D）；③空间内若干视点的大致均匀度。

一般来说，D/H值越大，空间意境越开朗；D/H值越小，封闭感越强（图6-1）。实际的园林空间证明，以园林建筑为主的庭院空间宜用较小的比值，以树木或树木配合地形为主的园林空间宜用较大的比值。$D/H ≈ 1$时，空间范围小、空间感强，宜作为动态构图的过渡性空间或空间的静态构图使用；D/H为2~3时，宜精心设计；而D/H为3~8，是重要的园林空间形式。

6.1.2 空间构成要素

地、墙、顶是构成空间的三要素，如图6-2所示，它们作为构成空间形态的限定要素，可单独发挥效用，更可相互协同营造特定的空间，通过对这三种要素不同方式的组合，形成了丰富多样的风景园林空间。

6.1.2.1 地

凯文·林奇在《总体设计》中表达过这样的意思，虽然空间的构成主要依靠垂直要素，但脚

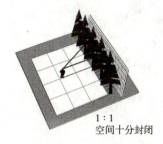
1:1
空间十分封闭

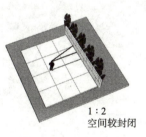
1:2
空间较封闭

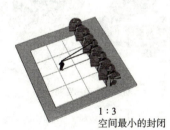
1:3
空间最小的封闭

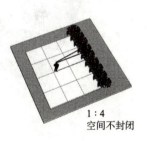
1:4
空间不封闭

图6-1 视角高宽比（D/H）与空间封闭性的关系

地

墙

顶

图6-2 构成空间的三要素

下的地却是空间中唯一的、连续的面。这便指出了地这一要素在空间中的重要性——它承纳并引导人的脚步，使空间体验成为可能。地可以单独形成基本的空间范围，如图6-3所示，可以通过地面材料的变化来划分空间。水平限定要素对人的视线无任何的遮挡作用，它暗示空间无封闭感，保持了与周围环境良好的视觉连续性。地面高差的变化同样可以划分空间，这是一种简单、直接、有效的方法，可同时运用地面材料、形式、色彩等变化加强空间感。

地面的材料、肌理及形式与空间的功能相适应，同时影响空间的视觉效果。如图6-4所示，地面的材料可以是铺装、草坪、地被、水面等。地面的形式应与空间的功能相适应，如图6-4所示，道路及运动场地、休息空间的地面形式各不相同。地面的肌理需适应于场地的功能及大小，尤其硬质铺装的材料、规格、形式多样，应注意其对空间的影响。通常情况下，小场地宜采用小尺寸的铺装分格，通过细腻的品质增强空间的亲切感。

地面是人们进入空间时，身体所接触的第一界面，因此地面材料的质感、弹性等会影响人的脚感，进而影响人们对空间的印象。可以想象，图6-5所示的地面材料从柔性到刚性变化带给行人完全不同的脚感。

另外，地面材料的透水性、热辐射率、反光率等也会影响空间的小气候条件，对空间的品质产生重大影响，应慎重考察材料的这些特性，以营造良好的小气候条件。依据不同的使用要求考虑地面材料及形式的耐久性，保证空间持久的良好品质。对地面的影响因素不仅指人使用造成的磨损，还包括日晒、风吹、雨淋等天气变化因素。

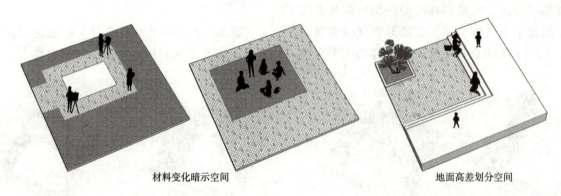

图6-3 地面暗示空间

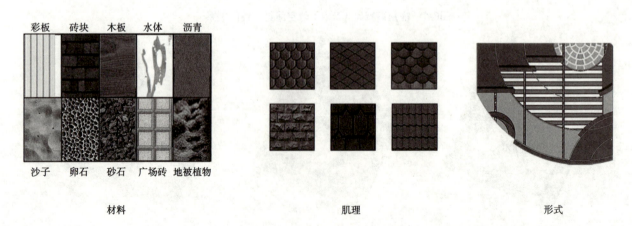

图6-4 地面的材料、肌理、形式影响视觉效果

图6-5 地面材料及脚感

6.1.2.2 墙

墙是空间的竖向分隔物，构成空间时的作用最明显，可以形成明确的空间范围和强烈的空间围合感。空间的围合感主要与墙的位置、高度、密实度和连续性有关：位于角落的墙体比较容易形成空间；墙体的高度超过人的视线时，围合感最强；墙的密实度和连续性越高，空间的围合感越强（图6-6）。

墙的视觉效果受到其材料、肌理、形式的影响。园林空间墙体的形式多样，墙可以是硬质的墙体或列柱，也可是软质的植物等，其形成不同的肌理效果应根据拟建空间的预想性格而创造不同的形式（图6-7）。

墙体对空间的小气候条件影响较大，它具有遮阳、挡风、导风、隔声的功能；材料的热辐射率、反光度等也影响空间的气候品质（图6-8）。

此外，虽然墙体基本不受人使用的影响，但它受日晒、风吹、雨淋影响较大，应着重考虑气候因素对墙体耐久性的影响，保证空间品质持久良好。

6.1.2.3 顶

顶面要素给人一定的遮蔽感，并带来空间明暗的对比，产生空间感。顶面围合的形式、特点、高度等对它所限定的空间特点产生明显的影响。顶面的高度与地面的宽度之间的关系是，当高度：宽度＜1时，空间感十分强，常使人感到压抑；

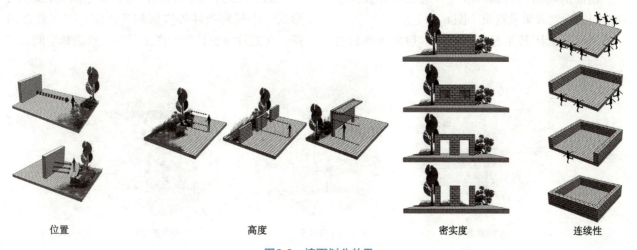

位置　　　　　　　高度　　　　　　　密实度　　　　　　连续性

图6-6 墙面划分效果

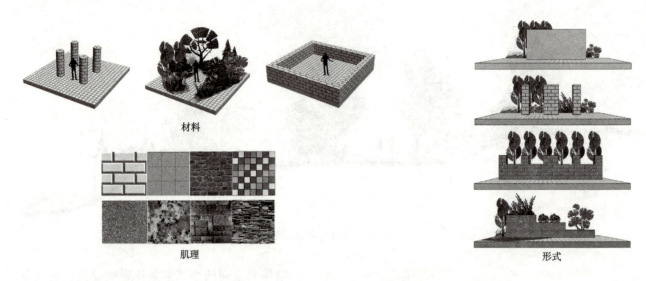

图6-7 墙面视觉效果

图6-8 墙面影响小气候条件

当高度∶宽度=1时，仍有空间感，并表现出亲切的空间氛围；当高度∶宽度＞1时，由顶面覆盖所带来的空间感明显减弱。不同的功能要求与之相适应的顶面高度（图6-9）。

顶面的材料、肌理、形式、透光度等共同影响空间的视觉效果及特质（图6-10）。

顶面有遮阳甚至避雨的功能，加之顶面材料的热辐射性能等因素使它对空间的小气候条件影响较大。顶面受到日晒、风吹、雨淋等天气影响较大，应选择合适的材料及构造方式满足耐久或易于维护的要求。

综上所述，空间构成的三要素之间应在功能、形式、小气候条件等方面相互协调，共同营造出符合功能及预想特质的高品质的风景园林空间。

图6-9 顶面要素限定空间

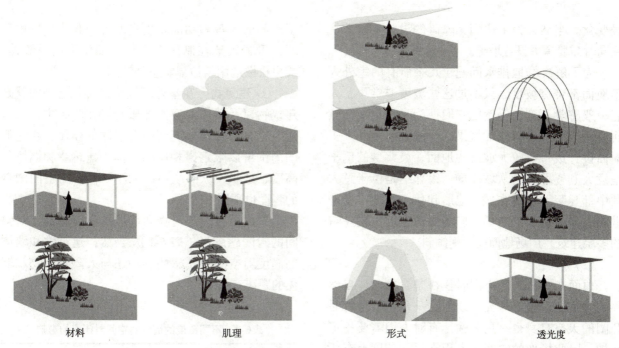

材料　　　　　肌理　　　　　形式　　　　　透光度

图6-10　顶面视觉效果

6.1.3　风景园林空间构成

为什么要对空间进行限定呢？空间本来是无形、空虚的，所谓空间的形是借助于其限定物而呈现的，正如水的形体由容器的形体所决定一样。在一般情况下人们更注意实体，空虚是在不知不觉中体会到的，是通过对实体之间的相互关系即张力之变化的理解而感受到的，这就给研究和描述空间增加了难度。为了把空虚变为视觉形象，就必须对空间作限定。

6.1.3.1　风景园林空间构成要素

风景园林空间不仅可以由广阔的天空、波光粼粼的水面和随风摇动的几棵白桦树松散地限定着，还可以由文化石砌成的景墙、蓝色的玻璃穹顶和成片的红皮云杉林紧密地围合着。不难发现所有的外部空间都是由三个空间要素构成，并且起着限定空间的作用，即底面、顶面和垂直的空间分隔面。

（1）底面

底面和用地的安排关系紧密，因为空间的用途就安排在底面上，底面的尺寸、形状、质地等被设计用来表现用途。

首先，底面确定了一定体积的区域，它的尺寸不同决定了空间的不同功能。面积10m²的场地可以用来设计成私密空间，而1000m²的场地则可以适当增添活动形式。其次，空间的功能也受不同用地形状的影响，狭长的空间是充满流动性的，它的交通功能比休憩功能更加显著；方形的空间给人稳定的感觉，而由不规则曲线划定的空间则会更加灵动和活跃。最后，底面不同的质地也决定了空间的功能，花岗岩铺地的硬质底面决定了它为人群提供停留的空间，修剪整齐的草坪决定了它的观赏作用。

一般地面主要分为两种类型，一类是人工地面，另一类是自然地形。通过场地进行空间限定是常用的手法，它一方面有助于形成特有的空间感染力，另一方面可以为其他空间的限定元素提供基础条件。

对于人工地面来说一般都是水平的，但为了形成空间的变化，也可以处理成有高差的台地和有坡度的倾斜地面。带高差的台地在室外环境设计中经常使用，一方面有助于解决地形的高差问题，另一方面也有助于形成有趣的空间变化和视线变化。当然，为了达到无障碍的设计要求，往往同时需要考虑设置坡道。

为了解决场地排水问题，几乎所有的室外人工地面都带有坡度，只不过这些坡度非常小，人们一般感觉不到，仍然把它们视为水平地面。然而有时为了形成特殊的效果，会故意把室外人工地面设计成带有较大坡度的地面，最典型的例子是意大利锡耶纳的坎坡广场。锡耶纳是位于意大利中部丘陵地带的古城，地形起伏，坎坡广场是世界上非常著名的广场，广场周围是五六层左右的多层建筑，广场地面向一侧倾斜。

(2) 顶面

顶面在塑造外部空间时往往是自由的，自然界的天空可以很好地充当顶面这一角色，可有时开阔的天空自身也有局限性，有时人们需要一定庇护，因此场地的空间和容积需要在高度上有所限制。当广阔的蓝天适合做顶面的时候，人们就尽可能全力欣赏天空流云的形状和夜晚群星的闪耀；如果天空不适合当作顶面时，就需想办法做顶面控制。顶面围合的形式、特点、高度以及范围会对它们所限定出的空间特征产生明显的影响（图6-11）。

(3) 垂直面

垂直要素是空间的围合、屏障、挡板和背景。空间中的三个面中垂直面是空间构成最重要的要素，在创造室外空间中具有最重要的作用，决定了空间的景观和功能。垂直面容纳和连接用地区域，可紧紧地控制围合它们，如使用砌石墙体，或更松散地用植被界定室外空间。

① 建筑物　在室外环境中，首先遇到的就是建筑物以及墙体对空间的限定。在旷野中，一座建筑物和一片墙体起到围合空间的作用，在它们的周围可以限定出相应的空间。建筑物和墙体的高度、形状、纵向缺口的大小不同，对空间围合的程度也不同。

总体而言，建筑物和墙体的高度越高，对空间的封闭感越强（表6-1）。当然，建筑物和墙体的高度对空间封闭感的影响还与人离建筑物和墙体的距离有关。

表6-1　不同高度的墙体对空间封闭感的影响

墙体高度（cm）	对空间的封闭感
30	没有封闭感，人可以坐在墙体上
60	没有封闭感，有一定的空间限定感
90	没有封闭感，有一定的空间限定感
120	有一定的封闭感，身体大部分被遮住，有一种安全感
150	有一定的封闭感，除头以外，身体大部分被遮蔽，有较大的安全感
180	有封闭感，身体几乎完全被遮蔽，有安全感
大于180	封闭感更强

建筑物和墙体的形状对空间封闭感也有很大影响。四根圆柱可以围合空间，但这种围合未能形成封闭空间，空间的封闭感很弱。四片墙体围合成的空间，封闭感就较好，但如果四个角部都有缺口，则封闭感不十分强；如果采用转折墙体围合空间，则空间的封闭感更强，这是因为转折墙体本身就形成了具有一定封闭感的转角空间，有利于加强空间的封闭效果（图6-12、图6-13）。

② 构筑物与建筑小品　在风景园林设计中，

图6-11　有棚顶的景观构筑物

总是会遇到很多构筑物,如塔耸结构物、桥梁、道路、驳岸、挡土墙、围墙等。这些构筑物具有重要的实用功能和相应的设计方法,但与此同时,它们往往也是重要的空间限定元素,发挥着设立、围合等限定空间的作用,具有连接、引导空间的功能。下文就其限定空间的内容进行分析。

塔耸结构物的种类很多,古代的寺塔、碉楼,近代的钟塔以及今天常见的电视塔、水塔、跳伞塔、高大的烟囱等都是塔耸结构物。随着建筑材料和技术的发展,塔耸结构物的高度不断刷新,功能日趋复杂,成为城市结构中必不可缺少的部分。从空间限定角度而言,各种塔耸构筑物主要起着设立的作用,它们往往成为某一地区的制高点,是人们识别环境的标志物,对于整个城镇空间形象具有非常重要的作用(图6-14)。

桥梁是一种非常重要的交通设施。桥的种类繁多,按用途分为人行桥、车行桥(公路桥、铁路桥、公路铁路两用桥);按用材分为木桥、石桥、混凝土桥、钢筋混凝土桥、钢结构桥和组合桥梁;按结构形式,分为梁式桥、拱桥、钢架桥、斜张桥、悬索桥和组合体系桥……桥的主要功能是跨越障碍、连接空间、引导人流车流,同时桥梁作为一种设立物,本身起到限定空间的作用,而且桥梁还往往成为某一地区的视觉焦点和象征(图6-15)。除此之外,桥梁还有休息、观景等辅助功能。

驳岸用于水面与陆地相交之处,挡土墙则用于高差较大地面,一般而言,它们都有围合空间的限定作用。驳岸常见有植被驳岸、山石驳岸、树桩驳岸、卵石驳岸、混凝土驳岸等,它们各自有不同的空间效果,可以根据水面的情况予以选用(图6-16)。挡土墙的用材通常有树桩挡土墙、块石挡土墙、钢筋混凝土挡土墙等,可以根据地面的高差情况和空间效果加以选用(图6-17)。

③ 植物 在空间限定中,植物可以发挥围合空间、覆盖空间、引导控制人流的功能,与此同时,植物还有以下作用:首先,植物可以遮挡光线。植物可以提供阴影、防止强光、防止眩光、阻挡西晒。其次,植物可以吸收噪声。植物的每

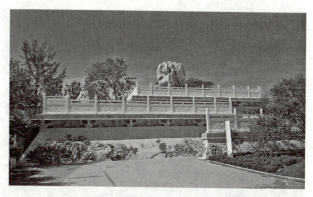

图6-12 墙体对空间封闭程度的影响

图6-13 直立的假山石对空间封闭的影响

图6-14 巴黎埃菲尔铁塔

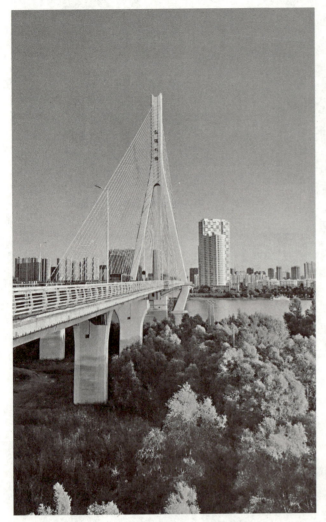

图6-15　桥梁的空间作用和景观作用

图6-16　山石驳岸

图6-17　块石挡土墙

片树叶都可以看作小小的吸声板，树冠的空隙也有一定的吸声作用，因此可以通过树木来降低噪声。最后，植物还可以遮挡视线。植物可以遮挡大量需要隐蔽的物件，可以通过遮挡视线来形成富有特色的景观效果。

植物常常与建筑物结合共同限定空间，它们可以与建筑物一起围合成一个完整的、比较封闭的空间；也可以与建筑物一起围合成一个略有视线约束的半封闭的空间；还可以弥补建筑物的缺口，使各界面更加完整。

植物常与地形结合共同限定空间，它既可以强化地形的特点，也可以削弱地形的特点，设计者可以按设计意图，视实际需要创造出多种多样的空间形式（图6-18至图6-20）。

6.1.3.2　空间限定的方式

在风景园林空间设计中，常常把被限定前的空间称为原空间，把用于限定空间的构件等物质手段称为限定元素。在原空间中利用限定元素限定出另一个空间，常采用的方法有设立、围合、覆盖、凸起、下沉、架起。

（1）设立

设立就是把限定元素设置于原空间中，而在该元素周围限定出一个新的空间的方式。在该限定元素的周围常常可以形成一种环形空间，限定元素本身则常成为吸引人们视线的焦点。在内部空间，一组家具、雕塑品或陈设等都可以成为限定元素；在外部空间，建筑物、标志物、艺术品、植物、水体等常成为限定元素。这些限定元素既可以是单向的，也可以是多向的；既可以是同一类物体，也可以是不同种类物体。例如，法国巴黎的埃菲尔铁塔，伫立在塞纳河边广场的轴线上，成为城市的地标、国家的象征，更是市民聚会的城市广场（见图6-14）。

（2）围合

通过围合的方法来限定空间是最典型的空间限定方法，在风景园林空间设计中用于围合的限定元素很多，常用的有地形、植物、建筑小品等。

由于这些限定元素在质感、透明度、高低、疏密等方面的不同，所形成的限定度也各有差异，相应的空间感觉亦不尽相同。用圆形的座凳自我围合成一个休息空间，极具灵活性；由景观柱围合而成的空间，柱子系由垂直张拉线所组成，既是隔断又是灯饰，在光线的照射下，金镂玉透，具有朦胧美的意境，使整个空间为之生辉。

此外，在风景园林空间中亦可利用柱廊、墙体、绿化等限定元素共同合成特定的空间，满足人们使用需要。如北京园博园中利用廊架围合空间（图6-21）。

图6-18　花卉围合的开敞空间

图6-19　植物和建筑围合的半封闭空间

图6-20　地形建筑小品围合的半开敞空间

图6-21　廊架围合空间

(3) 覆盖

通过覆盖的方式限定空间也是一种常用的方式。作为抽象的概念，用于覆盖的限定元素应该是飘浮在空中的，但事实上很难做到这一点，因此，一般都采取在上面悬吊或在下面支撑限定元素的办法来限定空间。运用木质架构，配置白色的顶，与地面的白色珍珠岩铺地形成呼应，无论远观还是近看，景观效果都很突出（图6-22）。

(4) 凸起

凸起所形成的空间高出周围的地面，在风景园林空间设计中，这种空间形式有强调、突出和展示等功能，当然有时还具有限制人们活动的作用。例如，北京世博园中通过抬高的地形引导人的视线（图6-23）。

(5) 下沉

与凸起相对，下沉是另一种空间限定的方法，它使该领域低于周围的空间，下沉式广场就是室外环境中常见的下沉空间。在风景园林设计中，下沉空间既能为周围空间提供一处居高临下的视觉条件，并且易于营造一种静谧的气氛，同时还有一定的限制人们活动的功能。当然，无论是凸起或下沉，由于都涉及地面高差的变化，所以均应注意安全性问题。通过地面的局部下沉，限定出一个与主体空间异质的景观，同时也可以使其他空间显得有所提高。下沉空间，运用卵石、水景、植物营造景观，使空间富于层次和变化（图6-24）。

(6) 架起

架起形成的空间与凸起形成的空间有一定的

图6-22 覆盖空间

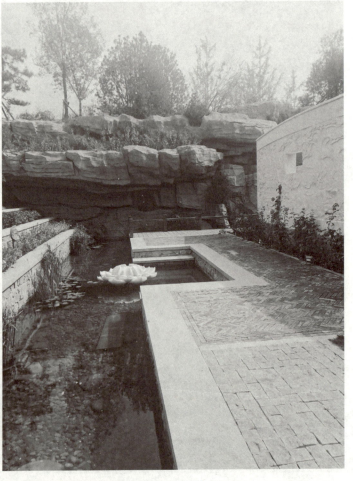

图6-24 下沉空间

图6-23 不规则抬高地形

相似之处，但架起形成的空间解放了原来的空间，从而在其下方创造出另一从属的限定空间。在室内外环境设计中，设置夹层及通廊就是运用架起手法的范例，这种方法有助于丰富空间效果。北京园博园的某入口空间效果十分丰富。特别是当人们仰目观看时，一系列廊桥、挑台、楼梯映入眼帘，阳光从玻璃顶棚倾泻而下，给人以活泼轻快而热情奔放之感（图6-25）。

6.1.3.3 影响风景园林空间的要素

在风景园林空间设计中，通过限定元素的质感、肌理、色彩、形状及照明的变化，也常常能限定空间。这种限定主要通过人的意识和感受来发挥作用，一般而言，其限定度较低，属于一种抽象限定。但是当这种方式与某些规则或习俗等结合时，其限定度就会提高。即通过地面色彩和材质的变化而划分出一个休息区，它既与周围环境保持极大的流通，又有一定的独立性。

风景园林空间受以下各要素的影响：

① 围合空间要素的种类 不同风景园林要素所形成的空间类型不同，如山空间、水空间、建筑空间、植物空间以及道路引导的空间，正是这些丰富多彩的园林要素，其丰富的种类与布局的形式，成为园林空间构成的基础。

② 围合度的大小 空间的开敞与封闭，取决于园林各要素围合的程度。影响绿化空间感受的主要因素是立体要素（植物、地形、建筑小品等）在水平方向的围合度，垂直方向的围护度和围护材料的郁闭度。

③ 界面的处理 空间的界面是构成空间的视觉景观，所以界面处理的层次、质感、水平轮廓线、天际线和枝下高线等都影响空间的构成和景观效果。空间的界面一般是内低外高，才能构成空间丰富的层次，硬质的建筑小品与软质的植物、不同的建筑材料、植物的树干与叶片的质感之间的对比，植物种植的层次、天际线，乔木的枝下高形成的漏景等，这些空间界面的不同处理方式构成了风景园林丰富多彩的空间景观（图6-26）。

④ 视景线、视距与视角 风景园林空间的景观也同样取决于观景的方式。人的视线的组织，与所看到的景色有直接的关系。空间的距离，以及空间不同地形所引起的视角变化，都可以形成丰富的空间景观（图6-27）。

图6-25　北京世博园中的架起

图6-26　垂直界面的处理

图6-27 视景线

图6-28 水面形成的开敞空间

图6-29 半开敞空间

6.1.4 风景园林空间类型

6.1.4.1 按照空间围合的方式划分

如果按照空间的围合方式可分为开敞空间、半开敞空间、闭合空间。

(1) 开敞空间

开敞空间是指人的视线高于周围景物时所处的空间。空间的开敞程度与视点和景物之间的距离呈正比，与视平线高出景物的高差呈正比。游人在此空间中会心胸开朗，心情舒畅。在风景园林中此空间类型多为草坪、广场、湖面等（图6-28）。

(2) 半开敞空间

半开敞空间的一面或几面受到地形、植物或建筑物的封闭，限制了视线的穿透。这种空间与开敞空间有相似性，不过开敞程度较小，其方向性指向封闭较差的开敞面。半开敞空间是一种比较微妙的空间，既有开敞空间具有的视线方向，又有闭合空间的隐私性（图6-29）。

(3) 闭合空间

闭合空间是指人的视线被四周屏障遮挡的空间。游人感觉到的空间闭合强度和视距呈反比，当人距离景物越近时，闭合强度越强；当景物超过视平线越多时，闭合强度感越高。在风景园林中，闭合空间包括小型庭院、林中空地、谷地、曲径或进入开敞空间之前以达到空间的开合对比。

6.1.4.2 按照人的活动方式划分

如果按照人的活动方式可分为静态空间与动态空间。

(1) 静态空间

静态空间是指游人在不需要视点移动的情况下就能观赏静态风景需要的空间。一般在游人最多、逗留最久的地方，如亭、廊、茶厅、入口处、制高点、构图的中心地带，安排风景优美的静态观赏画面（图6-30）。

(2) 动态空间

动态空间是指游人在视点移动的情况下，观赏动态风景需要的空间。游人是动的，各个静态空间也不是孤立存在的，在各个静态空间过渡转折时，就出现了步移景异的动态空间。在动态空间组织中，要考虑节奏规律，有起点、高潮、结束。苏州古典园林在空间序列的营造技法上十分成熟，游人在行进过程中，随着视线的移动，映入眼帘的亭台楼阁也随之变化，达到了步移景异的效果，丝毫不觉空间上的限制（图6-31）。

6.1.4.3 按照空间构成要素划分

如果按照空间的构成要素，可分为以地形为主组成的空间、以植物为主组成的空间、以建筑为主组成的空间及三者配合共同组成的空间。

（1）以地形为主组成的空间

地形是构成空间基底的要素，并影响空间的视线和赏景者的心理。平坦、起伏平缓的地形在视觉上缺乏空间限制，给人以轻松感和美的享受。斜坡、崎岖的地形能限制和封闭空间，极易使人产生兴奋和放松心态、纵横自如的感觉。在地形中，凸地形提供视野的外向性；凹地形是一个具有内向性和不受外界干扰的空间，通常给人一个分割感、封闭感和秘密感。地形可以用许多不同的方式来创造和限制外部空间，空间的形成可通过如下途径：对原有基础平面填土造型、对原有基础进行挖方降低平面、增加凸面地形的高度使空间完善，或改变海拔高度构筑平台或改变水平面。当使用地形来限制外部空间时，下面的三个因素在影响空间感上极为关键：空间的底面范围、封闭斜坡的坡度、地平轮廓线。这三个变化因素在封闭空间中同时起作用。一般人的视线在水平视线的上夹角40°~60°到水平视线的下夹角20°的范围内，当三个可变因素的比例达到或超过45°（长与高比为1∶1）则视域达到完全封闭；而当三个可变因素的比例少于18°时，其封闭感便失去。因此，可以运用底面大小、坡度和天际线的不同结合来限制各种空间，或从流动的线形谷地到静止的盆地空间，塑造出空间的不同特性。例如，采用坡度变化和地平轮廓线变化而使底面范围保持不变的方式可构成天壤之别的空间。地形影响地表排水、导流等，因此地表层绝不能形成大于

图6-30　静态空间

图6-31　动态空间

50%或2∶1的斜坡。利用和改造地形来创造空间、造景，在古典园林和现代园林中有很多成功的案例，例如，北京颐和园的万寿山和昆明湖、上海长风公园的铁臂山和银锄湖；而且一般多见于中型、大型园林建设中，因其影响深、投资多、工

程量大，故经常在使其满足使用功能、观景要求的基础上，以利用原有地形为主、改造为辅，根据不同的需要设计不同的地形。例如，群众文体活动场地需要平地，拟利用地形作看台时，就要求有一定面积的平地。安静游览的地段分隔空间时，常需要山岭坡地。风景园林中的地形与水体，须有机地结合，山间有水，水畔有山，使空间更加丰富多变。这种山、水结合的形式，在园林设计中广为应用。就低挖池、就高堆山、掇山置石、叠洞凿壁，除了增加景观外，重要的是限制和丰富空间（图6-32）。

（2）以植物为主构成的空间

植物在景观中除观赏外，还有更重要的建造功能，即它能充当建筑物的地面、天花板、围墙、门窗一样的构成、限制、组织室外空间的要素。由它形成的空间是指由地平面、垂直面以及顶平面单独或共同组成的具有实在或暗示性的范围组合。在地平面上，以不同高度和各类的地被植物、矮灌木来暗示空间边界，加一块草坪和一片地被植物之间的交界虽不具视线屏障，但也暗示空间范围的不同。垂直面上可通过树干、叶丛的疏密和分枝的高度来影响空间的闭合感。同样，植物的枝叶（树冠）限制着伸向天空的视线。鉴于此，亨利·阿诺德在他的著作《城市规划中的树木》中提出：在城市布局中，树木的间距应为3~6m，如果间距超过9m便会失去视觉效应。因此在运用植物构成室外空间时，只有先明确目的和空间性质（空旷、封闭、隐秘、雄伟），再选取、组织设计相应植物。利用植物构成的一些基本空间类型主要有以下几种形式：

① 开敞空间 四周开放，外向无私密性（图6-33a）。

② 半开敞空间 开敞程度小，单方向，通常适用于一面须隐秘，而另一面以水体、草坪、花卉等低矮植物围合，不遮挡人的视线所形成的空间。

③ 覆盖空间 利用浓密树冠的庭荫树，构成顶部覆盖、空透的空间。一般来说，该空间能利用覆盖的高度形成垂直尺度的强烈感觉，一种类似于此空间的是"隧道式"空间（绿色长廊），它是由道路两旁的行道树树冠遮阴而成，增强了道路直线前进的运动感。

④ 完全封闭空间 四周均被中小型植物所封闭，无方向性、具极强的隐秘性，隔离性（图6-33b）。

⑤ 垂直空间 运用高而细的植物构成一个方向直立，朝天开敞的空间。设计要求垂直感的强弱，取决于四周开敞的程度，这种空间尽可能利用锥形植物，越高则空间越大，树冠则越小（图6-34）。

总之，借助植物材料作为限制空间的因素，可制造出各具特色的空间，还能用植物结合各种空间构成相互联系的空间序列，选择性地引导和阻止空间序列的视线，有效地"缩小"空间和"扩大"空间，创造出丰富多彩的空间序列。这种

水平地形统一的景观

山地地形分隔景观

图6-32 以地形为主构成的空间

a. 植物形成的开敞空间　　　　　　　　　　b. 以植物为主构成的封闭空间

图6-33　以植物为主构成的空间

以植物为主组成的风景园林空间，在现存古典园林中少有其例，究其原因是这一类园林不易保存，易受社会变动的影响。因此没有成熟的实例经验可供利用、借鉴，所以现在运用得不多，似乎重视不够。在现代园林中，杭州西湖花港观鱼的大草坪、观鱼池、牡丹亭等植物景观都取得了非常好的艺术效果，随着社会、城市环境和文化水平的变化发展和提高，人们艺术情趣和审美意识也将改变。对风景的自然美的欣赏将越来越超过对建筑的人工美的欣赏，那么以园林植物为主的造景将更加重要。

（3）以园林建筑为主构成的空间

以亭、台、楼、阁、轩、榭、廊、墙等园林建筑组成的园林空间可形成封闭、半开敞、开敞、垂直、覆盖等不同空间形式。在我国现存的明清古典园林中多具典范，取得了极为成熟的经验。如北京颐和园的谐趣园、苏州园林等。这些园林的特点是以建筑物为境界物，多以水体为构图主体，植物处于从属地位，妙用山石、花木、门窗，通过联系、转换、过渡达到炉火纯青的境界。另外，在以建筑为主的风景园林空间中，室内景园也是一个重要的形式，占地少且带有顶盖，将自

图6-34　植物形成垂直空间

然景物巧妙地从外界引进，使之具有庭园风味和自然气息，随着现代园林的发展将越来越受到人们的重视，塑造室内景园以此作为构成室内空间的手段，在具体运用上多式多样。可用渗透对比的手法扩大空间，用过渡、引申手法联络空间，用点缀补白手法丰富空间，这些手法互相结合，可形成不同特性、不同主题的专类室内景园。如石景园、水景园、盆景园、声景园等，并广泛利用形成门景、厅景、廊景、梯景、室景等不同区域的景域空间。室内外空间的有机结合，成为丰富室内空间的珍美小品（图6-35）。

(4) 以地形、植物、建筑共同构成的空间

植物和地形结合，可强调或消除由于地形的变化所形成的空间。建筑与植物相互配合，更能丰富和改变空间感，形成多变的空间轮廓。三者共同配合，既可软化建筑的硬直轮廓，又能提供更丰富的视域空间，园林中山顶的亭、水边的榭、山道转弯处的红叶，都能够营造丰富的视景空间。现代公园内的空间，更是要将园林的各要素组合，以满足各种功能的需要和景观观赏的需求（图6-36、图6-37）。

6.1.5 风景园林空间序列

6.1.5.1 多空间组合的处理

前文主要分析单一风景园林空间形式的处理问题。然而园林艺术的感染力却不限于人们静止地处在某一个固定点上，或在某一个单一的空间之内来观赏它，而是贯穿于从连续行进的过程之中来感受它。这样，须跃出单一空间的范围，进一步研究两个、三个或更多空间组合中所涉及的各种问题。

(1) 空间的对比与变化

两个毗邻的空间，如果在某一方面呈现出明显的差异，借这种差异性的对比作用，将可以反衬出各自的特点，从而使人们从这一空间进入另一空间时产生情绪上的突变或快感。空间的差异性和对比作用通常表现在以下四个方面。

① 高大与低矮之间　相毗邻的两个空间，若

建筑墙面限制着空间边缘，无空间渗透

建筑廊能将室内外空间相互渗透

图6-35 以建筑为主构成的空间

图6-36 弧形入口空间

图6-37 以地形、植物、建筑共同构成的空间

体量相差悬殊,当由小空间而进入大空间时,可借体量对比使人的眼前为之一亮。中国古典园林建筑所采用的欲扬先抑的手法,实际上就是借大小空间的强烈对比作用而获得小中见大的效果。最常见的形式是:在通往主体大空间的前部,有意识地安排一个极小或极低的空间,通过这种空间时,人们的视野被极度地压缩;一旦走进高大的主体空间,视野突然开阔,从而引起心理上的突变和情绪上的激动和振奋。例如,留园入口处的开合处理,在进入主空间前利用狭长的长廊让游人在心理上产生一个强烈的对比(图6-38)。

② 开敞与封闭之间　就室内空间而言,封闭的空间就是指不开窗或少开窗的空间,开敞的空间就是指多开窗或开大窗的空间。前一种空间一般较暗淡,与外界隔绝;后一种空间较明朗,与外界的关系较密切。很明显,当人们从前一种空间走进后一种空间时,必然会因为强烈的对比作用而感到豁然开朗。

图6-38 苏州留园入口空间视域分析

③ 不同形状之间　不同形状的空间之间也会形成对比作用，不过较前两种形式的对比，对于人们心理上的影响要小一些，但通过这种对比至少可以达到变化和破除单调的目的。然而，空间的形状往往与功能有密切的联系，为此，必须利用功能的特点，并在功能允许的条件下适当地变换空间的形状，从而借相互之间的对比作用以求得变化（图6-39）。

④ 不同方向之间　空间出于功能和结构因素的制约，多呈几何形平面的长方体。若把这些几何形空间纵、横交替地组合在一起，常可借其方向的改变而产生对比作用，利用这种对比作用也有助于破除单调而求得变化（图6-40）。

(2) 空间的分隔与联系

风景园林的空间艺术表现很大程度上是依靠空间的分隔组合手段。空间的分隔与联系就是变化与统一的关系，也是局部与整体的关系。园林的空间布局是通过组成要素，地形、水体、建筑、道路、植物、构筑设施，以形式美的规律构成有分有合、有挡有露、有断有续、有主有次、有旷有奥，既有局部的特征又有整体的联系，使风景园林成为多样统一的整体。园林的空间分隔与联系，分为平面的分隔与联系和竖向的分隔与联系。分隔是依功能要求与景观艺术需要而划分的空间所属，联系也是从功能需要和景观效果出发进行的空间过渡、渗透与呼应手段。

从人对空间感知概念讲，风景园林的空间分隔有实分与虚分两种表现形式。实分是运用山体建筑的实墙、密林等材料，完全遮挡住视线，两个被分隔的空间完全隔开，互不联系，只有通过道路和门口彼此相通。虚分是运用道路、河流、廊、透花墙等划分出空间的所属关系，在被分隔的空间之间，视线不受阻或部分受阻。如果说前一种实分是分隔大于联系的程度，虚分则是联系大于分隔的程度。在空间的分隔与联系的构图形式与造景手法上，中国传统的自然山水园比西方的规则式园林在空间组织方面要丰富得多。中国园林中的许多造景手法都是对空间分隔与联系的巧妙运用。

(3) 空间的重复与再现

在有机统一的整体中，对比固然可以打破单调以求得变化，但作为它的对立面——重复与再现，则可借协调而求得统一，因而这两者都是不可缺少的因素。诚然，不适当的重复可能使人感到单调，但这并不意味着重复必然导致单调。在音乐中，通常都是借某个旋律的一再重复而形成主题，这不仅不会感到单调，反而有助于整个乐曲的统一和谐。

空间组合也是这样。只有把对比与重复这两种手法结合在一起，使之相辅相成才能获得好的效果。例如，对称的布局形式，凡对称都必然包含着对比和重复这两方面的因素。我国古代建筑家常把对称的格局称为"排偶"。偶者，就是成双成对的意思，也就是两两重复地出现。

同一种形式的空间，如果连续多次或有规律地重复出现，还可以形成一种韵律节奏感，宛如

图6-39　不同形状的空间对比

图6-40　不同方向的空间对比

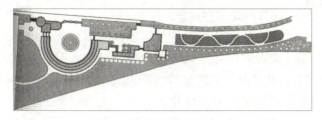

图6-41　空间的韵律节奏

音乐的序曲和尾声（图6-41）。

（4）空间的层次与景深

风景园林中为追求空间的丰富变化，显示视景空间的深远，便采用增加层次的分离手段。最基本的是创造有前景、中景和远景的视景空间，这也是绘画与影视界常使用的构图规律。有三层及以上的视景空间便产生景观的层次感和深远感。层次与景深的关系，自古诗文绘画都有论述，如"景不曲不深""造园如作诗文，必须曲折有法""庭院深深深几许，杨柳堆烟帘幕无重数""曲径通幽处，禅房花木深"等。增加景观层次通常采用平面的曲折、竖向的起伏、空间的藏露等显示景深的手法，其中平面的曲折必须有障有隐才会有层次有深远，从而达到丰富景观视线、增强观景体验以及小中见大的景观效果。

（5）空间的衔接与过渡

两个大空间如果以简单化的方式使之直接连通，常常会使人感到单薄或突然，致使人们从前一个空间走进后一个空间时，印象十分淡薄。倘若在两个大空间之间插进一个过渡性的空间（如过厅），它就能够像音乐中的休止符或语言文字中的标点符号一样，使之段落分明并具有抑扬顿挫的节奏感。

过渡性空间本身没有具体的功能要求，它应当尽可能地小一些、低一些、暗一些，只有这样，才能充分发挥它在空间处理上的作用。使得人们从一个大空间走到另一个大空间时必须经历由大到小、再由小到大，由高到低、再由低到高，由明到暗、再由暗到明等一系列过程，从而在人们的记忆中留下深刻的印象。过渡性空间的设置不可生硬，在多数情况下应当利用辅助性房间或楼梯、厕所等间隙把它们巧妙地插进去，这样不仅节省面积，而且可以通过过渡空间引导进入某些次要的空间，从而保证大厅的完整性。

过渡性空间的设置须看具体情况而定，并非在两个大空间之间都必须插进一个过渡性的空间，那样不仅会造成浪费，而且可能使人感到烦琐和累赘。过渡性空间的形式是多种多样的，它可以是入口空间，也可以借助高差联系空间，起到空间过渡的作用（图6-42）。

（6）空间的引导与暗示

运用对景、框景、借景等手法丰富空间，加强空间的引导。以道路的走向把人流引向某个确定的方向，或利用门窗暗示出另外一些空间的存在，也可以利用建筑、小品、雕塑，暗示前进的方向。这些方式使空间具有近景、中景和远景的层次，增加空间的深远感（图6-43）。在运用框景、借景的手法增加空间的层次时，应注意景与框的形式相协调。

6.1.5.2　空间的序列

空间的序列可以像音乐一样分为起始、过渡、高潮、尾声，也可以如文学的叙事结构，先设下伏笔，再娓娓道来，呈现不同视角下的片段，最后清晰地展现整个事件，总结式地回顾那些似乎没有关联的片段，形成完整的情节。以序列型的结构为例，景物被有计划地、分段式地、有节奏地展示，直到最后，壮观的全景展现在人们的面前，人的情感由此达到高潮。

风景园林景观的展现，从进园到出园，静态观赏是相对的、暂时的，动态观赏是绝对的、循环的。因此，园林的景色在园内道路网的引导串联下，成为动态的连续构图，称为景观的动态序列。众多景点和景区构成园林整体，不仅每个景点和景区在景观构图上要体现形式美的构图规律，达到统一变化，同时在园林的整体布局上也要达到统一变化。首先是空间的展示。如前文所述，风景园林空间有开敞、闭合、过渡、疏透等不同类型，如何根据不同景区、景点的使用功能、动静态观赏特点、主次关系、表现形式进行空间组织，使空间有大有小、有明有暗、有开有合、有隐有露，达到有分隔有联系、有节奏、有韵律的

图6-42 入口空间

图6-43 利用铺装变化引导空间

统一多样的动态序列空间。

空间序列的展示又与风景园林形式有密切关系。规则式园林空间对称严谨，以轴线引导，空间变化宜少，节奏较慢，形成严肃庄重的气氛。自然式园林的空间变化大，节奏快慢结合，空间形态多样，故空间通常不是单一存在，而是多种空间的复合，空间可串联、并联或散点式组合。风景园林空间的程序组织是一个带有全局性的问题，它关系到群体组合的整个布局。空间的程序组织和人流活动的关系十分密切。一般而言，外部空间的程序组织首先必须考虑主要人流必经的路线，其次还要兼顾其他各种人流活动的可能性。只有这样，才能保证无论沿着哪一条路线活动，都能看到一连串系统的、连续的画面，从而给人留下深刻印象。结合功能、地形、人流活动特点，外部空间程序组织可以分为以下几种基本类型：

①沿着一条轴线向纵深方向逐一展开（图6-44）；

②沿纵向主轴线和横向副轴线作纵、横向展开（图6-45）；

③沿纵向主轴线和斜向副轴线同时展开（图6-46）；

④作迂回、循环形式的展开（图6-47）。

各主要空间沿着一条纵轴逐一展开的空间序列，人流路线的方向比较明确，头绪比较单一。这种序列式风景园林的规模大小一般可以由开始段、引导过渡段、高潮前准备段、高潮段、结尾段等不同的区段组成。人们经过这些区段，空间忽大忽小、忽宽忽窄，时而开敞时而封闭，配合着地形的起伏变化，不仅可以形成强烈的节奏感，同时还能借这种节奏使序列本身成为一种有机、统一、完整的过程。许多古典园林均以这种形式来组织空间序列，并获得良好的效果。我国传统的建筑，特别是宫殿、寺院建筑，其群体布局多按轴线对称的原则，沿一条中轴线把众多的建筑依次排列在这条轴线之上或其左右两侧，由此而产生的空间序列就是沿轴线的纵深方向逐一展开的。例如，明、清故宫就是一个非常典型的例子，虽然它的规模很大，但主要部分空间序列极富变

图6-44 沿着一条轴线展开空间

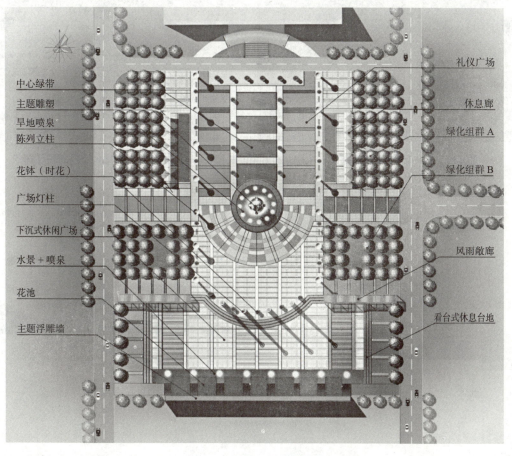

图6-45 某广场的纵横轴线

化，并且这种变化又都是围绕着某个主题有条不紊展开的，于是就可以把许多个空间纳入一条完整、统一、和谐的序列之中。

景观动态的连续构图，在风景展示序列中通常分为"起景""高潮""结束"三个基本阶段。其中高潮为主景，起景和结束为衬托高潮的配景。也可以将高潮和结束合为一体，成为两段式。现列式如下：

两段式：序景—起景—转折—高潮—尾景（图6-48）。

三段式：序景—起景—发展—转折—高潮—转折—收缩—尾景（图6-49）。

空间的展示还与风景线、导游线关系密切。风景线是表现景观的隐与露的布置，一般手法是：小园多隐，大园多显；小景宜隐，大景宜显；导游线可使人寻到风景线，以风景线展示空间景观效果。

此外，空间的序列变化还表现在园林植物的季相变化中。由于气候的周期性变化，园林植物的外貌也随之改变，自然园林景观也随之变化。因此，园林植物的季相交替构图是影响景观空间动态序列的重要因素。

图6-46　某广场的斜向轴线

图6-47　某滨水公园的循环形式

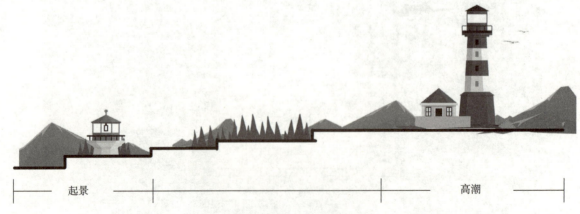

图6-48　两段式

| 起景 | 高潮 | 结束 |

图6-49 三段式

6.2 造景手法

中国园林艺术的关键在于造景，园林景色不仅师法自然而且要富于意境，引人入胜。清代钱泳在《履园丛话》中说："造园如作诗文，必使曲折有法，前后呼应。最忌堆砌，最忌错杂，方称佳构。"一言道破，造园与作诗文无异，从诗文中可悟造园法，而园林又能兴游以成诗文。诗文与造园同样要通过构思，所以造园又称构园。园林设计强调"园必隔，水必曲"，建筑布局，要依山傍水，错落有致；叠山要有奔驰之势，理水要有蔓延流动之态，而园路要随行就势、曲折自然；植物是景观中最富于变化的因子，花果枝叶变化多样，营造出四时景观。

中国传统园林中，空间布局和造园手法极其丰富。中国传统园林是对自然的精炼与浓缩，通过对自然的感悟，以形写神的概括所要表现景象的相关特征，从而达到小中见大的艺术效果。例如，运用建筑、山石等点景；以水体、植物等来衬景；运用分景、框景、漏景来表现空间的流动性；运用空间的对比和先抑后扬的空间序列来突出主景；运用借景、夹景、对景等艺术手法达到园林景观步移景异的效果等，根据情境的需要和具体环境氛围的营造而采用不同的造景手法。在园林中游人通过直接观赏这些景观，进行分析和评价，定会产生各种联想和共鸣。园林造景时，应考虑园林所处的环境以及游人的视线、角度，根据人的视觉特性创造良好的景物观赏环境，适当处理观赏点与景物间的关系，使一定的景物在一定的空间里获得良好的景观效果。

6.2.1 分景

我国的园林和诗画均以含蓄追求意境，极力避免"开门见山""一览无余"，所谓"藏则深，露则浅""景愈藏意境愈大，景愈露意境愈小"。

分景即景观的分隔组合，是将园林划分为若干空间，使之园中有园、景中有景、湖中有岛、岛中有湖；景色有藏有露、有虚有实、半露半藏、虚虚实实，以构成丰富多彩、变化莫测的空间组合体。

分景根据其特点可分为障景和隔景。

6.2.1.1 障景

障又称抑，是抑制视线，屏障景物，并具有引导空间变换、取得意外景观的手法（图6-50）。"景贵乎曲，不曲不深"，为了达到"曲"的效果，丰富园林景观，增加园林层次的深度，避免园景平铺直叙，就要安排能遮掩视线、引导游人的景物，使人产生"一丘藏曲折，缓步百路攀"的感觉，达到步移景异的效果。

（1）障景的分类

障景可用山石、影壁、树丛、树群、建筑等作为屏障物，用土山或石山作山障，用树木作树障，运用建筑的廊院作障景叫曲障。障景一般设在较短距离之间才被发现，因视线受阻感到抑制，使游人想办法寻找出路，让人产生"山重水复疑无路"的感觉，然后改变空间引导方向，逐渐展开园景，达到"柳暗花明又一村"的境界。这就是通常所说的欲扬先抑、欲露先藏的手法。

图6-50 利用景墙抑制视线

图6-51 北京菖蒲河公园内的景墙

(2) 障景的设计要点

在园林的入口处常常采用障景，成为园中迎客的第一景，使游客兴趣大增，迫不及待地绕过障景去游赏障景后面的景色、景点。因此障景的设计要点有：

① 多设于入口处，并高过视线，景前留出一定余地，供游人逗留、穿越；

② 在自然式园林中的障景多为自然式山体、树丛；

③ 有时障景也用于隐藏园内不够美观的物体，正所谓"嘉者收之，俗者屏之"；

④ 作为障景的障体本身也应该成为景观。

(3) 障景的应用

障景在中国古典园林中应用得十分频繁，如苏州拙政园的腰门设计，当人们经过转折进入门厅内时，一座假山挡住去路，走门厅两侧的廊道，沿廊西可去小沧浪，看到小飞虹、香洲、听香深处、荷风四面亭、见山楼等建筑在狭长的视野里层层分布；也可由山西面过桥前往，远香堂和听香深处之间的狭小空间让人在到达远香堂前对中部空间的宽广丝毫未料，随着空间的转换，给人豁然开朗的感觉；沿东部一条小路顺坡而下，有与地形结合很好的一道云墙，是前面小庭院之后一处较为开敞的景区。苏州留园入口用曲折的建筑廊院作障景，起到了很好的欲扬先抑的效果（见图6-38）。北京颐和园用皇帝朝政院落及其后一环假山、树林作为障景，自侧方沿曲路前进，一过牡丹台便豁然开朗，湖山在望。障景在现代园林中应用也很广泛，如济南植物园的跌水假山、石家庄市动物园的曲廊、沈阳中山公园的壁画墙、合肥旭辉江山印、北京奥运村、北京菖蒲河公园、北京皇城根遗址公园等（图6-51、图6-52）。

6.2.1.2 隔景

隔景是为了使景区和景点各具特色，避免各景区的相互干扰的手法。增加园林整体空间的变化，是隔景的主要目的。利用空间的虚分和实分达到空间组织中的层次变化节奏，或虚或实、虚中有实、实中有虚，使人产生错觉。

(1) 隔景的分类

隔景根据视线受阻程度分为实隔、虚隔；根据分隔实体的竖向高度分为平面分隔和竖向分隔。

①实隔 游人视线不能从一个空间看到另一个空间，称为实隔。常用的隔景要素有建筑、实

墙、山石和密林。如北京颐和园中的谐趣园、无锡的寄畅园都用高墙隔开，现代园林中常用实墙作实隔。隔景以实隔为主，有隔才有进深，"庭院深深几许"体现了空间层次的丰富变化（图6-53）。

②虚隔　游人视线可以从一个空间透入另一个空间，称为虚隔。空间与空间之间完全通透，通常以水面、堤、桥以及道路相隔（图6-54）。游人视线有断有续地从一个空间透入另一个空间，两个空间虽隔又连，隔而不断，景观能够互相渗透，常用开漏窗的墙、长廊、围栏、花墙、疏林、花架等分隔空间。

道路　这种分隔只是心理上的感觉。如步石、汀步等点状为主的实体，其分隔性较弱，其他道路则分隔性相对较强。

水体　行动上受到阻碍，虽分隔，但属于虚分。如水面过大，以至于看不清对岸的景物时，则接近于实分。

廊、透花墙、栏杆　这些具有不同通透程度的建筑、小品也会对空间产生虚分。

（2）隔景的应用

隔景在中国古典园林中应用广泛，如上海豫园用龙墙进行分割、颐和园的昆明湖、南京的玄武湖使用桥、洲、岛进行分割。在苏州拙政园的水池中，有两个起伏的岛屿，将水面分隔成南北两个景区，北面景区呈现出山清水秀的江南水乡情调，南面景区则呈现俊俏山景，形成两种不同的风光。在现代景观中也有许多应用景墙进行隔景的例子（图6-55）。

6.2.2　夹景

为了强调狭长空间的纵深景观，或挡住两侧不美的景观，常以树丛、山冈或建筑等加以屏障，形成狭长空间，这种造景手法叫作夹景。夹景可以突出对面的景物，起到障丑显美的作用，同时增加园景的深远感，也是引导游人注意主题景观的有效方法。

在规则式园林中，夹景约束视线方向，让游人可以直观狭长空间顶端的主景，强调主景的统治地位；在自然式园林中，夹景可以蜿蜒曲折，变幻出明与暗、开与合的空间变化序列。例如，

图6-52　利用植物屏障视线

图6-53　实隔

图6-54　虚隔

法国凡尔赛宫以国王林荫道为一条轴线，以靠两旁的欧洲七叶树为景框，既是为了求得全面夹景，便于透视到终端的阿波罗泉池，又可强调主轴线上的两个主题雕塑（图6-56、图6-57）。苏州拙政

图6-55 利用各式景墙分隔空间

图6-56 凡尔赛宫园林内利用绿篱营造狭长视线（上图）

图6-57 利用植物营造幽深静谧的意境（下图）

园西部为突出倒影楼而东设曲廊，西有土山，两相对峙形成夹景，产生了比较理想的景观效果。自然界中河流两侧为高耸的山脉，形成狭长空间，景色深远壮观。在现代风景园林中的夹景案例有成都蓝光雍锦王府大区、合肥万科未来之光城市商业广场、合肥旭辉的江山印等。

6.2.3 对景

与观景点相对的景称为对景，是视景空间中景点、建筑间的相互呼应关系。对景安排在游人前方的位置，借以消除视觉中的空寂感。互为对景的景物可以在道路和广场的两端安排，也可以在水面的对岸或两个对立的山顶、山坡上设置。有对景就有联系，就使人产生由此及彼的欲望，从而达到左右游人的目的。对景常分为正对、互对和呼应。

正对：以规则式的轴线形式，两景点的中轴线重合。

互对：两景点的中轴线交叉。互对的景物不一定有很严格的轴线。

呼应：上下的对景又叫呼应。

对景不是园中的主要景物，散置在园内，点缀、烘托、陪衬其他景物是不可少的。在道路端头或转弯的地方安排简单有趣的景物，使游人在游览的过程中有景可赏，步移景异，提升游人游览的兴致；也可在休息建筑的四周安排小水池、雕塑小品、树丛、孤赏石、花坛等，使人们在停留休息时，临窗近观增添情趣。自然式园林道路曲折多变，在弯曲处、交叉处（"十"字形或"丁"字形交叉）都要在路旁安排适当的园林小品、灌木丛、山石等，营造自然野趣的场景。规则式的园林，则常在道路的交叉口或放射型道路的中心点上，安放雕塑、花坛、喷泉等，几条道路汇于一点作为多个视点的对景。对景在中西方园林中都有广泛的应用，如法国巴黎的拉维莱特公园、凡尔赛宫的庭院（图6-58、图6-59），北京故宫主轴线上对景、苏州拙政园中雪香云蔚亭隔岸对景等（图6-60、图6-61）。

6.2.4 借景

借景指将视线可及的特定的园林空间以外的景物，有意识地组织起来进行欣赏，使其成为园内景物观赏的一部分的一种造景手段。借景在中国古代文学和有关造园著作中有过经典的论述。明代计成在《园冶》写道："园巧于因借，精在体宜""借者，园虽别内外，得景则无拘远近，晴峦耸秀，绀宇凌空，极目所至，俗则屏之，嘉则收之。"还有"夫借景，林园之最要者也"；明末清初的造园家李渔也主张"取景在借"。杜甫诗"窗含西岭千秋雪，门泊东吴万里船"，诗中的西岭雪和东吴船既是框景，也是借景。陈从周教授也对借景有进一步的体会："园外有景妙在'借'，景外有景在于'时'。"借景不仅指借园外的景物，园内也存在着借景，如景区与景区之间，景点与

图6-58　法国巴黎的拉维莱特公园

图6-59　凡尔赛宫园林中心内部

图6-60　故宫主轴线对景

图6-61　拙政园隔岸对景

景点之间，乃至景物之间也存在借景手法的运用。

借景是中国造园艺术中独特的手法，无形之景与有形之景交相辉映，相映成趣。对自然式园林和综合式园林来讲，借景能起到意想不到的艺术效果。借景的应用，可以丰富园林景观，且不耗费人力物力，非常经济；借景引地形、山石、水体、动植物、建筑以至自然现象入景，可在有限的空间内获得无限的意境，增加园林景观的变化，扩大景观的空间感。借景引用得好，能使园林突破自身基地范围的局限，使整个风景面扩大和延伸出去，将院内外的风景连成一片。中国古典艺术特别强调景外之景，借景是达到这一境界最有效的途径。美学家叶朗曾经举例说明园林艺术以借景来突破有限，而使游览者对整个宇宙、历史、人生产生一种富有哲理性的感受和领悟。

借景的提出是在园林面积较小的情况下，或园外有可能借入园内的景观，设计师与园主希望扩大空间感，向四周借入一些风景。随着时代的发展，园林的内容不断充实和更新以满足园林开放性的需要，借景更可得到广泛的应用，如城际间的高速公路和铁路上的中、远景。园林在满足传统的观赏功能时，还要作为人们相互交往的活动场所而必须重视借景手法的运用。居住小区设计中也应该很好地利用借景的造园方式，既可以减少建造成本，又可以更好地利用周围的城市景观丰富小区内整体环境。将居住小区融入周围的自然环境中，既是周围环境的向内渗透，又是居住区环境的向外延伸。造园的方式与各种借景方式互相结合，目的皆是为创造更好的人居环境，把人工与自然、功能与观赏、技术与艺术、时尚与传统有机地结合起来，尽情享受阳光、空气、绿色、人、自然与建筑构成的和谐人居环境。

6.2.4.1 借景的分类

借景是除游人视力所达的园内景物可供游览观赏外，园外若有与园内整体景观相协调或符合景观视线的赏景需求，而且是在视力可以看到影像轮廓又无其他遮挡，在园林布局上留出观赏视线，将景色纳入园中。

借景的关键在于"精"与"巧"，使园内外景色相呼应，汇成一体，不但丰富了景色，也扩大了空间。借景有以下几种：

（1）远借

远借就是把园林远处的景物组织起来，所借物可以是山、水、树木、建筑物等。

远借与仰借、俯借有较大差别，远借虽然对观赏者和被观赏者所处的高度有一定要求，但仍是平视效果。如皇家园林颐和园借西部玉泉山之塔、寄畅园借锡山龙光寺，都是成功的远借之景（图6-62、图6-63）。

远借有一个共同的先决条件，即观赏者必须立于高台或建筑之上，或被观赏者须有一定的高度，以使视线越过围墙的限制而能远处观赏。在著名的郊外山水园林中，建高楼以供游人远望更

图6-62　颐和园远借玉泉山塔

图6-63　寄畅园远借锡山龙光寺

图6-64 苏州沧浪亭邻借水景

图6-65 仰借

是一个传统。例如，为眺望长江水天一色的壮丽江景，从西到东就有岳阳楼、黄鹤楼、太白楼、多景楼四大名楼，在这些楼中赏景，不仅可以扩展风景的广度和深度，而且可以使游人联想起历代的名人雅士，堪称融自然、人文于一体。王勃的"画栋朝飞南浦云，珠帘暮卷西山雨"就是对远借的审美意蕴的深刻领悟。

（2）邻借

邻借指把园子邻近的景色组织起来，是间隔距离较短的借景。周围的景物，只要是能够利用构成景色的都可以借用。如一枝红杏出墙来可借，疏枝花影落于粉墙可借；漏窗投影是就地借，隔园楼阁半露头是就近借；低洼之地也可借，可观其水体水景。又如苏州沧浪亭临园有河，则沿河做假山、驳岸和复廊，不设封闭的围墙，通过复廊、山石驳岸，自然地将园外之波与园内之景组为一体（图6-64）；苏州拙政园西部假山上的宜两亭也是借景的范例。

（3）仰借

仰借指以园外高处景物作为借景，如古塔、高层建筑、山峰、大树，包括天空、白云、月亮、星星、飞鸟等。苏州拙政园内见山楼借附近土山上的雪香云蔚亭，北京北海公园借邻近景山公园万春亭，广州云台花园借景白云山，南京玄武湖借鸡鸣寺等皆为仰借。从低向高处看，或从舟中、或从池中小榭看景，所见到的是一幅由近到远、层次分明、浓淡相间的风景画面，游赏者容易产生恬静、悠闲的审美情趣。仰视角过大，易产生疲劳，所以一般会就近设置休息设施。在电视塔等各种高大建筑附近的公园都可仰借其景色入园（图6-65）。

（4）俯借

俯借与仰借相反，是由高向低处俯视获得景观。北京景山公园万春亭借北海公园之景物，杭州六和塔借钱塘江水景，广州白云山顶借山下都市浮屠风景都为俯借。俯借从高处向下看，视线开阔，看得也远。见到远近山水均伏在脚下，游人便会产生一种豪放、雄旷的审美心态。俯借要求观赏者视点高，应该考虑到游客的安全性而在边界处设护栏、铁索、墙壁等保护。例如，北京景山公园山顶上的亭子俯借故宫景色（图6-66）。

（5）借时

借时指利用某个时点或时段之花样众多的自然景观或现象，借以营造一种气氛和意境。一日之间的晨曦晚霞、晓星夜月。例如，北京卢沟桥旁，黎明斜月西沉之时，月色倒映水中，更显明媚皎洁。颐和园由前山去谐趣园的路上有一城关，其东称"紫气东来"，其西为"赤城霞起"；颐和园中的夕佳楼，位于宜芸馆西侧，黄昏阳光强烈，环境条件并不好，为此在院中叠石时采用含氧化铁成分的房山石，其新者橙红，旧者橙黄，从西侧楼上看，黄昏下的石峰在阳光下，有

"夕阳一抹金"的效果。承德避暑山庄西岭晨霞面西而立，赏朝阳射于西岭之上的景色，"锤峰落照""清晖亭""瞩朝霞"等景观建筑朝东，可以欣赏到棒槌山、蛤蟆石、罗汉山的剪影效果。由此可见，建筑朝向可以东西向，甚至南北倒座，可以面西而赏夕阳，也可以面东而赏朝霞，视周围环境而定。香山的霞标石壁也是"借时"妙作，卢沟晓月和个园四季景观也都是借时的佳例（图6-67）。

（6）借天

借天是对天气变化的欣赏。国外的现代园林内不设亭廊等设施，认为风吹雨打更添趣味，恰如"不管风吹浪打，胜似闲庭信步"。泰山斩云剑、避暑山庄的南山积雪，都是对天时变化的欣赏。还有借稳定的四季更替，以抒发情怀。如东晋王威的"望秋云，神飞扬，临春风，思浩荡"，陆机《文赋》写道："遵四时之叹世，瞻万物之纷思，悲落叶于劲秋，喜柔条于春芳"，都说明了借助天时的变化，人们可以抒发自己的情怀（图6-68）。

四季中春生、夏荣、秋收、冬枯的变化拓展了园景的欣赏范围，提高了人们审美情趣。扬州个园是一个典型例子。春天的特点在"长"字上，古人的踏青，今天的春游，都是欣赏万物复苏的活动。扬州个园前部修竹千竿配以石笋，石笋仿佛竹笋刚刚破土而出，和竹林配合显示春天旺盛的生机，再过一道院墙来到位于主体建筑南面，这里左有竹林，右有常青的桂花，给人四季皆春的感觉。另外，桃花沟、知春亭等景点都是靠纯林成片栽植产生动人的气势。

夏天的特点是植物生长茂密，与水、风一起可带来凉爽感。个园以灰色的湖石叠起玲珑剔透的夏山，广玉兰撑开浓荫，曲桥贴水直通幽暗的山下石洞，整个局部创造出涧谷深邃、高林苍翠的清凉世界，使人一身清爽、神清志畅。夏天的荷花自古就被文人雅士评为上等花。杭州西湖曲院风荷以夏日观荷为主题，每逢夏日，和风徐来，荷香四处飘逸，令人陶醉。苏州拙政园主体建筑远香堂同旁边的倚玉轩、对面的荷风四面亭和雪

图6-66　俯借

图6-67　借时

图6-68　借天

香云蔚亭一起形成了以赏荷为主题的水面空间。园林中以"冷香"为名的建筑很多，一般都指栽种白莲花。很多植物在采用时要慎重选择品种，否则会达不到应有的气氛。避暑山庄的香远益清景位于湖洲区东北角的热河泉处，这里因有温泉，花期持续期长，仿佛能延长生机勃勃的夏天，此时就可用一些红荷来渲染气氛。

秋季给人"寒城一以眺，平楚正苍然"的感觉。红叶、高山、中秋月常成为主要欣赏对象。个园秋山为全园的高潮所在，三座黄石假山产生了雄浑高峻的感觉，布置了山谷、峭壁、小冈、磴道、悬崖、山涧等多种山道形式，如同真山再现，令人感受到山的高险；在山顶俯视四周，可见秋山本身又呈现出特有的金黄色调，使人感到秋意满怀。杭州西湖平湖秋月、苏州网师园月到风来亭、苏州留园闻木樨香轩等只是秋景在园林中运用的经典案例。江南写意山水园中满坡的桂花使人感到清新抒怀，残叶飘零可令文人骚客悲秋叹世。

松、梅等植物题材和风雪等气候变化常在冬景中成为重点。个园冬山的宣石被置于南墙阴影之下，仿佛皑皑白雪经冬不消，庭院在主风向上留出空隙引风入院，并在墙上设4排共24个风孔，如同口琴音孔一样，使风经过时产生的声响增强冬的寒意。地面的铺装是冰裂纹，庭院中种植蜡梅，把冬天的景色表现得淋漓尽致。

（7）借影

借影指借助景物的倒影形成优美的景观。如苏州狮子林的暗香疏影楼就是取意于"疏影横斜水清浅，暗香浮动月黄昏"；杭州花圃"美人照镜"石，在水的倒影里可将靠里的形态较美的景观部分反射出来；苏州博物馆庭院中虚借水中倒影；苏州拙政园的倒影楼、承德避暑山庄的镜水云岑和很多临水建筑都是借影的例子。另外，在巴黎的拉维莱特公园和雪铁龙公园都有借影的佳例（图6-69）。

（8）借声

借声指设立以听觉为主的景点。如拙政园的留听阁，取自晚唐李义山的"留得残荷听雨声"；避暑山庄内的"风泉清听""莺啭乔木""远近泉

巴黎拉维莱特公园借影

雪铁龙公园借影

图6-69　借影

声""万壑松风""听瀑亭""月色江声"等都是以听觉为主的景点。岭南四大名园之一的广州余荫山房中小姐楼有联"欲知鱼乐且添池，为爱鸟声多种竹"，可见借声之手法广泛用于园林之中。

（9）借香

借香即借花草树木可使空气清新，烘托园林气氛。如在我国古典名著《红楼梦》中的大观园里以村居为园取名"稻香村"。颐和园澄爽斋，堂前对联写着"芝砌春光兰池夏气，菊含秋馥桂英冬荣"，道出了春兰夏荷秋菊冬桂带来的满院芬芳。北京恭王府花园有以香为景题的"有樵香径""雨香岑""妙香事""吟香醉月"等几处；广州市兰圃其主要花卉种类是兰花，但是为了不使其色彩过于单调，又引入了洋甘菊、七里香等其他植物进行搭配和衬托，又以此给兰圃借来了不一样的香味。

（10）借虚

借景可以借实景也可以借虚景。如颐和园的清晏舫取名出自"河清海晏，时和岁丰"，显示帝王巡游于太平盛世的升平景象。而扬州瘦西湖，苏州狮子林、怡园等都设有不系舟，寓意"人生在世不称意，明朝散发弄扁舟"。苏州拙政园的香洲内又题有"野航"，仿佛要在不沉之舟中感受到"少风波处便为家"的清逸节奏。广东清晖园，楼在湖岸较远处，模拟"蕉林夜泊"的意境，水边一株大垂柳上紫藤缠绕，象征船缆；楼以边廊和湖岸相接，宛如跳板，整个景点全靠意境连缀而成，浑然一体。

6.2.4.2 借景的具体手法

（1）提高视点位置

"欲穷千里目，更上一层楼"，也就是说站得越高，视野越大，见到的景物就越多。在苏州园林中，常见叠假山、筑高台，在高处设亭子，为借景创造条件。

（2）借助门窗或漏窗

通过门窗或围墙上的漏窗，把临园的景色借过来。借景可以沟通院内外和室内外空间，使空间感扩大。

（3）借园外高处远景

如颐和园借西部玉泉山的塔影，苏州拙政园借附近的北寺塔，无锡寄畅园借惠山塔，这些远借的效果至今受人称赞。远借还有一些偶然的内容，如天上的鸟类、飘逸的晚霞、青天、明月等。

城市园林是再造的第二自然，前提是要保护利用第一自然，在园林中通过味觉、嗅觉、触觉等感官体验而产生一种意境、情怀或趣味。岭南

图6-70　圆洞门做框景

图6-71　植物做框景

四大名园之东莞可园的《可楼记》说："居不幽者，心不广；览不远者，怀不畅。"白天借远处大海群山，近处人行车马，晚上则借城市的灯光。广州的越秀山以镇海楼俯瞰周边，佛山清晖园的留芳阁和江门立园的毓培楼也是为了借景而建的。

6.2.5 框景

利用门框、窗框、树框、山洞等，有选择地摄取空间的优美景色，把自然风景框起来做画面处理的手法叫作框景。在中国古典园林中，常常可以通过门窗看到如画的风景，在粉墙上出现以圆洞门为框的山石盆景画面，犹如装裱了的风景画，使人观赏到更加精美完整的景致（图6-70）。西方则更多地利用树木的天然树冠作为取景框，上不封顶，摄取最佳的画面（图6-71）。框景犹如一幅精巧的，富于立体感的图画，使自然美上升为艺术美，加强风景艺术的效果。框景必须设计好入框的景色，所选入框的画境要美丽动人，可以选宝塔、远山、芭蕉、山石等。同时要把框景安排在比较适宜的位置上，才能有较好的艺术效果。

6.2.5.1 框景的位置

（1）景区的入口处

以园门为景框，门内安排一组景物，将各种造景元素巧为安排，使游人在入口处即有一种进入画境的美感（图6-72）。

（2）走廊的转角或尽头

由于游人在廊内行走，视线容易停留在走廊的终端或前方的转角处，所以在此处窗外安排一定的远景或近景供窗内欣赏。苏州网师园水池东北角的廊上巧妙地在转角上开了两个窗，构成两个框景。

（3）沿园墙或长廊一边有墙的单面廊

墙上按一定距离开设各式窗孔，借以吸取园外的框景。当人们在廊上行走的时候，可以从每个窗框看到窗外不同的景色，景观的连续变化富有韵律感（图6-73）。

（4）室内

室内的各式窗，开窗以后中间虚敞，静坐室内玩赏室外的风景常称为静态赏景。窗外可以有

图6-72 以园门为景框

图6-73 沿园墙或长廊一边有墙的单面廊

远山，可以有近树，有意安排好框景（图6-74）。

《园冶》中说"收之圆窗，宛然镜游"，由于欣赏的位置比较固定，窗与景都相对固定，很像一面镜子里反映出来的风景。

6.2.5.2 框景的形式

框景的形式多样，灵活性也很大，姚承祖（1866—1938年）在《营造法源》中写道："苏南凡走廊园庭之墙垣，辟有门宕，而不装窗户者，谓之'地穴'。墙垣上开有空宕，而不装窗户者，谓之'月洞'。凡门户框宕，全用细清水砖做者，则称'门景'。"此处所讲的"地穴""月洞"即为园林中通常所说的门窗。

"门窗磨空，制式时裁，不惟屋宇翻新，斯谓林园遵雅。"此段文字所述即门窗之式，样式若营造新颖，不仅屋宇有若新造，而且园林也更加雅致，故园林中门窗形式可谓变化丰富。门窗的样式在《园冶》中附有葫芦、莲瓣、如意、汉瓶、月窗、片月、菱花、梅花、葵花、海棠等多种图式。外形各异的窗框，在园林中连续排列于墙上，既可形成框景，又以自身形状奇异、有趣成为园内景观而引人注目，同时也在隔与漏之间引人入胜。园林建筑的门与窗，尤其是窗景这非同寻常的审美情趣，通过窗使室内外、远近景观互为映衬。窗提供了一个观赏的基点与角度，通过窗框构成美的画面，轩依水而建，构作扇形，轩内有一扇面窗，窗外翠竹数竿，像图画一样。

在园林中园窗除扇面外，常用的形状还有圆形、方形。苏州拙政园的梧竹幽居亭，四面均设有圆洞门，犹如四幅图画，其景观正如亭中对联所写"爽借清风明借月，动观流水静观山"。扬州钓鱼台，在瘦西湖上金山之西，是一座三面临水的方亭，亭内四面墙上开门洞，临水三面为圆形，近岸处为方形。从亭内远眺，湖上的白塔和五亭桥分别映入两圆洞门内，构成了极空灵的一幅画面，到此游玩的人常感到奇妙无比（图6-75）。

图6-74 室内的窗框景

6.2.5.3 框景的因素

要取得良好的框景效果，须注意以下几个因素。

①动观与静观的因素。

②景、框、人之间的距离因素。观赏时距离不能太近，须离窗数步，则框与景连，不分彼此，宛然一幅天然图画。

③远景入框还是近景入框的因素。

如果将上述三个方面妥善安排，就可以取得良好的艺术效果。

6.2.5.4 框景的构成方式

（1）设框取景

即先有框再布景，有"纳千顷之汪洋，收四时之烂漫"的效果。这种构成方式应把景观布置在与窗相对应的位置上，使景物恰好落入明视角度范围内，成为最佳的画面（图6-76）。

（2）对景设框

即先有景而后开框，框的位置朝向借景的要素。李渔所创的"无心画"，对园林框景的发展影响很大，在现代风景园林设计中也有成功的实

图6-75 框景

际案例，如北京香山饭店、成都蓝光雍锦王府等（图6-77）。

框景之所以受人欢迎，首先是因为有简洁的景框为前景，使视线高度集中于"画面"的主景上，给人以强烈的艺术感染；其次使视域内外空间相互渗透，扩大了空间，增加了诗情画意；最后是景框将所取得框景之外的景物全部遮蔽，引起欣赏者集中注意力。框景可以把园林的自然美、绘画美与建筑美高度统一、高度提炼，最大程度地发挥赏景的多种效应。当代美国景观学者约·O·西蒙兹（J. O. Simonds）在《景园建筑学》一书中将景象比作图画。他认为："一幅景象，是一幅尚待做框架的图画，也可以是一幅融合很多单体的万花筒图案。"在设计中可以有选择地布置框架，摄取自然界或园林中的优美景色，聚焦丰富的空间景色变化。

6.2.6 漏景

漏景是由框景发展而来，两者的区别在于框景景色可以全观，而漏景景色若隐若现，含蓄又雅致。漏景是空间渗透的一种主要方法，其常用方法是设漏窗，通过漏窗看窗外景色，景色依稀可见，饶有情趣。除了漏窗以外，还有花墙、漏屏风和树林等，通过空隙可以看到如画的风景。注意植物不宜色彩华丽，树木宜空透阴暗，排列宜与景并列，所对景物则以色彩鲜艳、亮度较大为宜。漏景不甚清晰，是一种模糊美，漏景的形成使人在模糊中欣赏到窗外的风景"似实而虚，似虚而实"，从中得到美感（图6-78）。

6.2.7 透景

开辟透景线，使被遮挡的美好景物显露出来，这种处理手法叫作透景。安排透景线时，应先将园内外主要风景点透视线在平面规划设计图上表示出来，保证在透视线范围内，景物的立面空间上不再受阻挡。合理安排透景线，可丰富园内景观。杭州葛岭上的初阳台，今非昔比，视线受周围树木所阻，早已看不到日出，也看不到西湖，为借西湖之景以丰富初阳台的景观，必须开辟透

图6-76 设框取景

图6-77 各式框景

图6-78　各种漏窗

图6-79　透过树木漏窗欣赏远处景色（上图）

图6-80　透过景墙欣赏远处景色（下图）

景线，才能登高望远。

透景线常常与轴线或放射型直线道路和河流统一考虑，这样做可以减少移植或间伐大量树木。透景线除透景以外，还具有加强"对景"地位的作用。因此，沿透景线两侧的景物，只能作透景的配景布置，以提高透景的艺术效果（图6-79、图6-80）。

一般来说，大园景色可透、可泄，小园景色意境本不易含蓄、深邃，故不宜透，在设计和造园时多不用此法。

小结

本章主要阐述了风景园林空间与空间造景。风景园林空间主要是运用园林山水、园林建筑、园林植物及园林道路等几大要素按照形式美的基本法则来营造的空间，组成要素及其组合的方式决定了风景园林空间的开敞与封闭的类型及其所形成的景观。为了进一步明确空间景观的形成，将风景园林的造景手法分为分隔与联系，以及在此基础上形成的障景、夹景、对景、隔景、漏景等造景手法；层次与序列则是加强了景深，如借景与框景等。

思考题

1. 试述空间与空间的构成。
2. 试述园林空间的构成要素及其构成方式。
3. 多空间的处理方式都有哪些？
4. 试述空间的序列的主要类型及其组合方式。

5. 试述空间的主要类型及其构成内容。

6. 试述现代景观中有哪些实例继承了中国古代造园手法?

7. 试述园林的造景手法有哪些?明确其定义及其造景内容。

推荐阅读书目

1. 建筑空间组合论. 彭一刚. 中国建筑工业出版社, 2004.

2. 外部空间设计. 芦原义信著. 尹培桐译. 中国建筑工业出版社, 1988.

3. 景观设计学:场地规划手册(第4版). 约翰·O·西蒙兹著. 俞孔坚, 王志芳, 孙鹏译. 中国建筑工业出版社, 2009.

4. 风景园林设计(第3版). 王晓俊. 江苏科学技术出版社, 2009.

5. 交往与空间. 扬·盖尔著. 何人可译. 中国建筑工业出版社, 1992.

6. 说园. 陈从周. 同济大学出版社, 1984.

7. 园冶. 计成著. 陈植注释. 中国建筑工业出版社, 1988.

下篇 各论

第 7 章

风景园林*地形设计

地形是园林空间构成的基础，与园林性质、形式、功能、景观效果有直接联系；地形处理则是风景园林设计的基础，起到关键的作用。不仅因为它是传统造园理念中自然山水园的骨架，更重要的是对其进行利用和改造，将影响园林道路系统布局、园林建筑小品选址、植物配置、给排水工程及地形所围合空间的小气候环境等其他诸多因素。

7.1 地形分类

地形类型复杂多样。从地表起伏形态来讲，山谷、高山、丘陵、草原及平原等地表类型一般称为"大地形"；从地形变化较小的园林区域来讲，土丘、台地、斜坡、平地或因台阶和坡道引起的水平面变化的地形等统称为"小地形"；而高程起伏最小的地形则称为"微地形"，包括土丘上的微弱起伏，或道路、场地上铺设的石块表现出的不同质地变化等。具体按不同分类方法有如下类型。

7.1.1 按标高坡度分

（1）平地

平地指园林内坡度比较平缓的用地，这种地形在现代园林中应用较多。在组织游客进行文体活动及游览风景过程中，为便于接纳和疏散游客，园林内必须设置一定比例的平地，以满足游客对活动空间的需求。

（2）坡地

坡地作为地形的一种重要形式，广泛应用于城市绿地设计中。起伏变化的地形可丰富人们的视觉与空间体验，并为植物生长创造适宜的小气候条件。

（3）山地

山地是自然山水园的主要组成要素，也是竖向设计的主要内容。园林中的山地大多是利用原有地形，经过适当人工改造而成；城市中平地建造的园林多以挖湖堆山创造山地，一般人造山地面积应低于全园总面积的30%。

（4）凹地

凹地在景观中又称碗状洼地，主要体现为下沉空间。凹地制约空间的程度取决于其周围坡度的陡峭程度以及其长度、宽度和高度。凹地的形成一般有两种方式，一种是当地面某一区域的泥土被挖走形成；另一种则是由几个凸地形排列形成的凹状空间。

凹地是一个内向性、不受外界干扰的空间，通常给人一种分割感、封闭感和私密感，可将处于该空间中的游人的注意力集中在其中心或底层。凹地具有独特的封闭性和内倾性，多作为理想的表演舞台，人们可从该空间四周的斜坡上观看到底层的表演。

---

* 本章风景园林一词用园林简称，第 8 章至第 11 章同样用简称。

7.1.2 按形成原因分

园林地形按形成原因可分为天然地形和人工地形两类。

① 天然地形 是指自然界客观存在的地形条件，园林设计者在现状基础上进行改造，创作形成具有中国传统园林典型特征的自然山水园。如颐和园就是借助"瓮山"和"西湖"原有山水骨架修建而成的，自成天然之趣；直至1750年，"瓮山"改名为万寿山，"西湖"改名为昆明湖，又经过水系梳理、不断修缮，才改造形成如今的颐和园景区。

② 人工地形 是利用人工条件挖湖堆山，改变原有自然地形地貌特征所形成的新地形。如2006年修建的北京奥林匹克森林公园，分为南北两园，其中南园以大型自然山水景观为主，主山设计由中国工程院院士孟兆祯先生手绘制图，所用土方均由人工挖湖得到的土石堆砌而成，是目前国内最大规模的人工挖湖堆山景观。

7.1.3 按使用功能分

山体地形按使用功能可以分为可登临、可游览、可观赏三类。一些山体只可观赏，不可登临，多为置石或叠石，如留园的冠云峰等；一些人造地形，体量不大，只可登临眺望；而一些大规模的山岳则有景可赏，可进行游览，如泰山等自然山岳。

7.2 地形的作用

7.2.1 创造空间

地形可以影响人们对户外空间的感受，平坦地形仅是一种缺乏垂直限制的平面因素，而斜坡能够限制和封闭空间，坡度越大空间感就越强烈。

除能限制空间外，人所站立的地表面倾斜度还会对所在空间的气氛产生影响。

① 平坦、起伏平缓的地形给人以美的享受和轻松感，使人感到更安全；

② 斜坡地面会使站立者感到不稳定，但又可以为儿童创造便于滑行、追逐、跑动的地形空间；

③ 陡峭、崎岖的地形则极易在空间中造成兴奋和恣肆的感受。

如法国拉·维莱特公园在儿童游乐区利用起伏的地形，创造出儿童喜欢的新奇、动感、变化的活动空间（图7-1）。

图7-1 法国拉·维莱特公园儿童游乐区地形

7.2.2 控制视线

地形直接影响游人的可视目标和可视程度，可构成引人注目的景观视线，丰富景观层次，还可创造景观序列，屏障不悦目因素。地形可以影响观赏者和所视景物或空间之间的高度和距离关系，观赏者可利用地形低于或等高于景物，还可高于所视景物，每一种关系都能产生不同的俯视、平视或仰视的观景效果。

7.2.3 组织排水

地形设计可以调节地表排水和引导水流方向，看似非常平坦的广场也需要有一定坡度以便组织排水；几乎没有坡度的地面会因不能主动排水导致积水，对地基长时间浸泡而产生地面铺装冻胀、地面塌陷等危险。降到地面的、未曾渗入地面的、未蒸发的雨水都可称为地表径流，而径流量、径流方向及径流速度都与地形有关，一般（不考虑确切的土壤类型）地面坡度越陡，径流量越大，流速越快，而流速太快会导致水土流失。

7.2.4 创造小气候

地形能影响局部光照、风向及降水量。大陆性温带地区的园林地形中，在冬季，朝南坡向比其他方位坡向受到的直接日照要多，朝北坡向几乎得不到日照；在夏季，所有方位的坡度都可受到不同程度的日照，其中西坡所受照射最强。小型园林环境中的山体是创造小气候的有利条件，在寒冷、干燥的北方地区，坐北朝南的山谷可形成良好的小气候环境。

7.3 地形设计原则

园林地形的设计和改造应全面贯彻"适用、经济、美观"的总原则，与此同时还应坚持因地制宜、满足使用功能、造景及施工要求等基本原则。

7.3.1 坚持因地制宜原则

园林地形处理应遵循因地制宜的原则，"高处可就平台，低洼可挖池沼"，以利用原地形为主进行适当改造。因此进行地形处理时，首要考虑在原有地貌基础上，结合园林使用功能和园林景观构图等方面的要求加以利用和改造，就低掘池、因势掇山，不仅可以达到"自成天然之趣"的效果，还能减少土方调配过程中各类资源的消耗。"宜亭则亭，宜榭则榭""自成天然之趣，不乏人事之工"，使园林中的山水景观达到"虽由人作，宛自天开"的艺术境界。景物的安排、空间的处理、意境的表达都力求依山就势、高低错落、疏密起伏、自由布局，从而营造出坡陇坪谷、矶渚洲岛、溪涧池湾、山峦平台、叠嶂错层、林中空地、疏林草地等不同意境的空间。较大规模的挖湖堆山，所需人力、物力很大，因此更要考虑财力等条件；同时，应根据需要和基地现状进行全面分析，使土方工程量降到最小程度，力求达到园内填、挖土方量的平衡。

7.3.2 满足使用功能要求

游人在园林内游览时，对环境有着一定的要求，因此园林地貌的设计要尽可能为游人创造出满足各种游憩活动所需的不同地形环境。如开展野餐、唱歌、日光浴等活动，就需要一个较大面积的草坪广场；进行泛舟、游泳等水上活动，则需要有一定面积的水面空间；登高远眺需要有山重水复、峰回路转、层次丰富的山林等。此外，还可利用地形的变化分隔园林空间，使得园林内不同性质的活动互不干扰。

7.3.3 满足园林造景需要

园林应以优美的景观来丰富游人的游憩活动，所以在园林设计中应力求创造出游憩活动广场、水面、山林等开敞、郁闭或半开敞的园林空间境域，丰富景观层次，组织富有韵律的、空间开合变化的空间序列。通过地形的处理，也可体现出园林中借景、障景、对景、漏景，以及不同层次与景深的造景手法，达到"欲扬先抑，欲露先藏""嘉则收之，俗则屏之""小中见大"等造景效果。因此，园林设计中更要注意通过地形地貌的改造，最大限度地营造出多样的园林景观，达到步移景异的观景效果。

7.3.4 符合园林施工要求

园林地貌在满足使用和景观需要的同时，必须符合园林施工的规范要求。如山的高度与坡度的关系、各类园林广场需满足的排水坡度、水岸坡度的稳定性等问题，都需严格把控，以免发生诸如陆地内涝、水面泛溢或枯竭、岸坡崩塌等工程事故。

7.4 地形设计要点

7.4.1 平地

园林中的平地通常是指坡度小于3%相对平整的用地。自然式园林中的平地面积较大时，可有坡度为1%~7%起伏的缓坡。平地是组织开敞空间的有利条件，也是游人集中、疏散的场所，人们可以在平地开展多项文体活动。在现代公园中，游人量大而集中，活动内容丰富，平地面积须占全园面积的30%以上，且其中1~2处需要较大面积。

为满足地面排水需要，平地应该有一定的排水坡度。平地排水以道路两侧的明沟排水为主，坡度大小可根据地面情况及排水要求而定，平地要有0.3%~1%及以上的排水坡度。具体坡度要求详见表7-1所列。

表7-1 各类地表排水坡度   %

地表类型	最小坡度
草地	1.0
运动草地	0.5
栽植地表	0.5
铺装场地	0.3

引自公园设计规范 GB 51192—2016。

平地的地面处理分以下四种类型：

①土壤地面 裸露土壤地面，可设于平地林中，城市中尽量少用。

②沙石地面 为防止地表径流对土壤的冲刷，可在地面铺撒一层细沙砾与黏土胶结，或有天然的岩石质地，上面以卵石、沙砾找平，作为游人的活动场所和风景游憩地。适用于山麓下面的停车场、自然风景区的山麓人工平地、湖河滩地等。

③铺装地面 主要用于园林中的道路、广场，可采用规则式铺装或自然式铺装。在铺装材料的选择上，应广泛应用透水性铺装，不仅铺装面层要有透水性，基垫层也应用具有透水性的混凝土等新材料。

④植被地面 园林中最常用的是用植被覆盖的陆地表面，多用草坪，也可选择宿根花卉、地被植物等覆盖地面。

7.4.2 坡地

坡地可与山地、丘陵或水体并存，一般是平地与山地的过渡，常以山石、植被等装饰护坡，坡向和坡度大小视土壤、植被、铺装、工程措施、使用性质及其他地形地貌因素而定。坡地的坡度要在土壤的自然安息角内，一般为20%，如有植被护坡也应不超过25%。设计中要考虑该坡度对应土壤的自然倾斜角，边坡坡度不应高于相应土壤的自然倾斜角数值；一旦超过，就须考虑加筑浆砌片石、挡土墙等防护措施，以免出现滑坡。

坡地的高程变化和明显的方向性（朝向）使其在造园用地中具有应用广泛性和设计灵活性，可围合空间、提供空间界面、安置视点、组织视线、塑造多级平台、丰富种植层次等。当坡地坡角超过土壤的自然安息角时，为保持土体稳定，应当采取砌挡土墙、种植地被植物、掇叠自然山石等护坡措施。

利用自然地形的坡度进行排水是园林中常用的排水方法，在明确总体排水方向和确保坡面稳定的前提下，结合城市与水处理技术组织科学有序地排水，是园林地形设计的重要内容。

坡地根据坡度的大小主要分为缓坡地形、中坡地形、陡坡地形。

（1）缓坡地形

缓坡地形坡度在3%~12%。此处布置道路和建筑基本不受地形限制，植物种植也不受地形约束，可以设计为活动场地、游憩草坪、疏林草地等。缓坡地形内不宜开辟面积较大的静态水体，如要开辟大面积水体，可以采用不同标高水体叠落组合形成，以增加水面层次感。

（2）中坡地形

中坡地形坡度在12%~25%。此处不适宜进行聚集和活动，但可结合露天剧场作为看台，也可配置林地或花台。在这种地形中，植物种植基本不受限制。

如有人行道路要设置台阶，坡道过长时可采用台阶、平台交替转换的方式，以增加使用舒适性，丰富平面与立面景观变化。如要通车，行车道路不宜垂直于等高线布置，要顺应地形起伏做成盘山道。

在中坡地形上，建筑群布局受限制，分布区须设台阶，建筑一般需要顺等高线布置并结合现状地形进行改造才能修建，并且占地面积不宜过大（建筑平面顺应等高线布置可减少填挖土方量，建筑平面垂直等高线布置增加填挖土方量）（图7-2）。对于水体布置而言，此区域坡道区间除溪流外不宜开辟河湖等较大面积水体。

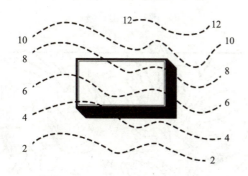

图7-2 建筑平面顺应等高线布置

（3）陡坡地形

陡坡地形坡度为25%~50%。陡坡稳定性较差，容易造成滑坡甚至塌方，因此在陡坡地段的地形改造需考虑加固措施，如建造护坡、挡土墙等。陡坡与缓坡、山体、水体等要素可组合形成优美的园林地形景观，园林中陡坡最宜营造垂直界面景观，在地形设计中可视作土山的余脉、主峰的配景、平地的外缘，因此在进行造景构图时，不仅要注意地形的平面形状，更要注意陡坡的走向趋势。

陡坡上布置较大规模建筑会受到限制，且土方工程量较大。如布置道路，一般要做成较陡的梯道。陡坡地形不适合较大面积水体，但可结合高差营造瀑布景观。陡坡土层较薄，易造成水土流失，树木生长相对困难，如要对陡坡进行绿化可以先将其改造成小块平整土地，或在岩石缝隙中种植岩生植物，必要时可对岩石进行打眼处理，留出种植穴并覆土种植树木。

7.4.3 山地

山地是自然山水园的主要组成部分，也是竖向景观的重要表现内容。中国传统园林中，凡有山之园，大多可因势利导，按照美学要求略加修整以弥补其原有不足，即成风景；而无山之园，则往往需人工掇叠。园林中的山地大多是利用原有地形、土方，经过适当人工改造而成，现代城市中平地建造的自然式园林多以挖湖堆山创造山体。

7.4.3.1 山地的类型

山地按掇山所用材料不同可分为四种类型，即土山、石山、土石混合山和塑山。园林中的假山工程，无论是石山还是土石山，其施工过程都是比较复杂的，并非随意垒成"馒头状"即可，应掇清奇磊落、秀丽玲珑之山。

（1）土山

此类山体造型较平缓，所用材料全部或绝大部分为土，可形成土丘与丘陵，占地面积较大。土山工程简单，投资较少，能丰富园林景观与空间；同时，又能满足周边防护性风景林的种植需求，利于形成绿色屏障。由于受土壤稳定性的限制，小面积的土山不能营造出较高山势，更不易形成峰、峦、谷、洞等复杂景观。

（2）石山

此类山体一般体型较小，所用材料全部或几乎全部为石。在风景园林设计与布局中，常应用于庭院内、走廊旁，或依墙而建作为楼层磴道，或下洞上亭、下洞上台等。古典园林中多有石山的应用。由于山石不易施工，所以石山多用当地所产自然山石掇叠而成，如苏州园林中湖石山应用较多。石山工程造价高，且不易栽植大量树木。

（3）土石混合山

土石混合山即由土、石共同组成的山体，有土少石多和土多石少之分。土少石多的山体一般为表层为石、内部为土，多见于江南园林，山体四周全用石构筑。因有山石砌护，可呈峭壁挺拔之势；在山石间留穴、嵌土、植奇松，可增添生机活力。土多石少的山体主要以土堆成，构成山体基本骨架，土中间石，其特征与土山相似，一般占地面积较大，山林感较强，在我国现存的古典园林中不是很多，江南园林中甚少，北方园林中相对较为多见。此类土石山把土山和石山的优点有机地融为一体，既有较低的造价，又适宜种植植物，创造丰富的植物景观。

（4）塑山

塑山是用建筑构成材料替代真山石，既减轻了山石景物的重量，又可以对假山进行造型创意。岭南园林中历史上有灰塑山的工艺，后来又发展了水泥塑山和景观石，如今已发展成为假山工程的一种专门工艺。塑山在现代城市公园中案例较多，如北京欢乐谷大型假山的应用。

7.4.3.2 山体的构成

园林须借用山体构成多种形态的山地空间，故山地要有峰、有岭、有沟谷、有丘阜，冈阜与平地，使山体间似断非断、似连非连，既要有高低对比，又要有蜿蜒连绵的调和。山体设计要形成"横看成岭侧成峰，远近高低各不同"的意境，同时达成高低起伏、层次丰富的景观效果。

（1）山脊

山脊即脊地，是与凸地形相类似的一种地形，脊地呈线状（图7-3），与凸面地形相比其形状更紧凑、集中，可以说是凸地形"深化"的变体。脊地可限定户外空间边缘，调节山坡上和周围环境的小气候。脊地也能提供一个高于周围景观的制高点，沿脊线有许多视野供给点，而所有脊地终点则为景观的视野最佳点，同时也是理想的建筑选址点（图7-4）。

（2）山谷

山谷综合了凹地形和脊地地形的特点，也是一个低洼空间，具有实空间的功能，可进行多种活动。山谷呈线状，并具有方向性，因而也适宜景观设计。许多自然景观可设计在谷底处，或谷地的溪流、河流之上。谷地与脊地差别还在于谷地属于典型的敏感的生态和水文地域，常伴有小溪、河流及相应的泛滥区。谷地底层的土地肥沃，可设计为农作物种植体验区。

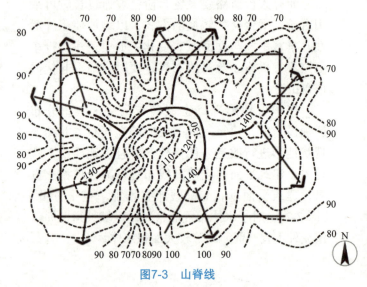

图7-3　山脊线

图7-4　山脊线与建筑布局关系

(3) 峰、峦

山巅参差不齐的起伏之势，称作峦；山峦突起高入云天的山，称作峰。园林中为取得远观山势的观景效果，烘托出山顶环境的山林气氛，山体营造过程中或以黄石掇叠，如上海豫园黄石假山；或以整块湖石叠置，如苏州留园的冠云峰、岫云峰、朵云峰三巨石，峰峦构成的主要空间表现为高耸峻立之美。

峰的典型特征是挺拔，其审美效果有近观和远观的不同（图7-5）。对于较近的观者来说，高峰引人仰视，激起人"危乎高哉"的惊奇感和崇高感。例如，北京香山原静宜园的最高峰在"西山晴雪"之上，海拔逾550m，山势陡峭，不易攀登，故名"鬼见愁"，对观赏者来说是一种"峻拔的崇高"，对于攀登者来说则是一种"艰难的美"。

(4) 壁、崖、岩

所谓悬崖峭壁，是石山最常见的景象，其空间性格表现为陡险峭拔之美，一般采用湖石堆叠成峻峭的山壁，以"小中见大"的手法与周围景观遥相呼应。崖就是峭壁的山边、石壁，岩与崖比较接近，指崖下而言。或壁立如苏州耦园东园和上海豫园的黄石山，以及南京瞻园、杭州西湖郭庄的湖石山；或悬挑如苏州环秀山庄、扬州片石山房的湖石山；也有用以掩饰围墙边界、紧倚墙壁叠掇的"峭壁山"，既掩俗丑，又空出有限空间。临水叠掇的岩崖，有水中倒影的衬托，显得更高崇生动。

崖由于陡峭壁立，往往垂直于地面，因此它不但富于绝壁峭拔、悬崖陡峻的奇险之美，其立面更是题字刻石的最佳处所，构成了园林美的又一景观。例如，北京玉泉山原静明园十六景之一的"绣壁诗态"，就体现了这一景观的美。崖石壁立上题字刻石琳琅满目，为绝壁增添了灿烂锦绣，为环境平添了浓郁诗情。

崖岩贵在于其势"悬"而令人"骇"，然而其根本还在于"坚"。这两者似乎很难同时达成，《园冶》中，计成根据叠石的实践经验总结出"等分平衡法"，解决了"悬"与"坚"难以共存这一矛盾，既是处理山体平衡的要领，也是我国叠山

图7-5 峰峦的创作

史上的重要创造。

(5) 洞、府

洞的基本空间特征是中虚，表现为与外界迥异的幽暗深邃、别有洞天之美。洞往往由于其幽深莫测给人以一种奇异美感，能够引起游客好奇而探胜的心理。在临近水源的山麓，洞口光线隐约，似有若无的神秘感转化人们寻奇探幽的好奇心与动力。正因如此，《桃花源记》中的渔人才不避艰深，舍船而入，终得见灵境仙源般的理想世界。

假山山洞的神秘、神奇之感虽逊于真山洞，但堆掇成功的佳构也能使人产生类似感受。例如，常熟燕园的山洞出于叠山名家戈裕良之手，其南面洞内外一片浅水，点以步石，引导人进入洞内，倍增洞内奇异感；而北面洞外则以一片石半掩洞口，增加了洞的幽深感，其结构和意境是极为成功的范例（图7-6）。

(6) 坡、垅、阜

坡、垅、阜是平原或坡度不大的平地、土丘，有时还是和山相接壤的山麓地带。其空间特征倾向于平坦旷远之美，和峰峦岭岫、崖岩洞府相比，它既不令人感到惊畏骇怪，又不令人感到神秘奇异，而是平易近人，具有现实感和人情味（图7-7）。

(7) 谷、壑、涧

谷、壑、涧及峡、峪等都是比较相近的，均为两山或两岩相夹之间形成的低凹、洼陷的狭长地带，它们共同的空间特点表现为低落幽曲，而不是高爽开朗。谷、壑、涧是中国古典园林中再现自然真山大壑一角的艺术构筑，可产生"似有深境"的艺术效果。例如，承德避暑山庄的峡谷地形较为丰富，在山岳区有松云峡、梨树峪、松林峪、榛子峪、西峪等数道逶迤绵长的峡谷，这些奇峡幽谷之间林木浓荫、蔚然深秀、山溪潺潺、峰回路转，呈现出一种气势磅礴的山峪林壑的景观美。和避暑山庄的真峡实峪不同，江南园林中堆叠而成的山谷空间则体量较小，然而也颇能给人以真实的深山大谷之感，如苏州环秀山庄的山谷是最为典型的一例。

以上几种，虽未囊括中国园林里山的全部种类、名称，但大体上均已包括在内。这几种类型的划分是对中国园林中"山"这个大系统所做的分解研究，通过审美实例可以看出，这些不同类型的空间，会使人们产生不同的审美心态、体会到不同的美感特征（图7-8）。

7.4.3.3 山体的设计要点

人工堆山叠石时，应该模拟自然界中的山体构成（图7-9），结合上述7.4.3.2节山体构成要素，设计出宛若自然天成的山体形态，形成"横看成岭侧成峰，远近高低各不同"的山体景观。

(1) 山水结合，相得益彰

中国传统园林将自然风景看作一个综合性的生态环境景观，山水则是自然式园林的主要组成部分，水无山不流、山无水不活、山水结合、动静结合、刚柔相济。例如，苏州拙政园中部以水为主，创造出山水相连、山岛相延、水穿山谷、

图7-6　山洞景观

图7-7　风景园的坡地

图7-8　自然界中的谷、涧

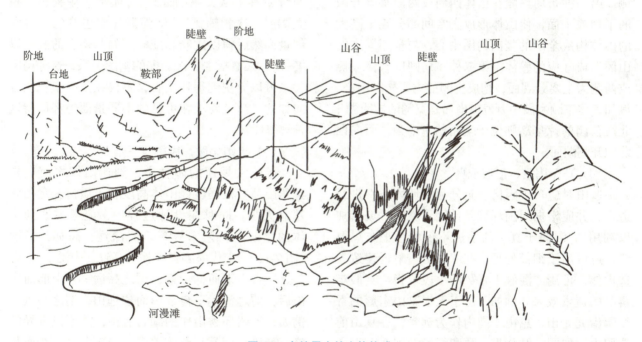

图7-9　自然界中的山体构成

水绕山间的效果。现代园林中人造山水园主要传承中国古典自然山水的处理手法，模拟自然界山水关系，溪流蜿蜒盘旋于山谷之中，水形时放时收（图7-10）。

（2）选址合宜，造山得体

自然山水景物丰富多样，园中究竟在什么位置上造山、造什么样的山、采用哪些山水地貌组合单元，必须结合相地、选址，因地制宜地将主观要求、客观条件及园林组成要素进行统筹安

图7-10　山水结合

排。例如，北京北海公园静心斋的布置，以叠石为主景，周围配以各种建筑，亭榭楼阁、小桥流水、叠石岩洞，幽雅宁静，布局巧妙，充分体现了"相地"和山水布置间的关系；承德避暑山庄在澄湖中设"青莲岛"，岛上建烟雨楼仿嘉兴之烟雨楼，在澄湖东部辟小金山仿镇江金山寺，这两处山体整体上是模拟江南园林，但具体处理时又考虑了当地环境条件，因地制宜，使得山水结合有若自然。

园林中山体的位置安排主要有两种形式，第一种是位于全园的重心；第二种是位于全园的一侧。第一种布局一般在山体四周或两面都有开敞的平地或水面，使山体形成大空间的分隔；高大的山体构成全园的竖向构图中心，与全园周边的山冈形成呼应的整体。第二种布局则以水体一侧或两侧为主要景观面，构成全园的主要构图中心，例如，北京颐和园中万寿山南面是宽阔的昆明湖；北海公园的琼华岛则位于全园的东南角，面向西北的开阔湖面。

(3) 巧于因借，混假于真

造山时应巧于因借、充分利用环境条件进行造山，并应根据周围环境条件因形就势，灵活加以利用。"混假于真"的手法不仅可用于布局取势，还可用于细部处理。在"真山"附近建造人造山体，可用"混假于真"的手段取得"真假难辨"的造景效果。例如，位于无锡惠山东麓的寄畅园借九龙山、惠山于园内作为远景，在真山前造假山，如同一脉相贯；颐和园后湖则在万寿山之北隔长湖造假山，真假山夹水对峙，取假山与真山山麓相对应，极尽曲折收放之变化，令人莫知真假，特别是自东向西望时更有西山为远景，效果更加逼真。

(4) 主客分明，顾盼呼应

山体按造景的功能，分为主山、客山，忌讳孤峰独起；主山不宜居中，忌讳"笔架山"的对称形象。山体宜呈主、次、配的和谐构图，高低错落、前后穿插、顾盼呼应，切忌"一"字罗列，成排成行。此外，园林中的山体形态与平地、陡坡与冈阜应浑如一体，主景突出，先立主体，确定主峰的位置和大小，再考虑如何搭配次要景物，进而突出主体景物。宋代李成《山水诀》中有"先立宾主之位，次定远近之形，然后穿凿景物，摆布高低"，阐述了山水布局的思维逻辑。如苏州的拙政园、网师园，上海秋霞圃皆以水为主，以山辅水；建筑的布置主要考虑了与水的关系，同时也照顾了和山的呼应。

布局时应先从园林的功能和意境出发，结合用地特征确定宾主之位。山体必须根据其总体布局中的地位和作用来安排，切忌不顾大局和喧宾夺主；确定山体的布局地位以后，对于山体本身而言还有主从关系的处理，《园冶》中提出"独立端严，次相辅弼"，即强调先定主峰的位置和体量，然后辅以次峰和配峰。如苏州有的假山以"三安"来概括主、次、配的构图关系，这种构图关系可以分割到每块山石，不仅在某一个视线方向如此，而且要求在可见的不同景面中都保持这种规律性。

(5) 未山先麓，体现"三远"

在较大规模的园林中，到达山体之前应先到达山麓，根据设计山体高度和土质情况定山体基盘大小。同时在设计过程中，应考虑达到山体的"三远"艺术效果，即深远、高远、平远（图7-11）。宋代郭熙在《林泉高致》中说："山有三远：自山下而仰山巅，谓之高远；自山前而窥山后，谓之深远；自近山而望远山，谓之平远。"例如，苏州环秀山庄的湖石假山，并不以奇异的峰石取胜，而是从整体着眼、局部着手，在面积较为有限的地盘上掇出近似自然的石灰岩山水景；山庄内整个山体可分为三部分，主山居中而偏东南，客山远居园之西北角，东北角又有平冈拱伏，这就有了布局的三远变化。就主山而言，主峰、次峰和配峰呈不规则三角形错落安置；主峰比次峰高逾1m，次峰又比配峰高，因此高远的变化初具安排。更加难能可贵的还在于，山庄内有一条能最大程度发挥山景三远变化的游览路线贯穿山体，无论自平台北望、跨桥、过楼道、进山洞、跨谷、上山，均可展示一幅幅山水画面，既有"山形面面看"，又具"山形步步移"。

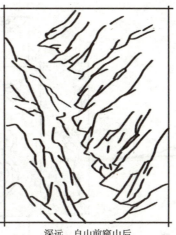

高远，自下仰视山巅　　　深远，自山前窥山后　　　平远，自近山望远山

图7-11　山体的"三远"

（6）急缓相间，莫为两翼

山体不同坡面的坡度应有急有缓，等高线有疏密变化。一般阳坡和面向园内的坡面较缓，地形较为复杂；阴坡和面向园外的坡面较陡，地形较为简单。山脊线的平面应呈"之"字形走向，曲折有致、起伏有度，既顺乎自然，又可形成环抱小空间，以便安排景物并开展活动。

（7）远看山势，近观石质

山体设计时，既要强调布局和结构的合理性，又要重视山体细部的处理。"势"指山体轮廓、组合与所体现的态势特征。欲形成陡峭的山体景观，需要土中间石，形成土石相间的山体，再由石组成峰、峦、洞、壑、岫、坡、矶等山体类型。同时，合理的布局和结构还必须落实到假山的细部处理上，所谓"近观质"，即石质、石性、石纹、石理。掇山所用山石的石质、纹理、色泽、石性均需一致，石质统一，但造型要有变化，堆叠中讲究"皴法"，使其趋于自然。

（8）山观四面，步移景异

讲究山体的坡度陡缓不同，不同角度、不同方向形态变化多端，形成步移景异的空间效果（图7-12）。要充分利用山地空间的特点，依据山体设计要点（图7-13），创造山洞、隧道、悬崖、峡谷等山体景观，以构成垂直空间、纵深空间、倾斜空间，使山的立面效果在不同方向都各具不同的层次、展示不同的景观意象，从而使得游人

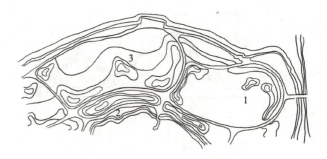

图7-12　步移景异的山体设计
1.阜障，高约1m　2.带状土山，高约2.5m
3.缓坡，1∶10～1∶4坡度起伏

从中领略大自然中不同山体的丰富景象，达到中国山水画中山体的意境效果。

（9）山路回旋，设施全面

可登临游览的山体，须根据地形设置山道、配置植物，并设置安全和服务设施等。

山路回旋：须"之"字形设置，回旋而上，或陡或缓，富于韵律；山道要与植物绿化相结合，在游人行进中时露时隐，使游人视线时放时收。

根据需要设计如下全面的设施。

①安全设施　在陡峭的山道处，设置护栏或铁链，起到安全防护的作用。

②休息设施　要适时、适地设置缓台和休息兼远眺景观的亭、台等建筑设施。

③景观设施　山道转弯处设置石块、雕塑等景观设施。

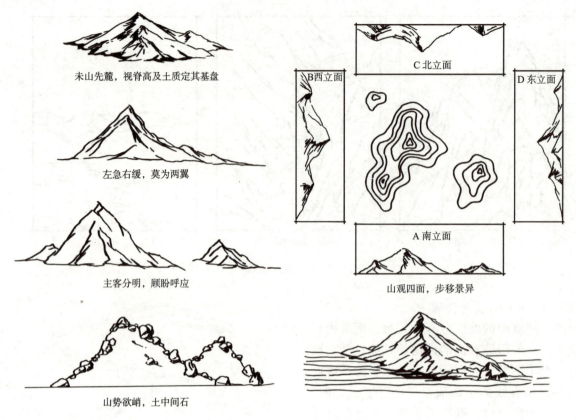

图7-13 山体设计要点示意图

④服务设施 在大型山体中设置简易小卖部或茶饮等设施，供游客在游览过程中进行适当补给与休息。

小结

本章主要阐述了地形设计这一要素的设计要点。地形是园林空间构成的基础，将影响其他要素布局、基础设施工程及小气候环境等其他诸多因素。首先介绍了园林地形的分类，根据标高坡度、形成原因和使用功能可分为不同的类型，其次介绍了地形的四个作用及设计原则，最后分别从平地、坡地和山地介绍了地形具体的设计要点，并着重阐述了自然式山体的设计要点。其中山地是本章的重点、难点。

思考题

1. 园林地形分为哪几类？叙述每一种类型含义或特点。
2. 园林地形都有哪些作用？
3. 山体的构成要素有哪些？叙述每一种构成要素的含义或特点。
4. 试述山体的设计要点。
5. 简述山体的位置布局要点。
6. 山体需要布局哪些设施？

推荐阅读书目

1. 园林设计. 叶振启，许大为. 东北林业大学出版社，2000.
2. 风景园林设计要素. 诺曼·K·布思著. 曹礼昆，曹德鲲译. 中国林业出版社，1989.
3. 地貌学及第四纪地质学. 杜恒俭，陈华慧，曹伯勋. 地质出版社，1981.
4. 风景地貌学. 杨湘桃. 中南大学出版社，2005.
5. 中国自然地理·地貌. 中国科学院《中国自然地理》编辑委员会. 科学出版社，1980.
6. 新编园林工程设计规范与施工安装标准图集、图解实用全集. 刘清新. 青海人民出版社，2006.
7. 园林设计. 唐学山，李雄，曹礼昆. 中国林业出版社，1996.
8. 园林工程. 赵兵. 东南大学出版社，2011.
9. 园林景观设计. 鲁敏，李英杰. 科学出版社，2005.

第8章 园林水体设计

水，作为一种晶莹剔透、洁净清新，既柔媚又强韧的自然物质，早在近3000年前的周代，就已成为园林游乐的内容。在中国传统的园林中，几乎是"无园不水"，故有人将水喻为园林的灵魂。水具有五光十色的光影、悦耳的声响和众多的娱乐内容。有了水，园林就增添了活泼的生机，也更增加波光荡漾、水影摇曳的形声之美。

水体是园林要素中形体最为多变、形象最为活跃的元素，是设计要素中最迷人和最激发人们兴趣的因素之一。正所谓"水令人远，景得水而活"。水的变化丰富、形式多样，如平展如镜的水池、流动的叠水和喷泉，可以构成多样的园林景观。园林水体设计需要艺术地再现自然，充分利用水的特性，通过河湖、水池、溪涧、瀑布、跌水、喷泉等水体景观，营造良好的景观效果。

在园林诸要素中，以山、石与水的关系最为密切。如果说，山石是园林之骨，那么，水就是园林的血脉。山石能赋予水以形态，水则能赋予山石以生气。山水能使画面刚柔相济、仁智相形、山高水长、气韵生动。中国传统园林的基本形式就是自然山水园，"一池三山""山水相依""背山面水""水随山转，山因水活"以及"溪水因山成曲折、山溪随地作低平"等都成为中国山水园的基本规律。大到颐和园的昆明湖，与万寿山相依，小到"一勺之园"，也必有山石相衬托，所谓"清泉石上流"也是由于山水相依而成景。

8.1 水体特点

水体本身无色无味，但形成水景则有其独特的观赏功能与使用功能。

8.1.1 水体功能特点

（1）调节小气候

水体具有调节小气候的功能，既可调节空气的温度和湿度，又可溶解空气中的有害气体、净化空气。水的蒸发使水面附近的空气温度降低、湿度增加，无论是池塘、河流或喷泉，其附近空气的温度一定比无水之处的低。如果有风直接吹过水面，刮到人们活动的场所，则更加强水的冷却效果。例如，西班牙阿尔罕布拉宫所建的花园，就利用了这个原理来调节室内外的空气温湿度。

（2）降低噪声

水能用于室外空间吸尘降噪、隔离噪声，营造一个相对宁静的气氛。特别是在城市中有较多的汽车、人群和工厂的嘈杂声，利用瀑布或流水的声响来减少噪声干扰。如纽约市的帕里公园，就是用水来阻隔噪声的。这个坐落在曼哈顿市的小公园，利用挂落的水墙，减少了噪声对公园内游人的干扰。由于这些噪声的减弱，人们在轻松的环境下，便不会感到城市的混乱和紧张。又如用叠水来掩盖噪声的佳例——由劳伦斯·哈尔普林设计在美国波士顿的自由之路公园和加拿大温哥华的罗布森广场。

（3）储存排水

多数园林水体具有储存园内的自然排水、对外灌溉农田的作用，有的又是城市水系的组成部分。

（4）提供娱乐

园林中的大型水面，可进行水上活动，可作为游泳、钓鱼、帆船、赛艇和溜冰的场所。

（5）丰富绿化

水是水生植物的生长地域，可以利用水面增加绿化面积和丰富园林景色，还可结合水生经济作物进行生产。

8.1.2 水体景观特点

（1）有动有静

水平如镜的水面，给人以平静、安逸、清澈的环境和情感。飞流直下的瀑布和缓缓流淌的溪水又具有强烈的动势。

（2）有声有色

瀑布的轰鸣、溪水的潺潺、泉水的叮咚，这些声响给人以不同的听觉感受，也构成了园林空间特色。水本身无色透明，但它会将周围的环境色彩映入其中，还可以结合人工灯光，丰富色彩的变化。

（3）扩大空间

园林中的水面可通过"映借"将周围的空间环境映入水中，形成另一层天地，使人感到视域扩大。尤其是平静的水面像一面镜子，在镜面上能再现出周围的形象（如土地、植物、建筑、天空和人物等），所反映的景物清晰鲜明，如真似幻地令人难以分辨真伪。当水面被微风吹拂，泛起涟漪时便失去了清晰的倒影，景物的成像形状破碎、色彩斑驳，好似一幅印象派或抽象派的油画，仍可以成为游人观赏的景观。

8.2 水体分类

园林中常见水体按不同园林形式可分为：规则式水体和自然式水体。规则式水体包括：河（运河）、水池、喷泉、涌泉、壁泉、规则式瀑布、规则式跌水。自然式水体包括：河、湖（海）、溪、涧、泉、瀑布、井、自然式水池。水体按水流的状态可分为静态水景和动态水景两大类，湖和池（塘）属于静态水景，动态水景根据水体形式又细分为流水、落水、跌水和喷水，如喷泉、溪和瀑布等。

8.2.1 静态水景

静水是指园林中不流动的、平静的水面。静水无色而透明，具有宁静、祥和、明朗的特点，它能映射出周围物象的倒影，给人以丰富的想象。在色彩上，可以映射周围环境四季的季相变化；在风吹之下，可产生微动的波纹或层层的浪花；在光线下，可产生倒影、反射等视觉效果，都能使静水水面变得波光晶莹、色彩缤纷，给庭园或建筑带来无限光韵和动感。面对一平如镜的静水，游客主要欣赏水的色彩、水中的波纹和倒影，游客易陷入沉思之中，情绪也将平静下来，烦恼也会驱除。

静水是现代水景设计中最简单、最常用又最易取得效果的一种水景设计形式。静水常以湖、池、塘等形式出现。

（1）湖

湖有天然湖和人工湖之分。天然湖是天然的水体景观，人工湖则是根据园林地形地貌人工挖掘而成的水体。园林中利用面积较大的湖面来营造水景，充分体现纳千顷之汪洋的特色。湖体岸线要和全园的风格形式相协调，湖岸形式多样，或直或曲，通过人工造型，突出构图与形式美，四周配以步道、亭廊、植物，衬托休闲的生态气氛，美不胜收。

（2）池、塘

在现代汉语中，凡是野外自然形成低洼存水之处，称为"塘"或自然式水池；凡是人工开挖建造存水之处，称为"池"。池、塘是最常见的水景之一，下文主要针对人工创造的池进行讲解。池水相对较浅，不能开展水上活动，以观赏为主，常配以雕塑、喷水、花坛等。人工水池与人工湖有较大的不同，湖面积较池大，水体较池深，池的面积通常较小，人工水池形式更为丰富，岸线变化丰富且具有装饰性。水池布置要因地制宜，充分考虑园址现状，其位置通常应是园林局部构图中心，在园中较为醒目的地方，使其融于环境中。多位于传统园林的核心区，构成园林的中心景观。人工池一般可用作广场中心、道路尽端以及和亭、廊、花架、花坛组合形成独特的景观。

水池的形状是根据其所在的位置及功能等因素来决定。自然式水池是指模仿大自然中的天然水池，强调水际线的变化，有着一种天然野趣的意味，设计上多为自然或半自然式。其特点是平面构图曲折有致，宽窄不一。虽由人工开凿，但宛若自然天成，无人工痕迹。池面宜有聚有分，视面积大小不同进行设计，小面积水池聚胜于分；大面积水池则应有聚有分，聚处水面辽阔，分处蜿蜒曲折，有水乡弥漫之感。自然或半自然形式的水域，形状呈不规则形，使景观空间产生轻松悠闲的感觉。人造的或改造的自然水体，由泥土或植物收边，适合自然式庭园或乡野风格的景区。水际线强调自由曲线式的变化，并可使不同环境区域产生统一连续感（借水连贯），其景观可引导游人行经一连串的空间，充分发挥静水的纽带作用（图 8-1）。

规则式水池在城市造景中主要突出静的主题及旨趣，可就地势低洼处辅以人工开凿，也可在重要位置作主景挖掘，有强调园景色彩的效果。其平面可以是各种各样的几何形，又可作立体几何形的设计，如圆形、方形、长方形、多边形或曲线、曲直线结合的几何形组合。映射天空或地面景物，增加景观层次。水面的清洁度、水平面、人所站位置角度决定映射物的清晰程度。水池的长宽依物体大小及映射的面积大小决定。水深映射效果好，水浅则反之。池底可有图案或特别材料式样来表现视觉趣味（图 8-2）。

8.2.2 动态水景

动态的水景有流水、落水和喷水三种形态，这些形态又可以演变出若干种不同的形式，特别是随着科技的发展，动态的形式也在千变万化，

图8-1　自然式水池

图8-2　规则式水池

在不同的场所可以营造不同的氛围，带给人们不同的心理感受。

（1）流水

流水主要包括自然溪流、河水和人工水渠、水道等流动水景，其蜿蜒的形态和流水的声响使环境更富有个性与动感。如运河、输水渠，多为连续的、有急缓深浅之分的带状水景。

在流水设计中主要通过控制其形状、水宽、水深、流量、流速或在流水中设置景石等手段，来设计流水的效果及引导景观的变化。流水因其流量、坡度、槽沟的大小以及槽沟底部与边缘的性质而有各种不同的特性。除自然形成的河流以外，城市中的流水常设计于较平缓的斜坡或与瀑布等水景相连。流水虽局限于槽沟中，仍能表现水的动态美。潺潺的流水声与波光潋滟的水面，

也给城市景观带来特别的山林野趣，甚至也可借此形成独特的现代景观（图8-3、图8-4）。

（2）落水

利用自然水系或人工水聚集一处，使水从高处跌落而形成水带，即为落水。水由高处下落，受落水口、落水面的不同影响而呈现出丰富的下落形式。落水的水位有高差变化，常成为设计焦点，变化丰富、视觉趣味多，时而潺潺细语，幽然而落；时而奔腾磅礴，呼啸而下。落水向下澎湃的冲击水声、水流溅起的水花，都能给人以听觉和视觉的享受。根据水下落的效果，落水可分为线落、布落、挂落、条落、多级跌落、层落、片落、云雨雾落、壁落。根据落水的高度及跌落形式，又可以分为瀑布、叠水、枯瀑、水帘、管流、溢流及泻流。

①瀑布　本是一种自然景观，现代园林中有天然瀑布和人工瀑布之分。天然瀑布是由于河床突然陡降形成落水高差，水经陡坎跌落如布帛悬挂在空中，形成千姿百态的落水景观。人工瀑布是以天然瀑布为蓝本，通过工程手段而营造的水景景观。瀑布还可分为面形和线形。面形瀑布是指瀑布宽度大于瀑布的落差，如加拿大和美国交界的尼亚加拉大瀑布，宽度为914m，落差为50m；线形瀑布是指瀑布宽度小于瀑布的落差。大的瀑布可产生巨大的声响，表现出一种磅礴的气势。园林中较小的瀑布形态则因所依附的构筑物不同，而有着十分丰富的形式。在建筑物的某些角落，常见小型瀑布，如街头、楼梯侧、电梯旁、广场上、屋檐下、屋角等处都充塞着这些小瀑布，可软化那些硬质的建筑物（图8-5、图8-6）。

图8-3　人造自然式流水

图8-4　人造规则式流水

图8-5　尼亚加拉大瀑布

图8-6　人造瀑布

②叠水　水分层连续流出，或呈台阶状流出时称为叠水。本质上是瀑布的变异，可以称为跌落瀑布，它强调一种规律性的阶梯落水形式，是一种强调人工美的设计形式，具有韵律感及节奏感。它是落水遇到阻碍物或使水暂时水平流动所形成的。这些障碍物好像句子中的逗号，使瀑布产生短暂的停留和间隔（图8-7、图8-8）。中国传统园林及风景中，常有三叠泉、五叠泉的形式，外国园林如意大利的庄园，更是普遍利用山坡地，造成阶梯式的叠水。

③枯瀑布　有瀑布之形而无水者称为枯瀑布，多出现于日式庭园中。枯瀑布可依枯水流的设计方式，完全用人为手法营造出与真瀑布相似的效果（图8-9）。

④水帘　水由高处直泻下来，由于水孔较细小、单薄，流下时仿若水的帘幕（图8-10）。

⑤溢流及泻流　在园林水景中，将断续、细小的流水称为泻流，它的形成主要是降低水压，借助构筑物点点滴滴地泻下水流，一般多设置于较安静的角落；而溢流是水满外流的水景（图8-11）。

⑥管流　水从管状物中流出称为管流。近代园林中则以水泥管道，大者如槽，小者如管，组成丰富多样的管流水景。回归自然已成为当前园林设计的一种思潮（图8-12）。

（3）喷水

喷水是水受压后以一定的速度、角度、方向喷出的一种水景形式。喷泉、壁泉、涌泉、溢泉、间歇泉等都呈现出水姿的千姿百态、动态美，具有强烈的情感特征，也是游客欢乐的源泉。喷水高度、喷水式样及声光效果，可为庭园增添无限生气，使

图8-7　自然叠水景观

图8-8　人工叠水景观

图8-9　枯瀑布

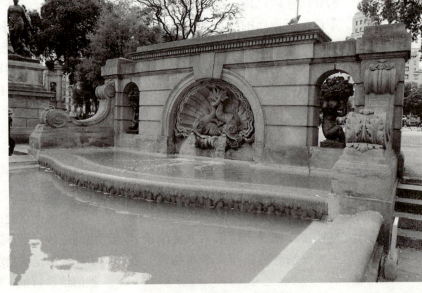

图8-10 水帘　　　　　　　　　　　　　图8-11 溢流

图8-12 管流景观

人一见有凉爽之感，且吸引人的视线，从而成为有力的视觉焦点。常见的喷水有喷泉和壁泉。

①喷泉　使静水变为动水，使水也有了灵魂，又辅之以各种灯光效果，使水体具有丰富多彩的形态，可以缓冲、软化城市中"凝固的建筑物"和硬质的地面，以增加城市环境的生机，有益于身心健康并能满足视觉艺术的需要。喷泉是流动的艺术，美轮美奂的喷泉给人以无限的享受。随着科技水平的提高，城市的喷泉设备已经十分先进，各种音乐喷泉、程控喷泉、摆动喷泉、跑动喷泉、光亮喷泉、游乐趣味喷泉、超高喷泉、激光水幕电影等已经层出不穷，变化多端。规模可大可小，射程可远可近；喷出的水，大者如珠、细者如雾，变化万千，引人入胜。由不同喷头组成的喷泉形成不同的效果（图8-13），常见的喷泉有如下几类（图8-14至图8-19）。

涌泉　水由下向上涌出，呈水柱状，高度0.6~0.8m，可独立设置也可以组成图案。

雾化喷泉　由多组微孔喷泉组成，水流通过微孔喷出，看似雾状，多呈柱形和球形。

超高喷泉　一般指喷水高度在100m以上的喷泉，也常常称为百米喷泉。水柱从湖面一跃而起，

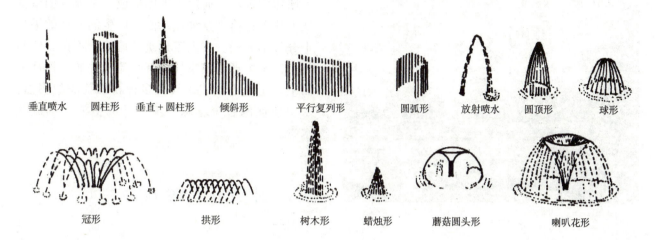

图8-13 各式喷泉样式

图8-14 单线喷

图8-15 组合喷

图8-16 雾化喷泉

图8-17 哈佛大学泰纳喷泉

图8-18 涌泉

图8-19 花样喷泉

迅速升至百米高处，从远处望去，犹如一条从湖中喷薄而出的巨龙。同时，百米喷泉还配有灯光和激光，气势磅礴、辉煌壮丽。

喷火水泉 喷火是喷泉系统新的元素，利用水与火的交融，产生一种特殊的表演效果，在音乐的配合下，水与火进行完美结合，以新、奇、特的手法赋予了音乐喷泉表现新的生命。

激光喷泉 配合大型音乐，喷泉通过高压水泵和特制水幕发生器，将水自上而下，高速喷出，雾化后形成扇形"银幕"，用激光成像系统在水幕上打出色彩斑斓的电影、图像、文字或广告，既渲染美化了空间又起到宣传、广告的效果，适用于各种公共场合，具有极佳的商业性能。激光喷泉产生了一种虚无缥缈和梦幻的感觉，令人神往。

②壁泉 适用于城市环境，通常用泵将水打上墙体的顶部，而后水沿墙形成一个连续的帘幕从上往下挂落，这种在垂面上产生的光声效果是十分吸引人的。在人工建筑的墙面，不论其凹凸与否，都可形成壁泉，而其水流也并非一律从上而下，也可设计成为具有多种石砌缝隙的墙面，水由墙面的各个缝隙中流出，产生涓涓细流的水景。

8.3 水景设计原则

8.3.1 满足功能性要求

在进行水体景观设计时，首先应当明确水体的基本功能，并结合其他功能需求进行空间环境设计，高效率地运用水，减少水资源消耗。水体的基本功能就是带给人美的感受，成为视线的焦点，提供人们观赏、戏水、娱乐与健身的场所，所以设计首先要满足艺术美感，在设计中尽量采用多种手段，引用不同的水体类型如戏水池、喷泉、溪涧等，丰富景观空间的使用功能。随着水景在住宅小区领域的应用，人们已不再仅满足于观赏要求，更需要的是亲水、戏水的感受。因此，设计中出现了各种戏水旱喷泉、涉水小溪、儿童戏水泳池及各种水力按摩池、气泡水池等，从而使景观水体与戏水娱乐健身水体合二为一，丰富了景观的使用功能。

8.3.2 满足整体性要求

在园林设计中，水景设计要充分体现水的艺术功能和观赏特性，并与整体景观相协调统一。因而在设计中，水景设计要想达到预期的景观效果，首先要研究环境因素与地理条件以确定水体的类型。然后确定水景的形式、形态、平面及立体尺度，实现与环境相协调，形成和谐的量、度关系，构成主景、辅景、近景和远景的丰富变化。在平面设计上要使水的形态美观、平衡、匀称，做到既有利于造景又有利于水的维护，体现水的变化性。水景设计应因地制宜，量力而行，自成特色，不可千篇一律，要实现与环境相协调，形成和谐的构图关系。水体在景观设计中不是独立存在的，它需要借助其他载体，才能更好地满足人们对景观设计的需求。所以水体的形态和大小尺度应与山石、桥、水生植物、雕塑小品和灯光等元素相结合，彼此协调统一，构成景观空间。最后应设计、商定好水景建成后的运营、维护、保洁、净化以及投入成本等问题。

8.3.3 满足适宜性要求

水面的大小与周围环境景观的比例关系是水景设计中需要慎重考虑的内容，除自然形成的或已具规模的水面外，一般应加以控制。

水体要有大小、主次之分。通过确定大小水面合适的比例关系，创造出丰富的水体景观。过大的水面散漫、不紧凑，难以组织，而且浪费用地；过小的水面局促，难以形成气氛。水面的大小是相对的，同样大小的水面在不同环境中所产生的效果可能完全不同。自然式水系要"疏水之去由，察水之来历"，并做到山水相连、相互掩映，"模山范水"，创造出大湖面、小水池、沼、潭、港、湾、滩、渚、溪等不同的水体，并组织构成完整的体系。

一个设计成功的水景应有宜人的尺度，这个尺度必须体现出对人的尊重，充分考虑人的行为特性，应该结合人体工程学相关学科知识，参考人体基本尺度、静态和动态空间尺度和心理效应等方面的因素。把握设计中水的尺度需要仔细地推敲所采用的水景设计形式、表现主题、周围的环境景观。尺度较小的水面较亲切宜人，适合安静、不大的空间，如庭院、花园、城市小公共空间；尺度较大的水面浩瀚缥缈，适合大面积自然风景、城市公园和巨大的城市空间或广场。无论是大尺度的水面，还是小尺度的水面，关键在于掌握空间中水与环境的比例关系。

8.3.4 满足安全性要求

在日常生活中，水可以满足人们对它的依赖性，相反水的破坏力也是非常惊人的。因此在进行水景设计时，要根据水景的功能，考虑水体的安全性。水体一般以观赏、嬉水、为水生植物和动物提供生存环境的形式出现的。在设计中要考虑人与水的亲近关系，适宜的水深才能形成和谐的生存环境。一般嬉水型的水景，多会吸引儿童的参与。如果这类型的水过深，有可能导致儿童溺水事件发生；如果水深过浅，又会降低水体自身的净污能力，使水质恶化，破坏生态环境。所以在设计水景时，要充分考虑以上情况，对特定的水景观设置相应的防护措施。可通过设置护栏、地面防滑处理、水岸边沿加宽坡度等措施，既保证人们使用的安全性又保证水质的净化。

8.4 水景设计要点

8.4.1 水体布局形式

园林水体布局可分为集中与分散两种基本形式。多数水体是集中与分散相结合，纯集中或只分散的水体占少数。小型绿地游园和庭院中的水景设施如果很小，集中与分散的对比关系很弱，不宜用模式定性。

（1）集中式

集中式分为两种情况。

一种是全园以水面为中心，整个园以水面为中心，沿水周围环列建筑和山地，形成一种向心、内聚的格局。这种布局形式，可使有限的小空间具有开朗的效果，使大面积的园林具有"纳千顷之汪洋，收四时之烂漫"的气概。如颐和园中的谐趣园，水面居中，周围有建筑以回廊相连，外层又用冈阜环抱，虽是面积不大的园中园，却感到空间的开朗（图8-20）。又如北海公园也是水面居中，因实际面积大，故有开阔、汪洋之感。

另一种是水面集中于园的一侧，形成山环水抱或山水各半的格局。如颐和园就是采用水面集中于全园一侧的水体布局形式。颐和园万寿山位于北面，大面积的昆明湖集中在山的南面，在山的北面水景以河流形式出现，称为后湖连通的若干小块，水的来去无源给人以隐约迷离和不可穷尽的幻觉。分散用水还可以随水面变化而形成若干大大小小的中心——凡水面开阔的地方都可因势利导地借亭台楼阁或山石配置而形成相对独立的空间；而水面相对狭窄的溪流则起到沟通连接的作用。这样，各空间既自成一体，又互相连通，从而形成一种水陆萦回、岛屿间列和小桥凌波的水乡气氛。如颐和园的苏州河，北京陶然亭百亭园中的溪流、瀑布。在同一园中集中和分散的水面可以形成强烈的对比，更具自然野趣。如《园冶》的相地篇所述："江干湖畔，深柳疏芦之际，略成小筑，足征大观也。悠悠烟水，澹澹云山，泛泛渔舟，闲闲鸥鸟……"

在规则式园林中，分散的水景主要表现在喷泉、水池、壁泉、跌水等形式上。

自然式水体应有聚有分，聚分得体。聚则水面辽阔，宽广明朗；分则萦回环抱，似断似续，与崖壁、花木、屋宇互相掩映，构成幽深景色。不过，水体的聚分须依园林用地面积的大小酌情处理。在传统园林中，小园大抵是聚多于分，大园有分有聚、主次分明。现代园林中，由于游人众多，因此在水体处理上应相反，小园林中所设的水体宜分散，化整为零，取溪、涧、瀑等线型水体布置在边上或一角，这样既可利用曲折之溪流和瀑布等造景，又不占众多用地，而大园林则可聚、分结合，若水体面积虽大却仍不足以开展水上活动，则宁可小些，因此留出足够的陆地，增加游人活动范围。水面的形状和布置方式应与空间组织结合起来考虑，要因地因情制宜，水体大小和风格应与园林风格一致，以取得与环境的协调。如拙政园的水面采用分散式水体布局形式（图8-22）。

在园林中，如果以水为主体，则应以聚为主，聚则水面辽阔、气魄大。如上海长风公园的水体面积$10hm^2$左右，约占全园面积的23.72%，湖面宽达300m，可容纳300多条游船，可开展水上体育活动。它有长约600m的河湾，为游船提供回荡的幽静水域。与大水体相接的溪涧、河流则意味着源头和去路，并可用来与大水体做对比，构成情趣迥异的幽深空间。

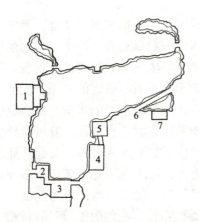

图8-20 颐和园谐趣园水体布局示意图
1.澄爽斋 2.知春亭 3.引镜 4.洗秋 5.饮绿 6.知鱼桥 7.澹碧

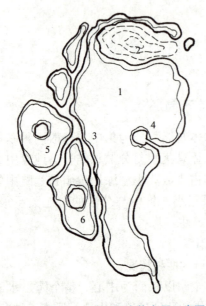

图8-21 颐和园水体布局示意图
1.昆明湖 2.万寿山 3.西堤 4.南湖岛 5.西湖 6.养水湖

（也称苏州河），通过谐趣园的水面与昆明湖大水面相通，与万寿山形成山环水抱的集中式布局（图8-21）。

（2）分散形式

分散形式是将水面分割并分散成若干小块和条状，彼此明通或暗通，形成各自独立的小空间，空间之间进行实隔或虚隔；也可形成曲折、开合与明暗变化的带状溪流或小河相通，具有水陆迂回、岛屿间列、小桥凌波的水乡景象。分散形式水体特点是用化整为零的方法把水面分割成互相

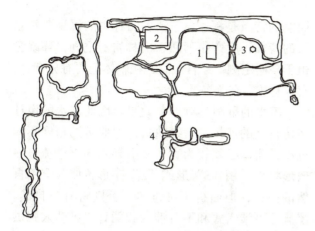

图8-22 拙政园水体布局示意图
1.雪香云蔚亭 2.见山楼 3.待霜亭 4.小飞虹

在园林中，如果是以山为主，以水为辅，则往往用狭长如带的水体环绕山脚，深入幽谷，以衬山势之深邃。一般来讲，在大山面前宜有大水。如颐和园中的万寿山和昆明湖，北海公园中的琼华岛和北海一样，气派之大非其他园林之山水可比，但也不会由于大山当前而感紧迫，有较好的山水观赏视距，山水互相衬托、相得益彰。

8.4.2 自然式水景设计要点

自然式水体在设计上比较自然或半自然，可以是人造的，也可以是自然形成的。外形通常由自然的曲线构成。

8.4.2.1 水体形状

自然式水体的形状处理，无论集中的水面还是分散的水面，水体形状多呈自然曲线，水岸也多为自然驳岸。自然式水体能引江河湖海的"活水"入园当然是最理想的方式，但在一些面积小、又无自然水源的园林则讲究"虽由人作，宛自天开"的效果，因此，自然之水首在源头，贵在曲折，越幽深有不尽之意。

水的形状，全在于岸。一般来说，临水凿壁形成山洞，用翠藻、苇汀、花木等打破池岸的规整，使得水岸线弯弯曲曲、变化多姿，水体曲折幽深，水面绵延不尽、辽阔悠远，从而形成山野之趣，做到"肇自然之性，成造化之功"（王维《山水诀》）。曲池的池岸宜曲不宜平直，但曲本直生、重在曲折有度，曲也要曲得有节奏，有大曲小弯、缓曲急转之分，不能一味地一种曲法，缺乏情趣。园林中的曲与直是相对的，要曲中有直、直中有曲，灵活运用、曲直自如（图8-23）。

图8-23 自然式水体形状

8.4.2.2 不同水景设计要点

不同类型的水景，其设计要点侧重有所不同。

(1) 湖、池

湖泊水域面积较宽，流速较缓，常作为园林景观的中心。水源常以自然河、泉水为主，或者本身即是水库。水面宜时阔时窄，曲曲折折。湖的倾泻之口宜隐秘，使游人难辨其源。当然，园林水景中的湖比自然界中的湖要小得多，只算是个自然式的大水池。因湖的相对空间较大，岸边可做成坞、港湾、半岛等，湖中设岛屿(假山)，故湖常与假山相联系。湖这类自然水景设计必须服从原有自然生态景观，自然水景线与局部环境水体的空间关系，正确利用借景、对景等手法，充分发挥自然条件，形成纵向景观、横向景观和鸟瞰景观。

池塘是面积较小的自然式水景，水面较方整，池水几乎不流动，一般不布置桥梁和岛屿。池水浅且清澈见底，水中适宜栽植荷等水生观赏植物或放养观赏鱼，还可配合汀步，满足人们的亲水性需求。自然式水塘的大小与驳岸的坡度有关，同面积的水塘，驳岸较缓、离水面近，看起来水面就较大；反之，则水面就感觉较小。

湖泊与水池的水深主要根据其功能、造景效果、安全要求等确定，如戏水水深应低于30cm，以确保安全；非冰冻地区养鱼水深应大于30cm，若在冰冻地区冬季鱼池不清空时，水体局部深度则应大于冻土层深度，以满足鱼类在湖底自行越冬不被冰冻；行船则应满足通行船只的吃水深度。在同一湖泊可划分不同区域以满足不同的功能，或利用不同水深的组合形成不同的功能区域。自然式湖泊一般通过水闸等进行水位控制。

(2) 溪、涧

溪涧是自然山地中的一种水流形式，在自然环境中是集山上的地表水或泉水而成。在园林中小河两岸奇石嶙峋，河中少水并纵横交织，疏密有致地放置大小石块，小流激石，涓涓而流，在两岸土石之间，栽植耐水湿的蔓木和花草，构成极具自然野趣的溪流。溪的特点是浅、缓、阔；而涧的特点是深、急、狭。园林中的溪涧要集自然的特征，应弯曲萦回于山林岩石之间，环绕盘桓于亭榭之侧，穿岩入洞，在整体上要有分有合、有收有放、有急有缓。

流水的翻滚具有声色效果。因此流水的设计多仿自然的河川，盘绕曲折，但曲折的角度不宜过小，曲口必须较为宽大，引导水向下缓流。一般形状均采用"S"形或"Z"字形，使其合乎自然的曲折，但曲折不可过多，否则将有失自然。溪流分可涉入式和不可涉入式两种。可涉入式供儿童嬉水的溪流，应安装水循环和过滤装置。不可涉入式溪流宜种养适应当地气候条件的水生动植物，增强观赏性和趣味性。

溪流中水体依靠重力从高处流向低处，在狭长形的园林用地中，一般采用溪流的理水方式比较合适。溪流的形态应根据环境条件、水量、流速、水深、水面宽、水体循环、道路和设施的布局等确定溪流的形态与走向以及溪流的宽度、水深、河床坡度、水岸、节点。

溪流的坡度应根据地理条件及排水要求而定。普通溪流的坡度宜为0.5%，急流处为3%左右，缓流处不超过1%。一般园林中地面排水的坡度为0.5%~0.6%，能明显感觉到水流动的坡度最小为3%，一般设计坡度为1%~2%，在无护坡的情况下，坡度不宜超过3%。有工程措施处理的溪流坡度超过10%时，在床底设置一定数量的石头等阻挡，可激起水花，产生激悦的声响，形成声景相融的特别效果。

流水槽沟的宽度及深度固定，质地较为平滑，流水也较平缓稳定。这样的流水适宜宁静、悠闲、平和、与世无争的景观环境中。如果槽沟的宽度、深度富有变化，而底部坡度也有起伏，或是槽沟表面的质地较为粗糙的话，流水就容易形成涡流(旋涡)。槽沟的宽窄变化较大处，容易形成旋涡。溪流宽度宜在1~2m；水深一般为0.3~1m，超过0.4m时，应在溪流边采取防护措施(如石栏、木栏、矮墙等)；可涉入式溪流的水深应小于0.3m，以防止儿童溺水，同时水底应做防滑处理。一般流段的流水水深为5~10cm，为了增加流水的气势，水深可增加至15~20cm；主要节点处形成的水潭、池塘等则根据其功能具体确定。为了使景观在视觉上更为开阔，可适当增大宽度或使溪流蜿蜒曲折。溪流水岸宜采用散石和块石，并与水生或湿地植物的配置相结合，减少人工造景的痕迹。

溪流水岸在统一规划的基础上，根据造景及功能需求进行局部变化和材料选择，建议采用自然材料。岸边栽植湿生和水生植物。溪流水岸宜采用散石和块石，并与水生或湿生植物配置，以减少人工造景的痕迹。人工溪流的水底与水岸一般应设防水层，防止溪流渗漏。溪流底部可选用卵石、砾石、石料等铺砌处理，在减少清扫次数的同时展现溪流的自然风格。溪流配以置石可充分展现其自然风格，石景在溪流中所起到的景观效果详见表8-1所列。

（3）瀑布

瀑布自然景观，采用天然石材或仿石材设置瀑布的背景和引导水的流向（如景石、分流石、承瀑石等），考虑到观赏效果，不宜采用平整饰面的白色花岗石作为落水墙体。瀑布通常由水源、落水口、瀑身、瀑潭和出水口五部分组成，其水流特性取决于水的流量、流速、高差以及出水口边沿的情况。在设计处理时，应认真研究落水边沿，边沿造型不同所呈现的流水效果也就不同。

为了确保瀑布沿墙体、山体平稳滑落，应对落水口处山石做卷边处理，或对墙面做坡面处理。瀑布因其水量不同，会产生不同视觉、听觉效果，因此，落水口的水流量和落水高差的控制成为设计的关键参数，不同环境须设计不同瀑布参数，如居住区内的人工瀑布落差宜在1m以下。

（4）跌水

跌水是呈阶梯式的多级跌落瀑布，设计时控制水的流量、叠落的高度和承水面，能创造出许多趣味和丰富多彩的观赏效果。合理的叠落瀑布应模仿自然界溪流中的跌水，不要过于人工化。如叠落层数过多，瀑布不像瀑布，造成不良的后果。应用时应注意层数，以免适得其反。叠落瀑布产生的声光效果，比一般瀑布更丰富多变、更引人注目。跌水的台阶有高有低，层次有多有少，构筑物的形式有规则式、自然式及其他形式，故产生形式不同、水量不同、水声各异的丰富多彩的跌水。跌水的梯级宽高比宜为（3:2）~（1:1），梯面宽度宜为0.3~1.0m。

8.4.3 规则式水池设计要点

所谓规则式水池是指人造的蓄水水池，其池边缘线条挺括分明，池的外形为几何形。规则式园林，水体多为几何形状，但并不限于圆形、方形、三角形和矩形等典型的纯几何图形，水岸为

表8-1 溪流中置石要点

序号	名　称	效　果	应用部位
1	主景石	形成视线焦点，起到对景作用，点题，说明溪流名称及内涵	溪流的首尾或转向处
2	隔水石	形成局部小落差和细流声响	铺在局部水面需变化位置
3	切水石	使水产生分流和波动	不规则布置在溪流中间
4	破浪石	使水产生分流和飞溅	用于坡度较大、水面较宽的溪流
5	河床石	观赏石材的自然造型和纹理	设在水面下
6	垫脚石	具有力度感和稳定感	用于支撑大石块
7	横卧石	调节水速和水流方向，形成隘口	溪流宽度变窄和转向处
8	铺底石	美化水底，种植苔藻	多采用卵石、砾石、水刷石、瓷砖铺在基底上
9	踏步石	装点水面，方便步行	横贯溪流、自然布置

垂直砌筑驳岸如方形、矩形、三角形等。设计中水池的实际形状，当然是以其所在的位置及其他因素来决定。水池设计时，应根据用于室外环境中的不同目的进行具体的设计。

(1) 生态水池

生态水池是适于水下动植物生长，又能美化环境、调节小气候、供人观赏的水景。生态水池多饲养观赏鱼虫和栽植水性植物（如鱼草、芦苇、荷花、睡莲等），营造动物和植物互生互养的生态环境。水池的深度应根据饲养鱼的种类、数量和水草在水下生存的深度而确定。一般水深为0.3~1.5m，为了防止陆上动物的侵扰，池边平面与水面需保证有0~15cm的高差。水池壁与池底需平整，以免伤鱼。池壁与池底以深色为佳。不足0.3m的浅水池，池底可做艺术处理，显示水的清澈透明。池底与池畔宜设隔水层，池底隔水层上覆盖0.3~0.5m厚土，种植水草。

(2) 游泳池

泳池平面不宜做成正规比赛泳池，池边尽可能采用优美的曲线，以加强水的动感。可以特殊地处理水池表面，以满足观赏趣味。水池的内表面，特别是水池的底部，可以使用色彩和质地引人注目的材料，并设计成吸引人的式样。泳池根据功能需要尽可能分为儿童泳池和成人泳池，儿童泳池深度以0.6~0.9m为宜，成人泳池为1.2~2m。儿童池与成人池可统一考虑设计，一般将儿童池放在较高位置，水经阶梯式或斜坡式跌水流入成人泳池，既保证了安全又可丰富泳池的造型。泳池岸必须做圆角处理，铺设软质渗水地面或防滑地砖。泳池周围多种灌木和乔木，并提供休息和遮阳设施，有条件的小区可设计更衣室和供野餐的设备及区域。

(3) 涉水池

涉水池可分水面下涉水和水面上涉水两种。水面下涉水主要用于儿童嬉水，其深度不得超过0.3m，池底必须进行防滑处理，不能种植苔藻类植物。水面上涉水主要用于跨越水面，应设置安全可靠的踏步平台和踏步石（汀步），面积不小于0.4m×0.4m，并满足连续跨越的要求。上述两种涉水方式应设水质过滤装置，保持水的清洁，以防儿童误饮池水。

(4) 倒影池

平静的水池可以映照出天空或建筑、树木、雕塑和行人。水里的景物如真似幻，给观景者提供了新的透视点。倒影池是利用水体这一特点，映出周围重要景物的倒影，供人欣赏。

倒影池的设计要点如下。

①水平面和水面本身的特性　要使反射率达到最高，水池内的水平面应相对高些，并与水池边沿高度造成的投影以及水面的大小和暴露程度有关。同时有倒影的水池要保持水的清澈，不可存有水藻和漂浮残物。要保证池水一直处于平静状态，尽可能避免风的干扰。还要保持水池形状的简练，不至于从视觉上破坏和妨碍水面的倒影。

②水池的深度和表面色调　水面越暗越能增强倒影。要使水色深沉，可以增加水的深度，加暗池面的色彩。变暗的有效方法，是在池壁和池底漆上深蓝色、黑色或深绿色铺装材料（如黑色塑料、沥青胶泥、黑色面砖等），以增强水的镜面效果。当池水越浅或池体内表面颜色明亮，水面的反射效果就越差。

③考虑映射效果　从赏景点与景物的位置来考虑水池的大小和位置。对于单个的景物，水体应布置在被映照的景物之前、观景者与景物之间，而长宽取决于景物的尺寸和所需映照的面积大小。所要得到的倒影大小可借助剖面图，还可运用视线到水面的入射角等于反射角的原则。有许多因素可以增强水的映射效果。水池水面的反光也能影响空间的明暗。这一特性要取决于天光、池面、池底以及观景者的角度。

(5) 喷泉水池

人工喷泉通过其水体动态的造型，在丰富城市景观的同时可以改善一定范围内的环境质量、增加空气湿度、减少尘埃、降低温度，从而有益于改善城市面貌和人们的身心健康。喷泉的设计要点主要包括形式、水池、供水与排水、过滤与清污、灯光照明及其他设备方面。

①形式　确定喷泉的平面与立面形态，选择

不同的喷泉形式。由于喷水易受风吹影响而飞散，设计时应谨慎选择位置及喷水高度。

②水池　水池的平面尺寸需满足喷泉的全套设施，即喷头、管道、水泵、进水口、泄水口、溢水口、吸水口等；另还应考虑喷泉水柱下落、飞溅等，因而设计时水池尺寸需大于计算尺寸500~1000mm，水池深度应保证其吸水口的淹没深度不小于500mm。

8.5　水体景观要素

园林之水，妙在分隔。只有进行分隔才能打破水面的单调，才能形成水景的多层次感，体现园林空间的奥妙变化。一般通过岛、堤、桥、岸、建筑来引导和制约，以丰富园林空间的造型层次和景观纵深感。

8.5.1　岛

岛是位于水中的块状陆地。岛与周围的山水珠联璧合、相得益彰，使水岸四周的游客望而向往，引起无数美妙的遐想，非欲以舟代步，登上岛去看个究竟不可（图8-24至图8-26）。杭州西湖三潭印月的"湖中有岛，岛中有湖"，更令人神往。一踏上湖中之岛，除观赏岛上风景外，又把西湖周围群山和万顷碧波全部收进了自己的视野之内。

8.5.1.1　岛的景观作用

①可划分水面空间，形成几种情趣的水域，水面仍具有连续的整体性。

②对于大水面，岛可以打破水面平淡的单调感。

③岛的四周有开敞的视觉环境，是欣赏四周风景的中心点，又是被四周所观望的视觉焦点，所以，可在岛上与对岸建立对景。

④岛可以增加水中空间的层次，具有障景的作用。

⑤通过桥和水路进岛，又增加了游览情趣。

图8-24　拙政园山岛

图8-25　避暑山庄山岛

图8-26　上海街头水景

8.5.1.2 岛的类型

①山岛　在岛上设山，抬高登岛的视点。有土山岛、石山岛。小岛以石为主，大岛以土石为主。在山岛上可设建筑，形成垂直构图中心或主景。

②平岛　岛上不堆山，以高出水面的平地为准，地形可有缓坡的起伏变化。面积较大的平岛可安排群众性活动，不设桥的平岛不宜安排大规模的群众性活动。在平岛上可设建筑，形成垂直构图中心或主景。

③半岛　是陆地深入水中的一部分，一面接陆地，三面临水。半岛边缘可适当抬高成石矶，增加竖向的层次感。还可在临水的平地上建廊、榭、亭，探入水中。岛上道路与陆地道路相连。

④礁　是水中散置的点石。石体要求玲珑奇巧或浑圆厚重，只作为水中的孤石欣赏，不许游人登临。礁在小水面中可替代岛的艺术效果。

8.5.1.3 岛的设计要点

在许多大型的园林水体中都设有岛屿。岛的布局要点主要有以下几点（图8-27、图8-28）。

①水中设岛忌讳居中、忌讳规整形状，一般多设于水面的一侧或重心处。

②大水面可设1~3个大小不同、形态各异的岛屿，不宜过多。

③分布须自然疏密，与全园景观的障景、借景结合。

④岛的面积要根据所在水面的大小而定，宁小勿大。

8.5.2 堤

8.5.2.1 堤的概念

堤是将大水面分隔成不同景区的带状陆地。杭州西湖的堤的设置是最佳案例（图8-29、图8-30）。

8.5.2.2 堤的设计要点

堤的设计要点如下。

①堤上设路，可用桥或涵洞沟通两侧水面。

②长堤可多设桥，桥的大小、形式应有变化。

③堤的设置不宜居中，须靠水面的一侧，把水面分割成大小不等、形状各异的两个主、次水面。

④堤多为直堤，少用曲堤，可结合拦水坝设过水堤，能形成跌水景观。

⑤堤上必须栽树，加强分隔效果。

⑥堤身不宜过高，方便游人接近水面。

⑦堤上还可设置亭、廊、花架及座椅等休息设施。

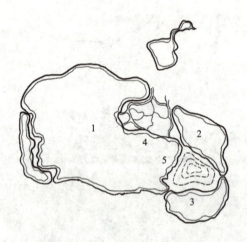

图8-27　北京紫竹院公园山岛、半岛示意图
1.大湖　2.北小湖　3.南小湖　4.明月岛　5.青莲岛

图8-28　杭州西湖九曲桥景点标示

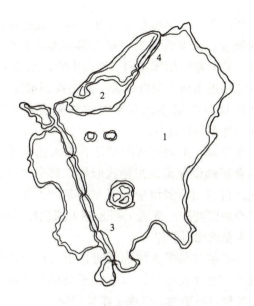

图8-29 西湖理水示意图
1.西湖 2.孤山 3.苏堤 4.白堤

图8-30 堤上设置的亭桥

8.5.3 驳岸

为了控制陆地与水体的范围，防止它们之间因水岸塌陷等原因造成比例失衡，以及保持景观水体岸线稳定而美观的必要，因此需要进行驳岸设计。驳岸设计的要点由多种要素决定，如水体功能、近岸水深、驳岸形式，不同的水体具有不同的功能，如通航、净水、戏水、养殖，一切设计以保证功能为前提考虑驳岸类型及护坡做法等。

8.5.3.1 驳岸的分类

（1）按坡度分

①缓坡 小于土壤安息角，栽植草地和植被护坡或人工材料护坡、护岸。

②陡坡 大于土壤安息角，人工砌筑保护性驳岸。

③垂直 临水建筑、临水广场多采用垂直驳岸，要设置保护性栏杆或装饰小品。

④悬挑 码头或临水平台采用悬挑驳岸。

（2）按设计形式分

①自然式驳岸 有自然曲折和高低变化，或用山石堆砌（图8-31）。

图8-31 自然式驳岸（1）

图8-32 规则式驳岸

②规则式驳岸 以石、砖、预制块砌筑成整形岸壁（图8-32）。

(3) 按应用材料分

①硬驳岸 主要依靠墙自身的质量来保持岸壁稳定，抵抗墙后土壤的压力，又分为条石驳岸、块石驳岸、混凝土驳岸、山石驳岸、卵石驳岸、塑木驳岸。

②软驳岸 指非硬性材料砌筑的驳岸，又分为竹木驳岸、自然生态驳岸、台阶式人工自然驳岸。

③混合驳岸 指使用刚性材料结合植物种植所形成的既生态又具有较高强度的驳岸。

8.5.3.2 驳岸的设计要点

①岸形 驳岸的平面设计需考虑防洪、游览视觉感受、景观效果等因素，同时满足功能、生态要求。自然式驳岸线要富于变化，但曲折要有目的，不宜过碎。较小的水面，一般不宜有较长直线的驳岸，假山石驳岸常在凹凸处设石矶挑出水面，或设有洞穴，似水从洞穴中流出，从而增加水面的丰富性（图8-33）。

②岸顶 水体驳岸顶与常水位的高差以及驳岸的坡度，应兼顾景观、安全和游人亲水心理等因素，并应避免岸体冲刷。岸面不宜离水面太高，尽可能贴近水面，深度以人手能触摸到水为最佳。无防护设施的驳岸顶与常水位的垂直距离宜在0.3m，并不宜超过0.5m。

③岸基 水面宽阔的驳岸，靠水边建筑附近可结合基础设施砌筑规则式驳岸，其余水岸为自然式。自然山石驳岸应有坚实的基础，尤其是北方寒冷地区要防止冻胀（图8-34）。其驳岸形式就是最典型的山石驳岸。

④护坡 是保护坡面、防止雨水径流冲刷及风浪击排的水工措施，可在临水坡岸的土壤斜坡上铺各种材料护坡，以保证岸坡稳定。

⑤生态 通过植物种植设计形成一个有良好生态结构的生态交错区，也可在建筑临水处突出数块叠石和灌木，打破驳岸的单调感，以净化水

图8-33 自然式驳岸（2）

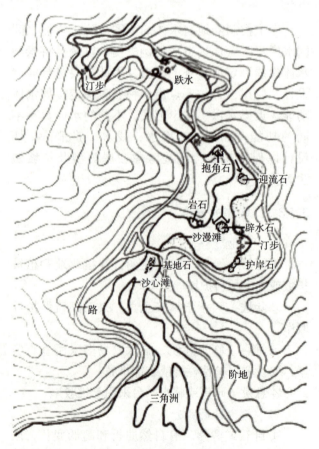

图8-34 自然式水体驳岸置石

质。在石穴缝间植水生、湿生植物，使其低垂水面，障景并丰富驳岸景观。为控制水生植物生长范围可设栽植床，并可根据不同植物适应的水位深度设置不同高度。

⑥水深　非淤泥底人工水体的岸高及近岸水深应符合下列规定：无防护设施的人工驳岸，近岸2.0m范围内的常水位水深不得大于0.7m；无防护设施的园桥、汀步及临水平台附近2.0m范围以内的常水位水深不得大于0.5m；水深一般1.5m，最浅0.5m。栽植水生植物及营造人工湿地时，水深宜为0.1~1.2m。

⑦设施　利用自然水系的水体，须设有进水口、排水口、溢水口及闸门，来控制水位。为满足调蓄雨水和泄洪、清淤的需要，溢水口的口径应考虑常年降水资料中的一次性最高降水量。进、出水口宜隐不宜露。淤泥底水体近岸应有防护措施。以雨水作为补给水的水体，在滨水区应设置水质净化及消能设施，防止径流冲刷和污染。亲水环境中的其他设施（如水上平台、汀步、栈桥、栏索等），也应以人与水体的尺度关系为基准进行设计。

8.5.4 桥

园林中的桥，是联系园林水体两岸的道路。桥具有连接水面交通、组织游览、构成风景、点缀风景、分隔水面和增加空间层次等功能（图8-35至图8-38）。一座造型美观或具有历史价值的园桥，可自成一景。我国传统园林以处理水面见长，在组织水面风景中，桥是必不可少的组景要素。例如，颐和园中的十七孔桥、玉带桥，桂林七星岩的花桥等。

8.5.4.1 景观桥的分类

据不同的环境造景需要，采用不同的类型的桥。
①桥按形式分类　有平桥、曲桥、拱桥、亭桥、廊桥、吊桥、浮桥等类型。
②桥按结构分类　有梁式桥、拱式桥、钢构桥。
③桥按材料分类　有石桥、木桥、石木桥、竹木桥。

图8-35　曲桥

图8-36　拱桥

图8-37　廊桥图

图8-38　上海后滩公园现代桥

8.5.5 汀步

8.5.5.1 汀步的概念

汀步是高于水面的块状陆地，可供人踩踏过水，且可使水面隔而不断（图8-39）。

8.5.5.2 汀步的设计要点

小水面的分隔和近距离的浅水处多用汀步。汀步在自然式水面多为自然石块，在规则式或抽象式水面多为整形的预制构件。

图8-39 汀步

8.5.4.2 景观桥的特征

①符合桥梁造型美、功能美和形式美法则。
②遵循桥梁与环境协调的规律。
③体现自然景观、人文景观、历史文化景观的内涵或具有象征作用。

8.5.4.3 景观桥的设计要点

①园桥选址和布局时须考虑周边环境特点及造型美观等需求。
②连接岛与陆地或小水面的两岸多用桥。
③较大水面，在岛与陆地的最近处建桥，小水面则在两岸最窄处建桥。
④桥对水面也要有大小、主次的划分。

根据不同的环境造景需要，采用不同的景观桥造型，如石桥、木桥、钢筋混凝土桥、铁木桥等。

小结

本章主要阐述了水体这一要素的设计要点。无水不成园，水体是园林中重要的要素之一。首先通过了解水体的功能特点及景观特点，根据水体的动静之区别介绍水体不同的类型，在水体设计中应遵循满足功能性、整体性、适宜性、安全性的原则，然后着重阐述了水体的设计要点，最后介绍了水体景观的要素。其中自然式水体设计是本章的重点和难点。

思考题

1. 园林水景设计如何体现园林的形式美要素？
2. 园林水景在园林中的主要作用是什么？
3. 试分析规则式水景和自然式水景的优劣。
4. 试述水体景观构成的要素及设计要点。
5. 试述岛、堤、桥、岸等概念及设计要点。

推荐阅读书目

1. 园林设计. 叶振启，许大为. 东北林业大学出版社，2000.
2. 风景园林设计要素. 诺曼·K·布思著. 曹礼昆，曹德鲲译. 中国林业出版社，1989.
3. 地貌学及第四纪地质学. 杜恒俭，陈华慧，曹伯勋. 地质出版社，1981.
4. 风景地貌学. 杨湘桃. 中南大学出版社，2005.
5. 中国地貌. 尤联元，杨景春. 科学出版社，2013.
6. 新编园林工程设计规范与施工安装标准图集、图解实用全集. 刘清新. 青海人民出版社，2006.
7. 园林设计. 唐学山，李雄，曹礼昆. 中国林业出版社，1996.
8. 园林工程. 赵兵. 东南大学出版社，2011.
9. 园林景观设计. 鲁敏，李英杰. 科学出版社，2005.

第9章 园林道路设计

园林景观的流动性体现在游人的感官在流动中感知到不同的景观,从而收获不同的感受和体验。这种流动性主要由园林道路指引。在园林设计师的安排下,将各种不同的景物联系在一起,使游客在不自觉的情况下游览全园景观,综合了视觉、嗅觉、听觉、触觉及味觉等多感官感知的印象,觉察到风景园林艺术的美,其收获与园林道路设计是密不可分的。

9.1 园路功能

9.1.1 组织交通

园林内部的管理运营、景车通行、垃圾收集、商品购买、管理人员通勤、消防疏散等活动都是园路所应该承载的活动,而管理者的活动频次以及出现的时间均有时效性抑或突然性,因此平衡游人和管理者两者之间的活动矛盾,保证两者的活动各自不受打扰,是园路设计的关键。

9.1.2 引导游览

园路是组织园林交通的基本构架,也是保证游人游览、通行的主要途径。游人可以通过园路到达园林当中的各个景观节点,进行观赏、游览、休憩和娱乐等活动。园林道路不同于一般的纯交通道路,其交通功能从属于游览需求,对交通的要求一般不以捷径为准则。总体来看,交通性从属于游览性,但不同级别园路也会有所差异。一般来说主要园路比次要园路和游憩小路的交通性要强一些。

在园林的入口处,道路常以面状场地的形式出现,主要起到引导和集散的作用,游客可在入口处进行等待、问询、拍照、集会等活动,是游人进行游园的开端。在进入园林过程中,道路起到引导游客游览、吸引游客视线的作用,通过连接各个园林节点,组织各个场地活动,为游人提供最佳的游览路线。郑州园博园的总体规划方案中,道路给游人提供了明确的游览路线(图9-1);无锡长广溪国家湿地公园中的水上木栈道(图9-2),不仅起到连接各个景点的作用,还能为游人提供较好的景观观赏视点。

9.1.3 组织空间

(1)分隔空间

园路通常与建筑、水体、地形、植被等共同划分园林空间,使园林形成不同的景区和景点。道路的边界往往也是空间的边界,通过不同的道路形式,以及与其他园林要素的丰富组合模式,形成功能和氛围各异的空间,从而满足不同人群的需求。

(2)联系空间

园路也是联系园林内部与园林外部的重要路径。西安唐大明宫国家遗址公园中的滨河步道将太液池和其他景区进行连接(图9-3);无锡宝界山林公园通过入口处的两条园路,将景区内部和外部进行沟通和衔接(图9-4)。

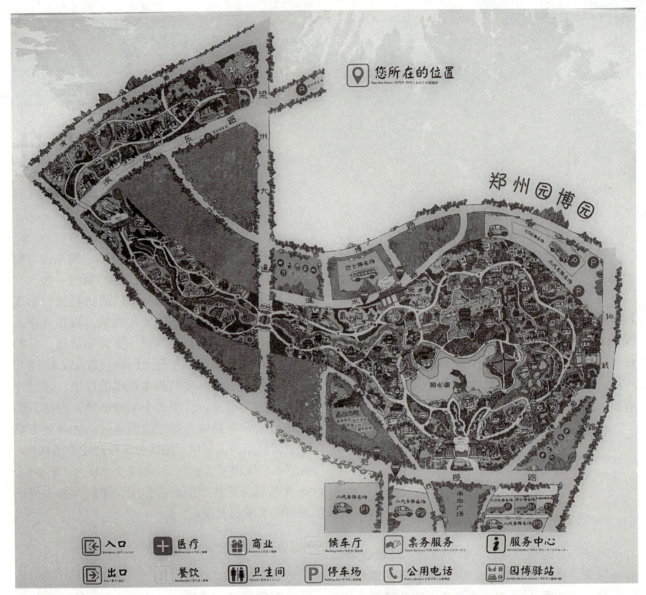

图9-1 郑州园博园总平面图

图9-2 无锡长广溪国家湿地公园

图9-3 西安唐大明宫国家遗址公园滨河步道

图9-4 无锡宝界山林公园入口处道路

9.1.4 构成景色

园路本身也是园林景观的重要组成部分。蜿蜒曲折的道路，与起伏的地形、高低错落的植被、灵动的水体等要素共同构成园林景观。如西安唐大明宫遗址公园中的园路与植被、水体、地形等要素组合，通过弯曲的石板路烘托滨水区自然、质朴的气息（图9-5）。郑州泰禾中州院子则通过青砖路面、大理石和卵石镶边的处理手法，将整条园路打造成了一道美丽的风景线（图9-6）。

图9-5 西安唐大明宫国家遗址公园园路

图9-6 郑州泰禾中州院子

9.1.5 为园林设施打好基础

（1）水电基础设施

园林中水电基础设施是必不可少的配套设施。为敷设与检修方便，一般将水电管线沿路侧铺设，因此园林道路设计要将给排水管道和供电路线的走向统筹起来进行考虑。

（2）园林服务设施

园林景观中的服务设施主要分为休憩类、防护类、展示类和清洁类四大类，如座椅、围栏、指示牌、垃圾箱、洗手池、厕所等服务设施通常沿路布置，或离主要园路不远处布局，以方便游人使用。

9.2 园路分类

园路按其性质和功能的不同可分为主园路、次园路和游憩小路；园路按路面使用材料不同，可分为整体路面、块料路面和碎料路面。公园面积小于10hm²时，可只设三级园路，园路宽度应根据通行要求确定，并应符合表9-1的规定。

表9-1 各类园路的特点

园路级别	公园总面积 A（hm²）			
	$A<2$	$2 \leqslant A <10$	$10 \leqslant A<50$	$A \geqslant 50$
主园路	2.0~4.0	2.5~4.5	4.0~5.0	4.0~7.0
次园路	—	—	3.0~4.0	3.0~4.0
支路	1.2~2.0	2.0~2.5	2.0~3.0	2.0~3.0
小路	0.9~1.2	0.9~2.0	1.2~2.0	1.2~2.0

9.2.1 主园路

9.2.1.1 功能

①主园路是园林的大动脉，对内需贯穿园内各个主要景区、主要景点和各个活动设施，是游客游览和管理用车疏散的主要路线，对外连接城市或乡

村主要道路，是游客与外部联系的主要路线。

②主园路还担负着园内生产生活资料的运输、经营管理和疏导游人的重任，公园所需的各种物质资料通过主园路分送到各个管理部门中，而园内生产的农副产品、垃圾也需通过主路运往园外。

③主园路还有救护、消防和游览车辆通行等功能。

9.2.1.2 尺度

主园路承载的活动较多，且需要车辆通行，因此道路级别最高，宽度最宽，一般以5~7m为宜，且纵坡宜小于8%，横坡宜小于4%，且转弯半径不得小于12m。同一纵坡长不宜大于200m；山地区域的主路、次路纵坡应小于12%，超过12%应做防滑处理；积雪或冰冻地区道路纵坡不应大于6%。

9.2.1.3 设计要点

①在功能上　主园路需贯穿整个园区的主要景区、景点以及出入口，是园林道路设计的首要任务。

②在形式上　首先要依据园林内部地形地质条件，其次要符合美学的设计原则，如自然景观较为丰富的城郊或乡村适合蜿蜒曲折的道路形式，而城市内部的公园或街头绿地中的园路设计则要考虑场地边界的形式、场地内部基础环境条件以及公园设计的主题思想等要素，综合考量主园路的形式选择。

③在材质选择上　主园路常选用水泥混凝土或沥青路面，前者有稳定性好、耐压强度高以及维护成本低等优点，满足园林的管理和未来的规划发展以及建设要求。深灰色沥青路面在主园路中使用较多，与园林景观的颜色搭配起来，比较沉稳，有丰富的层次感，尤其是现代园林道路设计中通常选用新型沥青材料，与园林整体规划风格统一。例如，郑州园博园主路（图9-7）采用深灰色沥青路面；西安大明宫遗址公园主园路（图9-8）采用沥青混凝土路面。

9.2.2 次园路

9.2.2.1 功能

次园路联系主园路，分散在各景区，主要起到沟通各景点、建筑的作用，是主园路的辅助道路，它不仅承担分散游人的任务，还起到划分园林景区、景观的关键作用。次园路多随地形、水体、草坪的形状而设置，弯曲流畅，自然大方，往往参与景区、景点的组合，是对主园路的补充。

9.2.2.2 尺度

次园路纵坡宜小于8%，同一纵坡坡长不宜大于200m；山地区域的次路纵坡应小于12%，超过12%应做防滑处理；积雪或冰冻地区，通车道路

图9-7　郑州园博园主园路

图9-8　西安唐大明宫遗址公园主园路

纵坡不应大于6%。

9.2.2.3 设计要点

①在功能上 次园路是主园路的补充，也是衔接主园路和游园小路的主要通道。

②在形式上 次园路的自然曲度大于主园路，通常用富有弹性的曲线形成充满层次的空间。

③在材质选择上 次园路以砖块和石材为主，材料为常见的大理石、花岗岩和水磨石，有时为了能够与环境更好地搭配，会选取一些经过人工特殊处理的石材。再者，砖块和石材的透水性较好，对园林排水也起到至关重要的作用。郑州园博园中（图9-9）通往上海慧园的次要道路选择的是透水铺砖，类似处理手法在无锡宝界山林公园中（图9-10）也多次出现，在材质上与主园路区分开来。

在植物搭配选择上，两侧绿化更注重树种的选择和搭配，往往采用干形中、小的乔木，灌木则采用彩叶品种和开花品种配置，可供小型服务车辆单行通过。

9.2.3 支路与小路

9.2.3.1 功能

提供游客通往娱乐活动或者休憩交流活动场所的支路与小路，是对主园路和次园路的补充。游园小路能够进一步细化园区的交通系统，方便游人到达园区各个游览区域。它和园林中景区、景点直接相连，并融为一体，由于形式、铺装上的多样变换，其本身也是很好的观赏景点。游憩小路翻山则成为山路、羊肠小道，铺装采用条石或山坡石；入林则成为林径、竹径；涉水则和汀步、曲桥相连。其两侧绿化往往要精心配置，以供游人近距离观赏或留影。

9.2.3.2 尺度

支路一般为3~5m，设置在各个景区内部，联系各个景点，对主路起辅助作用。

小路一般宽度为1.5~2m，便于游人日常通行

图9-9 郑州园博园内次园路

图9-10 无锡宝界山林公园次园路

使用，最窄不低于0.9m，供游人散步游憩之用。支路和小路，纵坡应小于18%；纵坡超过15%路段，路面应做防滑处理；纵坡超过18%，宜设计为梯道。

9.2.3.3 设计要点

①在功能上 区别于主园路和次园路，是园林当中较低级别的道路，与园林当中幽静的自然环境共同构成景观的一部分，也是通往有特殊价值的园林建筑的必经之路，穿梭在幽静的山水花木之间，缓解游客的情绪和压力，使游客彻底放松心情。

②在形式上 宜根据地形采用有变化的曲线形式，与周边的植被、建筑、水体、空间共同形成步移景异的景观效果。

③在材质上 宜采用有纹理的石材，如火烧面或荔枝面的青石板，美观、硬度高、耐磨损，适用于广场以及有特殊意义的园路等；或采用鹅卵石，形成功能丰富的游园小路，适用于庭院或者较为幽静的空间，营造一种古典质朴的景观氛围；或采用烧结砖、陶土砖、透水砖、青砖等，价格便宜，工艺简单，设计与施工技术较为成熟，透水砖不积水且排水快，青砖给人以素雅质朴的美感；抑或采用透水性较强的彩色透水混凝土、传统木质、碎石铺装，自然质朴的材质在功能上满足自然生态修复，灵活的色彩和质地能给游人不同的游览体验（图9-11至图9-14）。

在种植设计上，注重乔灌草的层次搭配，植物季相变化，观叶观花观果植物种类的有序搭配，以供游人近距离观赏、游憩和留影纪念。

图9-11 碎石游园小路设计

图9-12 卵石游园小路

图9-13 防腐木游园小路

图9-14 石板游园小路

9.3 园路铺装

园路的风格首先决定于园林的形式。规则式园林，园路多为有轨迹可循的几何线条。自然式园林，道路则大多为无轨迹可循的自由曲线和宽窄不同的变形路。路面的铺装影响园林的风格，我国古典园林中的道路，常采用青砖、黑瓦以及卵石等材料嵌镶成各种图案和纹样，形成朴实典雅的风格，有民族特色和较高的艺术性。随着科学技术的飞速发展，新材料、新技术和新工艺不断涌现，使得现代园路风格变化无穷，有的新颖潇洒、色彩艳丽；有的线条简洁大方、图案清晰明快；还有的古朴典雅、沉稳厚重。

9.3.1 铺装设计原则

园路的铺装，首先要满足功能要求，要坚固、平稳、耐磨、防滑并易于清扫。其次，要满足园林在丰富景色、引导游览和便于识别方向的要求。最后，还应服从整个园林造景艺术的要求，力求达到功能与艺术的统一。

9.3.2 铺装类型

园路的铺装类型分为：沥青类、混凝土类、石材类、砖材类四种（图9-15至图9-18）。其中沥青类园路具有高强度和稳定性的优点，常用于主园路与次园路。混凝土类园路具有稳定性好、养护成本低以及透水性等优势，常用于健身步道、游园小径、管理用房附近或有海绵城市特殊要求的路段。石材类园路具有耐久性和艺术性等优势，常用于广场铺装、游园小径等地段。砖材类主要有烧结砖、透水砖和水泥PC砖等，具有透水性和防滑等特点，多用于人行步道和游园小径。

图9-15　沥青路面

图9-16　混凝土路面

图9-17　石材路面

风景园林设计原理

图9-18　透水铺装路面

9.4　园路设计原则与要点

9.4.1　设计原则

（1）满足交通性与游览性

园林道路通常与建筑、地形、植被、山水等共同构成功能分区的边界，也是通往各个功能分区的必经之路，从而满足园林使用者的各种交通需求。

（2）主次分明

园林道路系统必须主次分明，方向性强，才不会让游客辨别困难，甚至迷失方向。设计时，应保证各个级别道路在宽度、铺装材质和走向上有明确的区别，从而形成具有明确导向的不同级别的道路骨架。主园路要能贯穿园内主要景区，形成全园的骨架，并与附近的景区相互联系。次园路是各个分区内部的骨架，并与附近的景区相互联系。支路和小路则是主园路和次园路的补充，与景区和景点共同构成别致的园林景观。

（3）因地制宜

园林道路的密度要根据人流量的大小进行规划，如游人较多地方的园路尺度和密度也相对较大一些；较为幽静的区域则园路密度相对减小，尽可能多地保留或者设置一些具有生态和美学价值的绿地；在游人需要参与各种娱乐活动时，则需要设置场地满足游人的需求。

9.4.2　布局要点

（1）园路整体布局

园路布局方式与城市道路系统规划不同，在自然式园林绿地中，园路需要遵从中国古典园林造景手法，多设计为曲折迂回、流畅自然的曲线形式，从而达到步移景异的效果。自然式园林常见的平面布局形式为套环式（图9-19）、带式和树枝式三种。规则式或混合式园林绿地中，园路通常结合水体、建筑、植物、地形等要素共同形成复合型功能的道路或场地。

园路的整体布局是依据园林的规划形式而定的，它的布局形式是依据地形地貌、功能分区和景色分区、景点以及风景序列等要求决定的。一个好的园景，在道路的总体布局上往往会形成一个环网。这个环网可能是由规则式园林中纵横交织的主园路、次园路、支路和小路形成，也可能是峰回路转、曲径通幽的自然式园林中的曲路

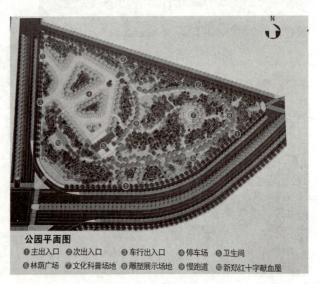

图9-19　河南省新郑市中华路公园

形成。但无论哪种形式的园林，园路尽量不让游客走回头路，以便能游览全景，布局清晰的路网会引导游客有序地欣赏到园林中的美景。园路所形成的环网的艺术美，不仅在于它组织园林的风景序列，还在于它本身也是风景园林的构成要素之一。

除了规则式园路采取直线形式外，一般来说园路宜曲不宜直，依山就势，或回环曲折，追求自然之美。道路一般是等宽的，也可以做成不等宽的，但曲线要自然流畅，犹若流水。游步道也应多于主干道，景幽则客散。

为了适应机动车行驶，上山的盘山路要迂回曲折；为了适应青少年的爱好，并满足其活动量大的特点，应多设计羊肠捷径，攀悬崖、历险境以增加他们的游览兴趣；滨水区域的园路宜与桥、堤或汀步相接；环湖的道路应与水面若即若离、若隐若现，从而达到步移景异的效果。

（2）园路的疏密安排

园林道路的疏密与景区的性质、地形、游人的多少有关。一般安静休息区域的道路密度可小些，文娱活动区及各类展览区的道路密度则大些；游人多的地方道路密度也要大些，山地和地形复杂的地方的道路密度可小些。总体来说，园林道路布局不宜过密。在城市公园中，道路所占比例应依据公园面积及公园类型来确定，具体应符合表9-2的要求。

（3）园路的平面迂回曲折

园林道路迂回曲折的原因有二：①地形的要求，如在前进的方向上遇到山丘、水体、建筑、大树等障碍物，或者因山路较陡，则需要盘旋而上，以减缓坡度；②功能和艺术的要求，如为了增加游览时间，组织园林自然景色，使道路在平面上有适当的曲折，竖向上随地形高低起伏变化，游人可以随着道路蜿蜒起伏向左、向右，或仰或俯，欣赏不断变化的景色；或者为了扩大观赏者的视野，使空间层次丰富，形成时开时闭、辗转多变、含蓄多趣的园路。另外，园路的迂回曲折还有扩大空间、小中见大、延长游览路线和节约用地的作用。

在园路设计时不能矫揉造作，要做到"三忌"：一忌曲折过多，如果在短短数米内出现往复三折，状如蛇形，就会失去自然之美；二忌曲折半径相等，也就是接近的两个曲折半径不能相同，大小应该有变化，并且要显出曲折的目的性，如果在平地上无缘无故地曲折就会导致游人抄近路而践踏了路边的花草；三忌此路不通，曲路的终

表9-2 公园用地中园路及铺装场地比例　　　　　　　　　　　%

公园陆地面积（hm^2）	公园类型					
	综合公园	专类公园			社区公园	游园
		动物园	植物园	其他专类公园		
$A_1<2$	—	—	15~25	15~25	15~25	15~25
$2\leq A_1<5$	—	10~20	10~20	10~25	15~30	15~30
$5\leq A_1<10$	10~25	10~20	10~20	10~25	10~25	10~25
$10\leq A_1<20$	10~25	10~20	10~20	10~20	10~25	—
$20\leq A_1<50$	10~22	10~20	10~20	10~20		
$50\leq A_1<100$	8~18	5~15	5~15	8~18		
$100\leq A_1<300$	5~18	5~15	5~15	5~15		
$A_1\geq 300$	5~15	5~15	5~15	5~15		

端必须接通其他道路或有景可观，走投无路的曲折势必让游客走回头路，影响游览体验。

园林中的主园路需要满足车辆的通行，因此必须考虑与车辆行驶安全有关的转弯半径问题。与城市道路转弯半径设计有所不同，园林道路上行车要求速度慢、车辆少、安全可靠，所以采取最安全的半径最好在10m以上，并严格限制车速（小于5km/h）。

游园小路或者登山步道则不受转弯半径的限制，一般平地上的小路转弯半径不应小于5m，登山小路可以随地形变化，局部因地形需要出现急转弯也是允许的。

(4) 园路竖向上的高低错落

园林布局在立面上应注重高差变化，随着地势起高低起伏变化，形成富有坡度变化的道路，给游人带来丰富的视觉和空间体验。主园路不应设台阶，主园路、次园路纵坡宜小于8%，同一纵坡坡长不宜大于200m；山地区域的主路、次路纵坡应小于12%，超过12%应做防滑处理；积雪或冰冻地区道路纵坡不应大于6%；支路和小路，纵坡宜小于18%，纵坡超过15%路段，路面应做防滑处理，纵坡超过18%，宜设计为梯道，纵坡大于50%的梯道应做防滑处理，并设置安全护栏。园路横坡以1%~2%为宜，最大不应超过4%。降水量大的地区，宜采用1.5%~2%；积雪或冰冻地区园路、透水路面横坡以1%~1.5%为宜；纵、横坡坡度不应同时为零。因此，在园路设计过程中，要结合地域气候条件、园路级别、园路材质、园路和周边场地之间的关系、使用人群特征等多种因素进行综合考量。

园林道路高差处理手法有以下四种：台阶处理法（图9-20）、坡道处理法（图9-21）、挡土墙处理法（图9-22）和地形处理法（图9-23）。

①台阶处理法 可用自然式的石阶与草坪共同形成富有变化的景观。在考虑人体工程学的前提下，使用台阶处理高差，可凸显台阶周边的建筑或构筑物的威严庄重气势。

②坡道处理法 在满足通用设计的前提下，常采用坡道与台阶相结合的处理方法，既能巧妙

图9-20　郑州园博园的台阶处理

图9-21　无锡长广溪国家湿地公园坡道处理

图9-22　无锡长广溪国家湿地公园挡土墙

图9-23 郑州园博园中地形设计

地处理高差，又能营造丰富多变的园林景观。

③挡土墙处理法　是一种快速有效的高差处理手法，可结合台阶，形成半围合、有景深的空间效果。如方塔园的入口处，采用挡土墙和台阶结合的手法。在不同的景观空间内，挡土墙的材质、色彩、风格和尺度等都会有所不同，应根据实地的地貌、水文、高差、地域文化等要素选择合适的挡土墙材质和形式。

④地形处理法　通过创造起伏的地形景观，既可以依势而建地解决高差问题，也可以通过地形、植物、道路、建筑等共同形成有起伏变化的独特景观。

（5）园路交叉口设计

首先，应避免多路交叉，注重园路交通的引导作用，并尽量增加园路交叉所形成的角度，方便行人通行，且要注重道路交叉口处的植物种类选择，避免遮挡行人视线，造成安全隐患。其次，可在道路交叉口设置广场，既能满足通行需求，又能给游人提供休息娱乐的场地。最后要关注交叉路口作为视觉焦点的景观设计，可用框景、透景、漏景等造景手法点景，为游人提供不同的游览体验。

凡是道路交叉所形成的大小角都宜使用弧线，转角要圆滑。自然式道路，在通向建筑正面时，应与建筑物渐趋垂直，在顺向建筑时应与建筑趋于平行。两条相反方向的曲线道路相遇时，在交接时要有相当距离的直线，切忌呈"S"形。

在处理两条道路交叉时，应注意以下几个事项：①两条自然式道路相交于一点时，所形成的对角不宜相等（图9-24）；②当道路需要转换方向时，离原交叉点要有一定长度作为方向转变的过渡；③如果两条直线道路相交时，可以正交，也可以斜交，为了美观实用，要求交叉在一点上，对角相等（图9-25）；④两条道路相交所形成的角度不宜小于60°，如果角度太小，则可以设立一个三角绿地，从而使交叉形成的尖角得以缓和（图9-26）。如果三条园路相交在一起，三条路的中心线应该交会在一点上。由主干道分出来的次干道，分叉位置宜在主干道凸出的位置。在一眼所能看到的距离内，在道路的一侧不宜出现两个或两个以上的道路交叉口，要尽量避免多条道路交在一起，如果避免不了则需要在交接处营造一个广场或场地，起到缓冲作用（图9-27）。

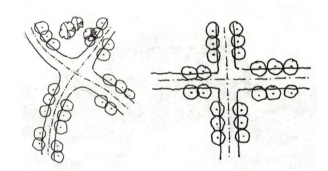

图9-24 自然式道路交叉　　图9-25 两条直线道路相交

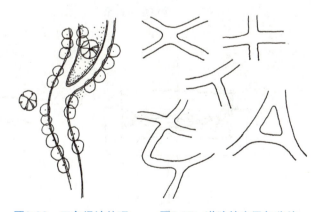

图9-26 三角绿地处理　　图9-27 道路的交叉与分歧

9.5 园路与各要素布局关系

9.5.1 园路与建筑

在园路与建筑物的交接处，常常能形成路口。从园路与建筑相互交接的实际情况来看，一般都是在建筑附近设置一块较小的缓冲场地，园路通过这块场地与建筑进行交接。靠近园路的建筑一般面向道路，并有不同程度的后退。对于游人量较大的园林主体建筑，一般后退道路较远，并采用广场或林荫道的方式与园路相连，这样在功能上既可满足人流集散的需要，在艺术处理上又能突出主体建筑的立面效果，营造出开阔明朗的环境气氛（图9-28、图9-29）。对于一般性园林建筑宜减少直接与主园路的连接，而应多依地形起伏，采用曲折的小路引入建筑环境内，创造曲径通幽的园林景观。

然而，一些作为过道作用的建筑、游廊等，也常常不设缓冲小场地。根据园路和建筑的相互关系以及在实际工程设计中的经验，采用以下几种方式来处理二者之间的关系：①"能上能下"，即常见的平行交接和正对交接，是指建筑物的长轴与园路中心线平行或垂直；②"侧对交接"，是指建筑长轴与园路中心线相垂直，并从建筑正面的一侧相交接；③园路从建筑物的侧面与其交接（图9-30）。

实际处理园路与建筑物的交接关系时，一般都要避免斜路交接，特别是正对建筑某一角的斜角，冲突感很强。对不得不斜交的园路，要在交接处设一段较短的直路作为过渡，或者将交接处形成的路角改成圆角，应避免建筑与园路斜交。

9.5.2 园路与水体

自然式园林常常以水为中心，主园路环绕水面，联系各景区，是较理想的处理手法。当主园路临水面布置时，不宜始终与水面平行，这样因缺少变化而显得平淡乏味。较好的设计是根据地形的起伏、周围的景色和功能使主园路和水面若即若离。跨越水面的道路可用桥、堤或汀步相接（图9-31、图9-32）。

规则式园林中的园路与水体的关系主要考虑水体的形状与布局形式。较大面积的规则式水面，四周设有道路和建筑，构成较开敞的空间，运河

图9-28　建筑后退道路

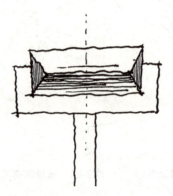

图9-29　建筑前广场与道路相接

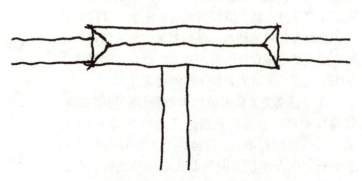

图9-30　园路与建筑直接交接

图9-31　滨水踏步（上图）

图9-32　滨水游步道（下图）

图9-33　公园微地形中的道路

的两岸也设有与河岸平行的道路；分散性水体与道路广场合为同一空间，广场中的水池、喷泉、主干道中间的带状喷泉和跌水，是道路与广场的组成部分，是这些空间的主景。

9.5.3　园路与山地

9.5.3.1　山路

当山路坡度小于6%时，可按一般道路处理；坡度为6%~10%时就应顺应等高线，做成盘山道以减小坡度。所谓盘山道，是把上山的道路处理成左右转折，利用道路和等高线斜交的办法来减小坡度（图9-33）。道路蜿蜒曲折能使游人的视线产生变化，有利于风景画面的组织，风景优美的地方转折处可适当加宽做成平台供休息和眺望。盘山道的路面做成向内倾斜的单面坡，通过适当的围合增加空间的安全性。

较高的山，山路应分主次，主路为盘山道，道路平缓，沿路设置平台座凳供休息；次路可随地取其捷径；小路则是穿越林间的羊肠小道。

低而小的山，山路的布置应考虑延长路线，使人对山的面积产生错觉，以扩大园林空间。在山路的布置上可以使道路和等高线平行或斜交，还要根据地形布置，形成回环起伏、上中有下、下中有上，盘旋不绝的感觉，从而满足游客的不同需求。

9.5.3.2 台阶

为了适应游人游览，步行道最大纵坡应小于8%，若超出此规定，可设置台阶。台阶除了满足使用功能外，还有美化和装饰的作用，特别是它的外轮廓富有节奏感，与周围植物配合，可形成美妙的园林小景。

台阶常附设于建筑出入口、水旁岸壁和高差较大的园路上（图9-34、图9-35）。根据材料不同，台阶有石砌、钢筋混凝土、塑石等。用天然石块砌的台阶富有自然风格；用钢筋混凝土板做的外挑楼梯台阶空透轻巧；用塑石做的台阶，色彩丰富、形式多样，可与其他园林小品结合，为园林风景增色。

台阶的尺度要适宜，一般室外游憩的台阶踏面宽度为30~38cm，高度为10~17cm，台阶的长度根据具体情况而决定。一般台阶不宜连续使用，如地形许可，每8~10级后应设一个平台，在平台一侧或两侧设条（石）凳，以满足中老年人休息和观望。

园路是园林绿地重要的组成部分，是联系各个景区以及活动中心的纽带，具有引导游览、分散人流等功能。园路配置得合适与否直接影响到公园的布局与利用率。因此需将道路的功能作用与艺术性有机结合，精心设计，因景设路，因路得景，才能做到步移景异。

9.5.4 园路与植物

园路与植物配置可共同营造较好的景观效果。例如，笔直的林荫大道，在城市公园或校园景观的主路上，通常以悬铃木、银杏等高大荫浓的树种作为行道树列植在道路两侧来强化道路，作为线性景观起到交通引导的作用和夹景的效果，在道路尽头结合植被、广场、雕塑或喷泉设置小景，进行点景和升华，从而为道路的转折做准备。这种林荫大道，除了营造出一种壮观的景观效果外，还经常被游客赋予一定的精神寄托，如南京钟山风景名胜区的梧桐大道。

在园路的转弯处，也可利用植物进行叙事，从而强化主题，如种植大量色彩丰富的花卉，或者造型优美的灌木丛，或高大伟岸、树形优美的孤植树，既能形成视觉焦点，又能引导游人游览（图9-36）。

在园路的交叉口处，可设置中心绿岛、花钵或花坛等，不仅有美观和疏导游人的作用，还能净化空气，缓解热岛效应。

此外，应注意园路和绿地的高低关系，效果较好的园路，常浅藏于绿丛之中，尤其处在山麓边坡旁边，园路完全暴露易留下穿行痕迹，影响美观，所以要求路尽量比"绿"低，但一定是要比"土"高。

图9-34　建业足球小镇主入口建筑前台阶

图9-35　建业足球小镇窑洞酒吧前台阶

图9-36 园路转弯处植物营造

小结

本章主要阐述了园林道路的总体设计原则和要点。首先从功能入手,介绍了园林道路的功能,如有组织交通、引导游览、组织空间、构成景色以及为园林设施打好基础的作用。其次依据尺度、功能将园路划分为主园路、次园路、支路与小路等类型,并对园路铺装的设计原则和类型进行了分类解释。最后,对园路设计原则和要点进行了详尽的阐释,结合其他要素如建筑、水体、山地、植物,明确了园路与其他要素布局关系的处理方法。

思考题

1. 园路的功能是什么?
2. 园路的分类、各个级别道路的功能和常用铺装材料是什么?
3. 园路设计的原则有哪些?
4. 园路布局要注意哪些事项?
5. 园路道路与各个园林要素布局之间的关系有哪些?

推荐阅读书目

风景园林设计要素. 诺曼·K·布思著. 曹礼昆,曹德鲲译. 中国林业出版社,1989.

第10章

园林建筑及小品设计

园林建筑及小品是指在园林中既有造景功能，同时又能供人游览、观赏、休闲的各类建筑及小品设施，是建筑工程技术与艺术相结合的产物。园林建筑及小品功能独特、类型丰富、布局多样，不仅是风景园林要素中的重要组成部分，同时也在风景园林中发挥点睛的作用。

10.1 园林建筑功能

园林建筑作为风景园林的一个重要组成要素，不仅能满足游人遮阳避雨、驻足休息、开展文化娱乐活动等实用功能，还要与周围环境融合，起到点景成景的作用。此外，还有限定景观空间与组织游览路线等功能。园林建筑在园林景观组织方面有以下几个方面的作用。

(1) 点缀风景，提升场所意境

建筑之于园林，宜于近赏、适于远眺；与园中山水、植物相结合，有点缀风景、提升园林意境的功效。在一般情况下，建筑往往成为园林"画卷"的重点或中心，常常作为一定范围内甚至整座园林中的构景中心，在园林景观构图中常具有画龙点睛的作用，并以此来突出园林的风格与意境。没有建筑就难以成景，难言园林之美。正如苏州拙政园中远香堂、怡园中藕香榭的设立，与水、石、荷结合相得益彰，将"出淤泥而不染，濯清涟而不妖"的荷花意境表现得淋漓尽致。

(2) 观赏园林风景

使游人在视线范围内取得最佳的画面是园林建筑设计的重要作用之一。作为观赏园内外景物的场所，一栋建筑常成为画面的重点。在此情况下，从建筑布局至门窗洞口都可以加以利用，作为获取最佳风景画面的手段。因此，建筑的位置、朝向、封闭或开敞的处理均要考虑其观赏景物的需求。风景园林中的许多造景手法如主景与次（配）景、抑景与扬景、对景与障景、夹景与框景、实景与虚景等均与建筑有关。

(3) 限定景观空间

利用建筑物围合形成一系列的庭院，或者以建筑为主，辅以山石花木将园林划分为若干空间层次。空间布局是园林建筑设计中的重中之重，常以一系列空间变化以及巧妙安排给游人带来美的享受。利用建筑物限定园林空间范围，以建筑构成的各种形式的庭院及廊、墙等可以恰到好处地成为组织和划分空间的最好手段。

(4) 组织游览路线

园林布局中建筑同样在游览路线中担负着"起、承、转、合"的重要作用，跟随游览路线，园林建筑将以其有利的位置和独特的造型，为游人呈现出一幅幅或动或静的"风景画卷"。例如，园林中的廊为创造空间的变化，为游人呈现多种不同角度的景色，往往选择曲折回环的半壁廊形式。廊与墙之间形成大小不一、形体各异的空间。同时搭配山水、花木，极大地丰富园林建筑的空间和层次。还可引导游人进行观赏游览，从而消除视觉上的疲乏感、丰富沿途的景色。如北京颐和园的长廊、苏州留园的曲廊等。

10.2　园林建筑特点

(1) 园林建筑的人工属性

园林建筑是由人工建造出来的，比起山、水、植物要素，较少受到自然条件的制约，人工的成分最多，是五个造园手段中运用最为灵活的，因而也是最积极的一个手段。

(2) 园林建筑的功能需求

园林建筑的功能要求，主要是为了满足人们的休憩和文化娱乐活动。园林建筑应有较高的观赏价值并富于诗情画意。

园林建筑除了满足游人遮阴避雨、驻足休息、林泉起居等多方面的实用要求，还起着园林景象构图中心的作用。它们之中，有的具备特定的使用功能和相应的建筑形象，如餐厅、茶室、花房、兽舍等；有的具备一般使用功能，如供人们憩坐的厅榭亭轩、供交通之用的桥廊道路等；有的是特殊的工程设施如水坝、水闸等；有的则只是作为点缀园林的小品等；还有可以满足文化需求的展览馆、文化娱乐需求的体育馆等。园林建筑空间的选址往往选择在景色优美且便于观赏周围景色的地方，它不仅能够为游人提供休息、餐饮等具体功能，还可以为游人提供最佳的观景地点，提供可行、可望、可游、可居的富于变化的空间。此外，也要推敲建筑所成的空间序列和游览路线的组织，做到步移景异。

(3) 园林建筑的材料选择

中国传统园林建筑多采用木结构。现阶段，在倡导生态文明和绿色低碳的时代背景下，现代园林建筑在材料上已有很大发展，各种新型园林建筑材料不断涌现。木塑复合材料因具有高环保性、无污染、无公害、可循环利用等优点，克服了天然木材强度较差、寿命短的缺陷，广泛应用于园林景观中。传统的天然石材虽然硬度高、强度大、纹理美观，但因是不可再生的自然资源，其开采过程会造成环境破坏，且一些天然石材还具有放射性，不符合环保要求。因此，近年来市场上涌现出很多仿石材的新型材料，如柔性石材、PU石材、人造石、水磨石等广泛应用于园林建筑外墙装饰和建筑小品。此外，透水混凝土新型材料在海绵城市建设中应用广泛；透光混凝土不仅可以改善室内照明、节约能源，还可以随着灯光的变化呈现出不一样的艺术效果，在园林景观中常用于休息凳、指示牌等。随着时代的发展，应根据需要合理选择和应用材料，使材料的材质、美感得到充分体现，从而创造出更加和谐、美观的园林环境空间。

(4) 园林建筑的风格

由于自然条件、文化背景、哲学思想及审美情趣等方面的不同，形成了中西方不同风格的园林建筑。中国园林建筑风格以"天人合一"的和谐之美为基调，具有多曲、多变、雅朴、空透四大特点。在形式上，既不讲究轴线对称，也无任何规则可循，反而山环水抱，曲折蜿蜒，不仅保留花草树木的原貌，就连人工建筑也尽量顺应自然，力求与自然融合，追求自然之美；在材料上，主要以木结构为主；在结构上，使用最多的是抬梁式木构架，不仅可以组成一间、三间、五间乃至若干间的房屋，还可以组成三角形、正方形、五角形、六角形、八角形、圆形、扇形等其他特殊平面建筑，甚至可以构成多层建筑的城堡和塔楼；在布局上，由于受到木材和结构的限制，形状和内部空间相对简单，多数呈多空间组合式的布局形式，空间丰富、变化多样。而西方园林建筑风格在"人定胜天"的理念下追求理性。在形式上，采取几何对称式布局，有明确的线性对称关系，水池、广场、树木、雕塑、建筑、道路都布局在轴线上，建筑物控制轴线，轴线控制园林，植物往往修剪成不同的几何图案，强调人工美；在材料上，西方园林建筑以石为主，相较于木结构整体感觉比较厚重；在布局上，西方建筑强调突出个体建筑，一般布局在中轴线上，成为构图和视觉的中心。

此外，在中国，由于南北方在自然条件和文化上的差异，也产生了南方和北方不同的园林建筑风格，形成了中国地域范围内统一风格下的多样性。南方园林建筑风格淡雅、朴素，青瓦素墙，褐色门窗，不施彩画，形态较为轻盈、灵巧，布局自由灵活，结构不拘定式，亭榭廊槛，婉转其间，清新洒脱；而北方园林建筑风格较为平稳、持重，具有一种不同于江南的刚健之美；园林中空间划分较少，整体性较强；平面布局较为严整，中轴线、对景线运用较多，色彩常用强烈的彩绘，构造近乎"官式"，更赋予园林以凝重、严谨的格调。

10.3 园林建筑类型

园林建筑分类方式多样。可以按使用功能分，可以按传统形式的不同风格分，也可按使用材料分。本节以使用功能为核心，将园林建筑分为游览休息类、文教类、游艺类、服务类、管理与构筑类共五类。

10.3.1 游览休息类

此类园林建筑主要功能为游览和休息，具体包括亭、廊、榭、舫、厅堂、楼阁等。该类型园林建筑是各种性质园林所共有的，尤其在中国古典园林中最为突出。

(1) 亭

《园冶》中说："亭者，停也，所以游憩游行也。"亭是园林中最常见的眺望、休息、遮阳、避雨的景点建筑。亭，也是我国园林中运用最多的一种建筑形式。在造型上，亭一般小而集中、向上，有其相对独立、完整、玲珑而轻巧的建筑形象，很符合园林布局的要求。亭的结构与构造大多比较简单，施工比较方便，所占地块不大，因此建造比较自由灵活。此外，由于单体亭与其他建筑物之间联系较少，因此，可以主要从园林建筑空间构图的需要出发，自由安排，最大程度地发挥其园林艺术特色。

亭的体量虽然不大，但造型上的变化却是丰富多样、自由灵活的。从平面形状上大致可分为单体式、组合式、与廊墙结合的形式三类，最常见的有圆形、长方形、三角形、四角形、六角形、八角形、扇形等；从亭的立体造型划分，从层数上来看，有单层和两层；从亭的立面屋顶形式可分为：攒尖顶、歇山顶、硬山顶、悬山顶、卷棚顶、庑殿顶等；从位置分可分为山亭、半山亭、桥亭、沿水亭、廊亭、路亭等；从材料上来分，多以木材、竹材、石材、钢筋混凝土为主。近年来，玻璃、金属、各种有机材料、张拉膜结构也广泛应用（图10-1至图10-6）。

图10-1 上海闵行体育公园木亭

图10-2 上海崇明钢结构亭

图10-3 上海后滩公园金属亭

(2) 廊

廊是指独立有顶的游览道路或通道。廊在中国园林里广泛应用，除能遮阴、防雨、休息外，最主要的作用在于导游参观和组织空间，还可作透景、隔景、框景用，使空间产生变化。中国古典园林中的园林建筑，经常通过廊、墙等把一幢幢的单体建筑组织起来，形成空间层次丰富多变的建筑群体。廊通常布置于两个建筑物或两个观赏点之间，成为空间联系和划分的一种重要手段。由于构造与施工上比较简易，廊在总体造型上就比其他建筑物有更大的自由度，它本身可长可短、可直可曲，也可建造于起伏较大的山地上，运用起来灵活多变，可以"随形而弯，依势而曲。或蟠山腰，或穷水际。通花渡壑，蜿蜒无尽"（图10-7）。

廊可以分成以下几类：按平面形状分有直廊、曲廊、回廊；按廊顶形式分有坡顶、平顶；按结构形式分有两面柱的空廊、一面柱的柱廊、一面墙或漏花墙的半廊、中间设窗框墙的复廊；按位置分有沿墙走廊、爬山廊、水走廊、桥廊；按横剖面分：有双面空廊（图10-8）、单面空廊（图10-9）、复廊（图10-10）、双层廊（图10-11）。

图10-4　上海九子公园张拉膜亭

图10-5　哈尔滨玻璃亭

图10-6　美国千禧公园玻璃钢亭

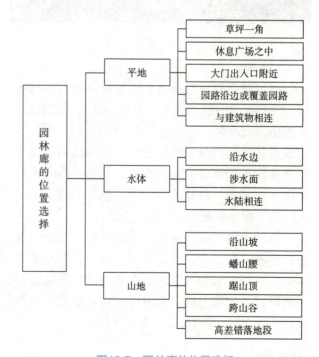

图10-7　园林廊的位置选择

图10-8　苏州留园的曲廊　　　　　　　　　　　图10-9　苏州狮子林单面廊

图10-10　苏州怡园复廊　　　　　　　　　　　图10-11　扬州何园双层廊

（3）榭

榭一般指有平台挑出水面观赏风景的园林建筑。《园冶》中说："榭者，藉也。藉景而成者也。或水边，或花畔，制亦随态。"意思是说，榭这种建筑是凭借周围景色而建成的，它的结构依照自然环境的不同可以有各种形式。不过，当时人们把隐在花间的一些建筑也称为"榭"，而在今天，人们把"榭"多看作一种临水建筑物。

园林中的榭多居水边，沿岸形挑出水面一部分，或有平台挑出，设美人靠、桌椅，供品茶观水景，所以向水的一面应是开敞空间，靠陆地的一侧可以是闭锁空间，也可以是用花地或草地构成的开敞空间（图10-12、图10-13）。

（4）舫

舫也称旱船、不系舟。舫是仿照船的造型在园林湖泊中建造起来的一种船型建筑物，供人们在内游玩饮宴、观赏风景。身临其中，颇有乘船荡漾于水中之感。舫的前半部多三面临水，船首一侧常设平桥与岸相连，仿跳板之意，通常下部船体用石建，上部船舱则多用木构。沿水观景的目的与水榭相同，但在视野的扩展上和室内外空间的变化上更胜一筹。

在江南园林中，苏州拙政园的香洲（图10-14）、怡园的画舫斋比较典型。其基本形式与真船相似，宽约丈余*，船舱分为前、中、后三个部分，中间最矮、后部最高，一般做成两层，类似阁的形象，

---

*1丈≈3.33m。

图10-12　北京颐和园"洗秋""饮绿"水榭

图10-13　苏州拙政园芙蓉榭

图10-14　苏州拙政园香洲

图10-15　北京颐和园石舫

四面开窗，以便远眺；船头做成敞篷，中舱是主要的休息、游赏、宴客的场所，两边做成通长的长窗，以便观赏；尾舱下实上虚，形成对比。屋顶一般做成船棚式样或两坡顶；首尾舱顶则为歇山式，轻盈舒展，在水面上形成生动的造型，成为园林中的重要风景点。北方园林中的石舫是从南方引进的，如北京颐和园石舫——"清晏舫"（图10-15）。

（5）楼阁

楼阁是园林中的高层建筑物（图10-16、图10-17），为登高望远、游憩赏景、突出主景之用。通常体量较大，造型丰富，形象突出，是园林中丰富景观立体轮廓的重要手段。因此，是园林中重要的点景建筑。

楼是指屋上直接建屋，其中两层之间没有腰檐，又称竖楼；阁指上下层之间除腰檐外还有平座的楼。楼在平面上一般呈狭长形，阁在平面上一般呈正方形、多边形等；现在楼与阁的界限已不严格。楼阁可分为以下五类，分别是：宗教楼阁、文化楼阁、军事性楼阁、游赏性楼阁、居住建筑中的楼阁。楼阁的形象资料最早见于汉代明器和画像砖，在以后历代绘画中也表现了许多楼阁形象。现存最早的楼阁是建于辽统和二年（公元984年）的天津蓟县独乐寺的观音阁。

（6）厅堂

厅堂是园林中的主体建筑，在中国古典园林中多设在平面构图中心的正阳面。所谓"堂者，当也。

图10-16 苏州拙政园浮翠阁

图10-17 苏州拙政园见山楼（上图）

图10-18 苏州拙政园远香堂（下图）

为当正向阳之屋，以取堂堂高显之义"。于正面或前后设门窗，也可四面设门窗，四周设廊。在现代园林中厅堂多作展览室、纪念馆用（图10-18）。

10.3.2 文教类

文教类建筑包括各类展览馆、博物馆、陈列室、文物古迹等。

（1）动物展览馆

动物展览馆包括水族馆、爬虫馆、鸟舍、象馆、海豹池、熊山、猴山等。

（2）植物展览温室

植物展览温室包括花卉展览温室、荫棚、盆景园、标本室等。

（3）其他文教类

其他文教类建筑还包括阅览室、陈列室、露天影剧院、纪念馆、纪念碑、眺望台、宣传廊及各类文物保护性建筑。

10.3.3 游艺类

游艺类建筑包括各种体育场、儿童游乐设施、游艺室、棋艺室、练身房、游泳池、球场、溜冰场、沙坑、秋千、转椅、滑梯、爬杆、攀登架、戏水池、游船码头、大型的游艺设施等。

10.3.4 服务类

服务性建筑包括停车场、厕所、服务中心（包括餐厅、咖啡厅、小卖部、播音室）、摄影室等。

10.3.5 园林管理类

园林管理类建筑包括管理办公室、车库、仓库、宿舍、生产温室、实验室、材料场、派出所、配电室、苗圃、园墙、园门、售票处等。

10.4 园林建筑布局及其要点

园林建筑的布局要从属于整个园林的艺术构思，是园林整体布局中一个重要的组成部分。园林建筑的布局内容广泛，从园区总体规划到局部建筑的处理都会有所涉及。下文从园林建筑空间布局形式和园林建筑总体布局要点两个方面进行阐述。

10.4.1 园林建筑空间布局形式

园林建筑布局往往服从于整个风景环境的统一安排，由于性质不同，大小不同，园林建筑在性质和内容上也相差很大，因此，建筑布局的方式也表现出许多差异。总体上，建筑布局分为外向性空间布局、内向性空间布局和混合式空间布局。

（1）外向性空间布局

外向性空间布局，又称开放性空间布局。这种布局形式包括独立建筑与环境结合的布局形式以及建筑组群与环境结合的布局形式。独立建筑结合环境空间布局形式多见于点景的亭、榭之类，或用于单体式平面布局的建筑。这种空间布局是以自然景物来衬托建筑，建筑为空间的主体，故对建筑本身的造型要求较高（图10-19）。建筑可以是对称布局，也可以是非对称布局，视园林环境条件而定。西方古典园林建筑空间组合，最常用的是对称的空间布局，即以宫殿、府邸建筑为主，辅以树丛、花坛、喷泉、雕像、道路以及规则的广场等来烘托建筑。

建筑组群结合环境的空间布局形式一般规模较大，建筑组群与园林空间之间可形成多种分隔和穿插。在古代中国多见于规模较大、分区组景的帝王苑囿和名胜风景区，如避暑山庄的水心榭（图10-20），杭州西泠印社、三潭印月等。由建筑组群自由组合的开敞空间，则多采用分散式布局，并以桥、廊、道路、铺面等连接建筑，但不围合成封闭性的院落。此外，建筑物之间有一定的轴线关系，从而彼此顾盼、互为衬托，有主有从。

（2）内向性空间布局

内向性空间布局是指由建筑物围合而成的庭院空间，包括天井空间这种特殊的庭院空间。内向性空间布局是我国传统园林建筑普遍使用的一种空间布局形式。庭院可大可小，围合庭院的建筑物数量、面积、层数可增可减。在布局上可为单一庭院，也可由几个大小不等的庭院相互衬托、穿插、渗透形成统一的空间（图10-21）。这种空间布局，因其房间数量多可满足多种功能的需要。

从景观方面说，庭院空间在视觉上具有内聚的倾向，可借助建筑与山水、植物的配合突出庭院空间的整体艺术氛围，往往庭院中的自然山石、池沼、树丛、花卉等反而成为空间的主体和吸引

图10-19 杭州西湖雷峰塔及其环境

图10-20 承德避暑山庄的水心榭

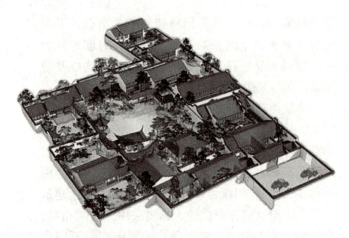

图10-21 苏州网师园多个庭院空间

人们兴趣的中心，并通过观鱼、赏花、玩石等来激发游人的情趣。由园林建筑围合而成的庭院，在传统设计中大多由厅、堂、亭、榭等单体建筑，以及廊、墙连接围合而成。

由建筑围合的庭院空间，一方面要使单体建筑配置得体、主从分明、重点突出；在形态、体量、朝向上要有区别和变化；在位置上要彼此呼应顾盼等。另一方面则要善于运用空间的连接要素，如廊、桥、汀步、院墙、道路、商店等，使园林构图富于变化而又和谐统一。

（3）混合式空间布局

由于功能或组景的需要，有时可将以上几种空间布局的形式结合使用，故称为混合式的空间布局。古代和现代园林建筑都有这样的例子。例如古代园林的承德避暑山庄烟雨楼建筑群（图10-22）建于青莲岛上，主轴线为一长方形庭院，东侧配有八方亭、四方亭和三开间东西向的小室各一座，三个单体建筑彼此靠近形成一体。西侧紧邻主庭院，并于岛南端叠山，山顶建六角形亭使建筑组群整体构图更为平衡完美。又如现代园林北京紫竹院公园筠石园中的友贤山馆，北部为建筑围合形成庭院空间，建筑空间沿廊向南延伸，向东连接一单体建筑，向西涉入水中连接友贤山馆的单体建筑；总体构图轴线居中，廊及单体建筑自由活泼，使得整个构图均衡而灵动（图10-23）。

以上三种空间组合，一般属较小规模的园林建筑布局形式，对于规模较大的园林则需从总体

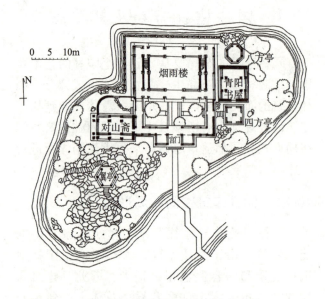

图10-22 承德避暑山庄烟雨楼平面图

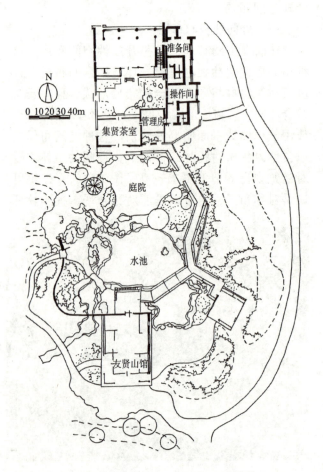

图10-23 北京紫竹院公园友贤山馆平面图

上根据功能、地形条件，把统一的空间划分成若干各具特色的景区或景点来处理，在构图布局上又使它们能互相因借，巧妙联系，有主从和重点，有节奏和韵律，以取得和谐统一的空间艺术效果。

10.4.2　园林建筑总体布局要点

任何一种建筑都是为了满足某种物质和精神的功能需要，采用一定的物质手段来组织特定的空间。建筑空间是建筑功能与工程技术和艺术技巧相结合的产物，其设计布局都要符合适用、坚固、经济、美观的原则；此外，在艺术构图技法上也都要考虑诸如统一、变化、尺度、比例、均衡、对比等原则。但是，由于园林建筑在物质和精神功能方面的特点，用以围合空间的手段、要求和其他建筑类型在处理上又表现出许多不同之处。归纳起来主要有以下六点。

(1) 满足功能需求

使用功能是园林建筑的基本功能，它可以为人们提供遮风避雨、休息驻足、观赏风景的场所，提供各项生活服务的景观要素，方便游人，满足游人之所需。包括使用、交通、环境效益，要符合园林性质与内容要求。例如，文化休憩公园需要设置以文教与娱乐为内容的，并满足其使用要求的建筑；动物园则设置以观赏动物为主要内容的动物舍、馆，既要方便游人观赏，又须保障安全，还须便于管理饲养，这就要求掌握一定的动物学知识。在使用功能与交通功能的要求上，园林建筑与地形处理、道路广场安排有密切关系。例如，园林的主要出入口、露天广场和展览馆等游人集散量大的建筑，都应选在平地或缓坡的地形，而且均须与主要干道靠近。餐厅、茶室、小卖部均应靠近主要干道的交叉口，且易于发现的地方。厕所除须设置在隐蔽，距离主干道不远的地方外，还须有标识易于找到，在全园中应均匀分布。展览温室应尽量靠近生产温室和圃地。亭、廊、坐凳既要考虑景观需要，也要满足游人休息的需要。

(2) 满足造景需求

园林建筑除了有实际的使用功能外，又是构成园林景观的重要组成内容，往往具有画龙点睛的作用。它们的体型、色彩、比例、尺度都必须结合园林造景的要求予以综合考虑。凡是园林建筑，它们的外观形象与平面布局除了满足和反映其特殊的功能性质外，还受到园林造景的制约。在某些情况下，甚至首先服从风景园林规划设计的需要。因此，园林建筑及小品艺术性要求比较高，应具有较高的观赏价值并富有诗情画意。园林建筑与游览路线相连接，是风景视线的焦点。有明显观赏性的建筑和小品如亭、廊、榭、舫、楼等应设于视景线的焦点上。既有使用功能，又有观赏要求的，如餐厅、茶室、展览室等，在满足功能的前提下，尽可能设置在优美的环境中，加强建筑的观赏性。

(3) 园林建筑基址的选择

在园林建筑布局中还应充分考虑基址的选择，不同的基址形成不同的景观。园林建筑可以设置在不同的地形和场地中。例如，山顶可设亭、塔、楼阁等进行俯视、远眺；山腰可设不同园林建筑类型提供休息、观赏的据点和作为空间的过渡；近水设建筑可借月，如苏州网师园的"月到风来亭"巧借月来营造诗情画意的美好意境；而山体高大时可设楼阁，山体小巧宜设亭台。总之，园林建筑的布局应巧于因借，因地制宜。

(4) 景观主次的建筑营造

总体布局中的景观主次和环境，决定了建筑的造型、体量和色彩。例如，纪念性质的园林中，园林建筑应与庄严肃穆的整体环境相吻合，其色彩宜静谧淡雅，如上海鲁迅公园中鲁迅纪念馆用黑白为主要色调塑造景观环境。若是大型的文化娱乐区或是儿童活动区，则园林建筑应与热闹活泼的环境基调一致，色彩可更丰富多变，给人以热烈热闹的空间感受。同时，根据景观的主次和环境的不同，其建筑体量也有所不同。例如，公园主景区园林建筑密集并且体量较大，以容纳更多的人流，而在次要景区，游人量比较小，建筑的密度降低，同样体量也会变小。此外，园林建筑是景观空间的点睛之笔，在全园布局中的总体原则应宜少不宜多。

（5）空间序列的统一变化

人由自然空间进入建筑空间，再由建筑空间到自然空间，如何形成节奏，何处是高潮，何处是尾声，都需要考虑建筑空间序列的组织和节奏韵律的变化。园林建筑所提供的空间要能够满足游客在动中观景的需要，务求景色富于变化，做到步移景异，换言之，即在有限空间中要令人产生变幻莫测的感觉。因此，要推敲建筑的空间序列和组织观赏路线，比其他类型的建筑显得格外突出。例如，苏州留园在建筑布局中，空间序列的组织和安排可以说是中国园林建筑空间营建的经典代表。

（6）建筑形式与艺术风格

在园林中，建筑的艺术风格要力求统一；同一风格中，形式可不同。园林建筑的营建要遵循因地制宜、与环境相融合的原则。如在中式园林中园林建筑也宜采用中式建筑，而避免采用其他风格的建筑；如在欧式庭院中，园林建筑也宜采用与庭院相符的欧式园林建筑，以达到与整体环境的统一。

10.5　园林建筑小品类型及其布局要点

园林建筑小品是指园林中供休息、装饰、照明、展示和为园林管理及方便游人使用的小型建筑设施。一般体量小巧，造型别致，富有特色，"景到随机，不拘一格"，在有限空间得其天趣。园林建筑小品在园林中既能美化环境，丰富园趣，为游人提供文化休息和公共活动的方便，又能使游人从中获得美的感受和良好的教育。

10.5.1　花架

花架是攀缘植物的棚架（图10-24）。因其从工程量上近于亭、廊，只是无顶，故归入小品类型。花架与亭廊的功能相同，除了不能避雨外，本身具有景观欣赏和组织空间的作用，并强调攀缘植物的特色。花架的布置一般不受地形、地貌等条件的限制，可以"随形就势"，设置在入口处、广场边、草地一隅、水边或深入水中、沿山地蜿蜒或结合园路及结合建筑进行布置（图10-25）。花架形式多样，有平顶和拱形之分，有平架、球面架、拱形架、坡屋架、折形架等，宽度2~5m；花架可以单独存在，也可以与其他建筑结合成为建筑的延续部分。例如，以花架连接水榭与亭，用廊与花架交替变

图10-24　北京世园会特色花架

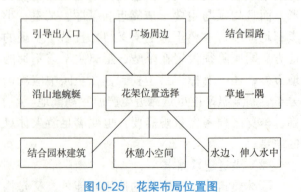

图10-25　花架布局位置图

换等。花架如爬山或傍水，则具有更强的园林情趣。

10.5.2 园椅、园凳

园椅、园凳是建筑小品中使用率最高、种类最多的建筑小品之一，主要功能是供游人休息、赏景。一般布置在人流量较大、景色优美之处，如树荫下、河湖水体旁、路边、广场上、花架下等。有时还可设置园桌，供游人休息娱乐所用。同时，这些桌椅本身的艺术造型也能装点园林景色。园椅、园凳的高度宜设置在30~45cm，坐板及背板宽40cm为宜。园椅的设计要求造型美观，坚固舒适，构造简单，易清洁，耐日晒雨淋；其图案、色彩、风格要与环境相协调。常见的形式有直线长方形、方形、曲线环形、圆形、直线加曲线、仿生与模拟形等，此外还有多边形或组合形。园椅常用的材质有石材、金属、木材等（图10-26、图10-27）。

10.5.3 雕塑

雕塑是园林中用以表现主题、装饰风景的重要小品，是园林中重要的组景要素之一。根据雕塑所起的不同作用，园林雕塑可以分为表现英雄人物、历史人物与典故的纪念性景观雕塑，突出景观环境性质与内容的主题性景观雕塑；或纯粹装饰性的装饰性景观雕塑和陈列景观雕塑四种类型。纪念性景观雕塑多布置于纪念性公园或纪念广场中，以雕塑的形式来纪念人与事；主题性景观雕塑主要在特定环境中揭示某些主题，与环境有机结合，可以充分发挥景观雕塑和环境的特殊作用，如儿童公园中多设置童话故事主题的雕塑体现童趣；在景观节点处放置装饰性景观雕塑可丰富环境特色，起到引人注目的作用；陈列性景观雕塑则以优秀的雕塑作品作为环境主体的内容，如雕塑公园中的景观雕塑（图10-28），或公园中的雕塑展示区（图10-29）。观赏雕塑的视域通常仰角为18°~45°，平视角27°最为适宜。其材料有金属、石、木材、陶器、石膏、玻璃、钢、水泥等。

图10-26　上海四川北路公园园椅

图10-27　美国西雅图联合广场园椅

图10-28　上海静安雕塑公园乐器雕塑

10.5.4 景墙

景墙指园内划分空间、组织景色、引导游览而布置的围墙，具有反映文化特点，兼有美观、隔断、联系空间等作用。景墙既可以划分景区，又兼有造景的作用，在园林的平面布局和空间处理中，景墙能构成灵活多变的空间关系，能化大为小，能构成园中之园，也能以几个小园组合成大园，这也是"小中见大"的常用手法之一。

连续式景墙大多位于园林内部景区的分界线上，起到分隔、组织和引导游览的作用，或者位于园界的位置对园地进行围合，构成明显的园林环境范围。而园界上的景墙除了要符合园林本身的要求以外，还要与城市道路融为一体，并为城市街景添色；独立式的园林景墙一般可以分为磨砖景墙、石景墙、木景墙和竹景墙等形式，此类景墙的景观性更强，且多与其他园林要素结合形成一处景观（图10-30、图10-31）。在园林中设置装饰性的隔断，对画面的设计、式样的确定、分隔形式的选择等都要进行精心的布局，首先要明确所处的位置和作用，必须要满足功能的要求；其次要考虑室内外的环境，尤其是室外隔断与环境的关系；最后要注意景墙形式和色彩的表现。

10.5.5 园灯

园灯在园林建筑组景中也是一种引人注目的小品。园灯不仅具有一定的使用功能，而且具有较高的观赏价值，白天可以点缀风景，夜间可以照明，能够充分发挥其指示和引导游人游览的作用，同时可丰富园内夜景。此外，园灯结合园林建筑、雕塑、水景、植物等园林要素，不仅可丰富园林景致，还可起到强化主题、深化意境的作用。园灯一般集中设置在园林绿地的出入口、广场、交通要道、园林道路两侧及交叉口、台阶、桥梁、建筑物周围、水景喷泉、雕塑、花坛、草坪边缘等处。造型的选择须与其周边环境风格一致，与各要素相谐相融，如满足景观布置、建筑风格形式、园林植物品种、点缀和美化环境的要求。

图10-29　哈尔滨中东铁路公园雕塑

图10-30　北京世园会中上海园绿植景墙

图10-31　北京世园会中浙江园景墙

10.5.6 展示性小品

展示性小品包括园内各种名牌、指示牌、解说牌、警告牌等。具体有导游图板、指路标牌、说明牌、阅报栏、图片画廊、动植物名牌等。在设计时应遵循以下三条原则。

①形式和风格应与环境相协调　园林中的展示性小品应进行整体设计，如中式风格的园林，就要采用整合中式元素的风格进行设计；生态风格的园林，在选材和造型上就要突出自然属性和生态感。展示性小品的设置与布局应数量适度，与环境相协调，服从环境，融于环境，不妨碍游览观瞻（图10-32、图10-33）。

②内容应简洁明了　如导游图板的设计应面貌完整，文字及图案内容清晰、直观，要说明（或标出）景区所处地点、方位、面积、主要景点、服务点、游览路线（包括无障碍游览路线）；咨询投诉、紧急救援（及夜间值班）电话号码等信息。

③材料选择经久耐用，可抗日晒雨淋和老化　由于其处于户外，全天候遭受日晒、风吹、雨淋等各种天气的考验，因此对于材料的选择和工艺有其特有的要求，如耐水、耐高温、不易风化、不褪色等。在设计中综合考虑体量、造型、物料施工等因素，在园林景观方案设计阶段即对导向系统有相应的设计，使其更加人性化、功能化。

10.5.7 服务性小品

服务性小品包括为游人服务的饮水泉、洗手台、公用电话亭、时钟塔；为保护园林设施的栏杆；为保持环境卫生的垃圾桶等。

（1）饮水泉和洗手台

园林中的饮水泉（兼洗手台）多设置在路边人流密集处，如广场、儿童游戏场、园路旁和休息场所附近，方便游人饮水和洗手。饮水泉的造型、色彩应与园林设计的风格一致，材料应选择无毒无害的材质，符合国家卫生标准。洗手台的尺度应符合人体尺度，在儿童活动区设置的洗手台应符合儿童的适宜尺度。在北方地区应注意冬天防冻。

图10-32　上海雕塑公园标识牌

图10-33　公园导览牌

（2）栏杆

栏杆在园林中具有防护、分隔空间、装饰美化的作用。从围护安全和防卫角度出发，多设在水边、台地、山路、庭院或绿地等地段，栏杆高度一般要高于人的重心之上；作为组织人流路线及分隔空间时，常设在道路两旁、绿地周围等。园林中不宜多设栏杆，非设不可时应巧妙美化。栏杆设置不宜过高，不宜过繁，以简洁为雅，与周围环境相融，要有合理、宜人的尺度。选材上宜选用坚固耐用的材料（图10-34、图10-35）。

图10-34　北京世园会中上海园栏杆

图10-35　美国西雅图市政厅广场栏杆

（3）厕所

厕所是公园设施中必不可少的重要服务性小品设施。在安排厕所时应注意：①在游人较集中的位置附近利用方便处安排厕所，其占公园服务设施建筑面积的1.5%~2%为宜；②公园厕所在园中应安排在较为隐蔽处，但还要便于寻找，忌放在景点突出的位置，建筑外观应朴素简练；③保持厕所清洁卫生设施、给排水和换气设备齐全，无异味，同时考虑残疾人等特殊人群使用方便。

（4）垃圾桶

园林中的垃圾桶主要设置于休息场所附近或观光通道两侧，以保持公园清洁。主要形式有固定型、移动型和依托型等。由于园林环境的特殊性，在保证垃圾桶功能性、实用性的同时，还要兼顾艺术性和文化性，在其造型、色彩、材质等方面加以注意，还要考虑与景区环境相协调，忌过分突出。其投口高度一般为0.6~0.9m。同时要根据园区面积，合理安排垃圾桶的数量，保障游客便利。

小结

本章主要阐述了园林建筑及小品设计的相关知识及要点。首先，明确了园林建筑的功能和特点。其次，详细阐述了园林建筑的类型，即游览休息类、文教类、游艺类、服务类、园林管理类，并阐述了不同类型园林建筑的功能、特征、分类等。在此基础之上，阐述了园林建筑空间的布局形式以及园林建筑的总体布局要点。最后，介绍了园林建筑小品的定义、特征及其主要的类型，并着重阐述了花架、园椅园凳、雕塑、景墙、园灯、展示性小品、服务性小品这几类园林建筑小品的概念及其布局的要点。

思考题

1. 园林建筑的功能及特点是什么？
2. 园林建筑的分类有哪些？
3. 园林建筑总体布局的要点是什么？
4. 游览休息类建筑包含哪几类？并举例说明。
5. 园林建筑小品的类型、特征及布局要点是什么？

推荐阅读书目

1. 园林设计．唐学山，李雄，曹礼昆．中国林业出版社，1997．
2. 园林设计．叶振启，许大为．东北林业大学出版社，2000．
3. 园林建筑设计．杜汝俭，李恩山，刘管平．中国建筑工业出版社，2006．
4. 建筑空间组合论．彭一刚．中国建筑工业出版社，2011．
5. 中国建筑史．梁思成．生活·读书·新知三联书店，2017．
6. 中国古代建筑史．刘敦桢．中国建筑工业出版社，2017．

第11章 园林种植设计

园林植物是风景园林设计中不可缺少的造景要素，在园林建设中起着极其重要的作用。随着生态园林建设的深入发展以及景观生态学、全球生态学等多学科的引入，植物景观的内涵也随着景观的概念范围不断扩展。园林植物设计不再仅仅是利用植物来营造视觉艺术效果的景观，它还包含着生态上、文化上的景观甚至更深更广的含义。

11.1 概述

11.1.1 园林植物类型

传统植物学将园林植物分为树木、花卉和草坪，根据在园林中观赏功能的侧重有所不同，园林植物可划分为观形类、观茎类、观叶类、观花类、观果类五类。

11.1.2 园林植物美学特征

欣赏园林植物景观的过程是人们通过视觉、嗅觉、触觉、听觉、味觉五大感官感知并产生心理反应与情绪的审美过程。目前园林设计对植物的美学特征的利用主要包括以下几个方面。

(1) 姿态

①园林植物千姿百态，不同的植物呈现出不同的形态，有圆柱形、圆锥形、尖塔形、纺锤形、球形、半球形、扁球形、卵球形、伞形、垂枝形、匍匐形、丛生形、特殊形等。不同的植物姿态会激发人们不同的心理感受，产生一定的情感特征。

②圆柱形、圆锥形、尖塔形、纺锤形等树形有明显垂直的轴线，其挺拔向上的生长姿态能够引导视线向上延伸，增强了景观的空间垂直感与高度感，有庄严整齐的秩序感或与其他植物外形对比鲜明而成为视线的焦点。

③球形、半球形、扁球形、卵球形、伞形等植物在园林中数量较多，在引导视线方面无方向性、倾向性，性格平和、柔顺、稳定，容易统一协调其他树形。

④垂枝形植物具有明显的下弯悬垂的枝条，能将视线引向地面。可欣赏其随风飘动、富有画意的姿态，同时因为下垂枝条具有向下引力，构图重心更加稳定。

⑤匍匐形、丛生形的植物具有水平方向生长的习性，使构图产生一种外扩感和外延感，能引导视线沿水平方向移动。与平坦的地形、平展的地平线或低矮水平延伸的建筑相协调，可与垂直向上型植物混用，对比强烈。

⑥观赏性强的特殊类型，如黄山松长年累月受风吹雨打的锤炼，形成特殊的风致型造型，还有一些在特殊环境中生存多年的老树古树，主干粗壮、冠大荫浓、虬枝蟠曲，这类植物通常用于视线焦点，孤植独赏（图11-1）。

(2) 线条

植物的主干、枝干，可以看成是线条的组合。冬天落叶植物的叶片落尽，植物的表现力很大程度上也来自线条（图11-2）。

其中横线水平伸展,舒缓宁静;竖线具有张力,条理清晰。在天际线中,竖线可成为景观的高潮(图11-3)。直线简洁明快,曲线则富于变化、优雅迷人。高大榆树强劲的枝干交叉,在冬季里形成如龙一般遒劲的顶棚,成为植物空间的主宰。有些禾本科植物具有柔软纤细的线条,成片栽植可见长长的叶子随风舞动形成一片绿色轻柔的海洋(图11-4)。

(3) 色彩

自然界的色彩千变万化,植物自身的各种部位均能表现出不同的色彩,而且会随着光照、季节、气候的改变,表现出不一样的色彩效果,成为园林植物最引人注目的特征。

鲜艳的色彩给人以轻快欢乐的气氛,深暗的色彩则给人压抑沉闷的气氛。幽深浓密的风景林,使人产生神秘和胆怯感,不敢深入。但若配置一株或一丛秋色或春色为黄色的乔木或灌木,如无患子、银杏、黄刺玫、金丝桃等,将其植于林中空地或林缘,可使林中顿时明亮起来,而且在空间感中能起到小中见大的作用。

图11-1　黄山松

图11-2　冬季落叶树的线条美

图11-3　植物线条美

图11-4　禾本科植物片植

绿色是园林的基色，是植物最普遍的颜色，作为一种中间色，可以将其他颜色联系在一起，起到协调统一各园林要素的作用。红色（秋天的五角枫）热烈、喜庆、奔放，为火和血的颜色。黄色（连翘）最为明亮。象征太阳的光源。蓝色（蓝花楹）是天空和海洋的颜色，有深远、清凉、宁静的感觉。紫色（紫藤）庄严、高贵。白色（梨花）悠闲淡雅。

除了花朵的五彩绚烂，园林植物的叶色、枝干和果实的颜色均可用来塑造多姿多彩的景观世界。

(4) 芳香

芳香在中国人的赏花文化中占据重要的位置，被学者誉为"花卉的灵魂"，如苏州拙政园的远香堂，沧浪亭的闻妙香室，留园的闻木樨香轩，都是利用荷花、梅花、桂花等芳香型植物种植在建筑的周围，用以表达景点的意境。

芳香植物的种类很多，著名的香花植物有茉莉、九里香、梅花、丁香、玉兰、桂花、米兰、含笑、玫瑰、月季、白兰花、香荚蒾、蜡梅、姜花、兰花、百里香、紫罗兰等。芳香植物所含精油广泛存在于其植物体的根、茎、叶、枝和果实等部位。侧柏、香樟、月桂、花椒等则是树体中含有芳香物质。

掌握芳香植物的花期，配植芬芳满园的花园是园林种植设计的一个重要手段，因此芳香植物早期多用于建设各类芳香植物园。夜花园、盲人园中的植物多以芳香植物为主，因为其不受视线限制，可以用嗅觉弥补视觉的缺憾。2007年上海闵行体育公园建成了国内首个保健型芳香植物园。

芳香植物在使用时应注意以下几个方面。

①满足功能性　因不同的气味对人的情绪影响不同，在使用时应先考虑园林的功能。如安静休息区应选用香气能够使人镇静的种类，可用紫罗兰、薰衣草、侧柏、水仙等。

②香气的搭配　要注意芳香植物应用的主次，一般以1~2种气味作为主体，其他作为辅助以避免香气的混杂。

③香气的流动与延续　芳香植物在室外使用时，应考虑环境的郁闭度和风向影响；空气流动快，香气易扩散而达不到预期的效果。而在室内使用时，不能选择香气过浓或香气对人体有害的植物。

(5) 质感

植物的质感是植物材料可见或可触的表面性质，如单株或群体植物直观的粗糙感和光滑感。植物的质感由两方面因素决定：一方面是植物本身的因素，即植物的叶片、小枝、茎干的大小、形状及排列，叶表面粗糙度、叶缘形态、树皮的外形、植物的综合生长习性等；另一方面是外界因素，如观赏植物的距离、环境中其他材料的质感等因素。一般叶片较大、枝干疏松而粗壮、叶表面粗糙多毛、叶缘不规整、植物的综合生长习性较疏松者质感较粗。

质感不同，给人们以不同的心理感受。例如，纸质、膜质叶片呈半透明状，常给人以恬静之感；革质的叶片，具有较强的反光能力，由于叶片较厚，颜色较浓暗，有光影闪烁的效果；粗糙多毛的叶片，多给人以粗野的感觉。

植物的质感具有可变性和相对性。可变性指某些植物的质感会随着季节和观赏距离的远近而表现出不同的质感。植物的质感首先取决于叶子的表面、大小、形状、数量和排列。对于落叶植物而言，在冬季植物的质感取决于茎干、小枝的数量和位置。在不同季节植物色彩发生变化，也会影响质感。例如，乌桕在夏季呈现轻盈细腻的质感，而在冬季落叶后具有疏松粗糙的质感；香樟早春时呈现嫩绿、嫩红的轻盈柔嫩的质感，而在冬末展新叶前，深绿或红褐色的老叶给人厚重的粗质感。植物质感的相对性是指受相邻植物、建筑物、构筑物等外界因素的影响，植物的质感会发生相对的改变。例如，万寿菊与质感粗壮的构树种植在一起，具有细致感；与地肤同植，则显得粗壮。同样是孔雀草，在大理石墙前比在毛石墙前具有较粗壮的质感。

(6) 园林植物的意境

园林植物在景点构成中不但起着绿化美化的作用，还担负着文化符号的角色，传递着一定的思想和文化内涵。很多诗词及民俗中留下了赋予植物人格化的优美篇章，含义深邃，达到了天人合一的境界，从欣赏植物景观形态到意境美是欣赏水平的升华。

不同的植物，被赋予不同的感情含义和寄托，或表达对美好生活的向往，或表达独特的气质。例如，中国古代文人常自诩的"岁寒三友"——松竹梅、"四君子"——梅兰竹菊，旨在以植物来比德、言志。《朱子语类》中"国朝殿庭，惟植槐楸"的槐与楸都是高贵、文化的象征。荷花有"有五谷之实，而不有其名；兼百花之长，而各去之短""出淤泥而不染"的美誉，而被作为君子品质高洁的象征。

11.1.3 园林植物功能

（1）生态功能

科学研究及实践证实：园林植物具有净化空气、净化污水、保持水土、通风防风、防火减噪、增湿降温、改善小气候等多方面的功能。

（2）景观功能

园林植物是表现园林艺术美的主要因素。合理配置园林植物可以构建多样的空间形式，表现时序美景，美化山石及建筑，影响景观构图及布局的统一性和多样性。

（3）社会功能

由园林植物构建的园林空间，不仅为人们提供休闲场所，还为开展各项有益社会活动提供舒适的场地。更重要的是，生态园林使植物景观成为城市居民走向自然的第一课堂，以其独特的方式启示人们应和自然和谐共处。

11.2 园林植物设计原则

11.2.1 科学性原则

（1）适地适树

植物是有生命力的有机体，每种植物对其生态环境都有特定的要求。在利用植物进行景观设计时，必须先满足其生态要求，否则就不能存活或生长不良，也就不能达到预期的景观效果。"适地适树"指在选择树种时，使树种的生态学特性与城市的立地条件相适应（表11-1），从而保证树种能正常生长发育、抵御自然灾害，并具有稳定的植物景观效果。

（2）以乡土植物为主

人们通常把当地土生土长的或引入后经过长期种植驯化的、能很好地适应当地土壤、气候等自然条件，已经融入当地的自然系统中的植物，统称为乡土植物。乡土植物是经过长期自然选择的结果，它经受了各种恶劣的气候与自然环境对它的考验而生存繁衍下来，因此乡土植物具有很强的抗逆性，管理养护简单，节约成本，特别是有些乡土植物为当地所独有，极为珍贵，具有独特的观赏价值，可形成具有浓郁的特色地域景观。乡土植物的广泛应用有利于植物多样性的建立及保护，可避免因生物入侵带来的巨大危害。同时，乡土植物对促进地域生态平衡、保护物种资源、维持生态系统的稳定性有重要作用。

表11-1 不同生态习性的植物种类

植物特性	常见植物种类
耐水湿树种	水杉、池杉、落羽杉、墨西哥落羽杉、中山杉、垂柳、枫杨、乌桕、夹竹桃、金钟花、迎春、云南黄馨等
耐阴植物	八角金盘、熊掌木、洒金东瀛珊瑚、海桐、常春藤、玉簪、大吴风草、矾根等
喜强光树种	落叶松、水杉、杨、柳、木棉、椰子等
酸性土植物	杜鹃花、桂花、含笑、栀子花、棕榈类
碱性土植物	文冠果、丁香、黄刺玫、柽柳等

（3）丰富生物多样性

生物多样性是人类生存和发展的基础，对于维持城市生态平衡具有重要意义。生物的存在使得城市自然景观充满生机与活力。生物多样性的增加和丰富，使得城市生态系统的物质循环和能量流动的渠道复杂化、多样化，抗干扰能力增强。生物多样性也增加了城市景观的异质性，而异质性增加更能抵抗外力干扰而趋于稳定，因而更为科学。在植物设计中，要注重挖掘植物特色，丰富植物种类，构建丰富的复层植物群落。可让乡土植物作植物景观的主角，充分利用野生植物来形成自然绿化。这种乡土植物多样性和异质性的设计，将促进动物景观的多样性，能诱惑更多的昆虫、鸟类和小动物来栖息，营造鸟语花香的自然环境。

（4）尊重自然规律

园林植物的设计首先要师法自然，即尊重植物地带性分布，尊重植物生态学习性，再现自然生长状态下的稳定群落，同时掌握植物的生物学观赏特性，营造植物景观。

同时，树种间比例也要符合自然植被规律。例如，在灌木和乔木的比例上，应以乔木为主，乔木、灌木和地被植物相结合；在生长速度的比例上，应该以慢性树种为主，搭配速生树种，可早日实现植物景观效果，同时还能保证形成长期比较稳定的植物群落；在落叶树种和常绿树种的比例上，要考虑到各地气候特点和自然植被的分布规律，南方以常绿树种为主，北方以落叶树为主等。

11.2.2 功能性原则

园林绿地具有景观、生态、经济、防灾避险等功能，在进行植物设计时，要结合不同园林的性质和气候特点来选择植物材料，体现不同的园林功能。城市景观、生态功能和经济效益既要统筹兼顾，又要有所侧重。

（1）结合绿地的不同性质选择合适的植物种类和应用形式

具体内容可参考本教材 11.5 节内容。

（2）满足人们不同行为的要求

人们进行不同的活动时，对植物环境有不同的需求。例如，老人在公园休息时需要相对安静的空间，可利用植物来围合、分割空间，并降低噪声；同时应注意不宜使用易引起激动或兴奋的色彩。而在文化游览区，适宜使用大草坪、大片花卉等营造高潮空间氛围的植物，同时营造开敞空间的氛围，增强空间的感染力。

（3）注重植物景观的可亲近性

在满足人们不同行为需求的同时，要注重植物的可亲近性。由于人在植物空间中，不仅用到视觉、触觉、嗅觉，还可能用到味觉来体验空间、参与空间。所以，一些不能够和人亲密接触的、对人会造成危害的植物就不适宜用在这些空间中。同时，还要注意避免花粉过敏、飞絮污染、挥发性物质对人体的影响。

（4）注重植物景观的安全性

对于有毒植物的应用，既不能因噎废食，完全弃之不用，也不能随意应用。例如，夹竹桃的叶片有毒，但其抗逆性强，观赏性好，植于高速道路两侧或水边，花开时节非常壮观；但要避免用在儿童容易接触到的地方，以防误食。在引进新物种时也要谨慎，避免造成生物入侵，影响植物景观安全。

11.2.3 艺术性原则

（1）形式美

优美的植物景观必须在保证植物对环境适应的同时，符合形式美法则，合理搭配，表现其独特的艺术魅力。

形式美法则主要包括：对称与均衡、对比与协调、比例与尺度、节奏与韵律和多样与统一（见 5.1.2 小节内容）。

（2）意境美

只有在对园林植物的生物学特征习性和象征意义充分了解的基础上，通过植物与植物、植物与其他造园要素的巧妙配置，才能营造出富有意境的园林空间。

此外，植物的光影色彩也不容忽视，与日光、月光、灯光、水面、冰面、镜面等相结合，如诗如画，妙不可言。"明月松间照，清泉石上流"即描写了一幅皎皎明月从松隙间洒下清光，清清泉水在山石上淙淙流淌的美好画面。这种光影色彩美如运用得当，可为园林增色良多。

（3）时空观

植物与硬质景观元素的最大区别就在于其变化性。对植物景观的变化性的理解不仅仅是"春有百花争艳，夏有苍绿叠翠，秋有层林尽染，冬有虬枝高耸"这样四时季相之不同，还须从更长的时间维度上认识到植物个体和群体的变化和更迭。

例如，孙筱祥先生设计的杭州花港观鱼中的悬铃木合欢草坪。草坪占地面积2150m²，以悬铃木和合欢构成两组不同的纯林树丛，随时间的推移表现出不同的景观效果，体现了设计之初对近、中、远期景观的统筹兼顾。孙先生在其论著中也谈及类似的设计理念：作为孤植树的设计，常常在同一草坪或同一园林局部中，设计两组孤植树，一组是近期的，另一组是远期的。远期的孤植树，在近期可三五成丛种植，近期作为灌木丛或小乔木树丛来处理，随着时间的演变，把生长势强的体形合适的植株保留下来，把生长势弱的、体形不合适的植株移出。

11.2.4 文化性原则

植物景观设计应包含文化性，有文化内涵的景观设计才是最有生命力的。可以利用植物的不同象征意义来表达意境（表11-2），延续历史、彰显特色，创造文化性的景观。

11.2.5 经济性原则

植物种植须遵循经济性原则，在节约成本、方便管理的基础上，以最少的投入获得最大的生态效益和社会效益。例如，多选用寿命长、生长速度中等、耐粗放管理、耐修剪的植物，以减少资金投入和管理费用；选用节水抗旱植物构建节水型园林，以解决我国大多数城市都存在的不同程度的淡水资源供需矛盾；选用生命力强的野生植被可以大大降低养护管理成本，节约水资源，并有利于营造城市的地域特色。

11.3 园林植物设计内容

11.3.1 园林植物功能设计

11.3.1.1 园林植物构成空间设计

根据人们视线的通透程度可将植物构筑的空间分为开敞空间、半开敞空间、覆盖空间、封闭空间、垂直空间等；也可利用园林植物作为顶面、地面、墙体等构成各类空间（可参考6.1.2小节相关内容）。

表11-2 常见植物的象征意义

象征意义		代表植物
比喻人格		梅、兰、竹、菊、松柏、荷花等
代表美好的愿望	富贵吉祥	牡丹、桂花、杏、桃、水仙、枫、发财树、棕榈、芙蓉、海棠、金银花等
	吉祥喜庆	杜鹃花、炮仗花、刺桐、鸡蛋花、紫薇、鹤望兰等
	健康长寿	龟背竹、松树、银杏、长春花等
	人丁兴旺	桂花、萱草、莲花、葡萄、葫芦、枣树、石榴等
	护宅驱邪	霸王鞭、香樟、桃、苏铁等

11.3.1.2 园林植物引导空间设计

(1) 视觉上的指引

①道路上的植物布局　园林道路应该具有强烈的引导性和方向感。不管形式上或曲或直，或平坦或崎岖，植物设计都应该加强其规律性特征，向人们暗示其方向与导引性。所以，在笔直的园路上，应该种植单行或双行树给人以强烈的视觉冲击感；而自然弯曲的道路则在道路的拐点、顶点位置栽植观赏性强的树种，强化道路的走向（图11-5）。

②通过对景、框景或障景指引　可以利用园林植物要素形成对景，如在道路的尽端，在弯曲道路的阳面处，在道路的拐角，两条道路的交叉路口，主要休息位置旁边，坡地的高点等都可以形成对景来引导视线。

框景也是营造视觉指引的方法（图11-6）。在主要的休息场地布置树冠舒展的大乔木可以有意识地引导视线，树干能形成视觉的通道。采用小乔木或者多分枝高大灌木在视觉高度进行障景，则可以将视线引向另外一边（图11-7）。

③大片的草坪也带有指引的作用，所以，经

图11-5　道路上的植物视线引导

图11-6　框景视线引导

图11-7　障景

常在低坡地的休闲步道旁安排草坪，并用地被进行围合，暗示空间的走势。

（2）线性的指引

绿篱或地被植物可以形成强迫性指引，界定人的行走路线。沿园路种植50cm高度的灌木或地被植物，可以引导游人行进方向（图11-8）。这类植物应选择无刺、无毛、无毒，或有芳香味的植物类型。为了方便管理，该植物类型还要具备适合密植、耐修剪、生长缓慢、不易感染病虫害的特点。如江浙地区多用瓜子黄杨、红花檵木、金边大叶黄杨、海桐、金叶女贞、毛鹃、花叶蔓长春、常春藤等。当然也可以修剪高绿篱做成迷宫或作为围墙绿化来指引方向。

（3）空间转换提示

植物设计应该结合场地空间的转换，植物种类也随之转换，以体现不同的场地空间特色。例如，在道路的交叉口采用变换行道树的方法，提示道路交叉路口；从一个场地进入另外一个场地，可采用不同的植物作其场地的主体植物，从而起到识别作用。

此外，在进入一个空间之前，应设计提示点。例如，休闲步道的起点、入户的门口，可以采用球类植物或花坛、花境等形式起到提示作用（图11-9）。

11.3.2 园林植物竖向设计

植物的竖向设计，主要指为突出树丛或孤植园景树而做的地形竖向设计和多层植物结构设计。

11.3.2.1 地形竖向设计

植物与地形相结合，可以强调或者消除由于高差变化所形成的空间。如果将植物植于凸地形或山脊上，便能明显地增加地形凸起部分的高度，随之增强相邻的凹地或谷地的空间封闭感。与之相反，植物若被植于凹地或谷地内的底部或周围斜坡上，因此形成植物景观的观赏面，将减弱和消除最初由地形所形成的封闭空间的压迫感（图11-10）。

有些植物景观单元需要通过堆高地形，来突出其观赏性。例如，丛植树，通过地形堆砌高于周围，会使其突出，成为该区域的主景。

有些植物需要通过地形的高差形成多样化的生境，满足不同植物的生活要求。如铺地柏、麦冬、杜鹃花、二月蓝等植物适合缓坡地生长。在缓坡上，通过它们匍匐的枝叶及坡度变化，更能

图11-8　常春藤作地被

图11-9　空间转换提示

体现矮生植物的水平延展景观效果（图 11-11）。

11.3.2.2 植物层次设计

植物景观是否引人注目，关键之一在于园林植物的层次感，植物层次感主要体现在植物的高低错落和色彩组合两个方面。

（1）根据植物高度、形状进行搭配

园林植物"身材"各异，有的如水杉、雪松等高耸入云，有的如铺地柏、平枝栒子等平地而生，充分利用这种差异则可构成"草铺底、乔遮阴、花藤灌木巧点缀"的立体观赏空间。在江南地区，上层通常种植乔木如银杏、枫香、香樟等，中层用花灌木、绿篱或高型花卉如苏铁、含笑、金丝桃等，下层地被常使用大吴风草、二月蓝、蔓长春、高羊茅、红花鼠尾草等形成多层植物空间。

（2）通过改造地形、整形修剪、加入创作技法等手段体现植物层次

为了达到良好的景观效果，通常在园林设计与施工中需要对原有地形进行相应改造，如筑山理水、堆土造丘等。像屋顶花园的绿化，可采取砌筑花池、堆土造坡等措施，如先将地面整成龟背形后再种植地被植物，这样既利于排水，又可避免同一平面的呆板布局。

另外，通过整形修剪来控制植物的生长速度和生长方向，如将绿篱修剪成波浪形、椭圆形，将灌木修剪成球体、柱体，不仅可使植株形态变幻、层次分明，也有助于营造景观层次（图 11-12）。

（3）借助建筑、山水和园林小品衬托层次

借助园林建筑和山、水来共同衬托植物层次也不失为一种好方法。例如，在庭院的角落种上一棵红枫，部分枝叶伸出围墙，既覆盖了硬质的围墙，又与墙外景观有机连接，同时与围墙角低矮的小灌木形成新的空间层次（图 11-13）。

11.3.3 林缘线和林冠线设计

林缘线和林冠线是植物设计的特色内容之一，与城市设计中建筑轮廓设计一样，是植物的空间形体艺术设计。

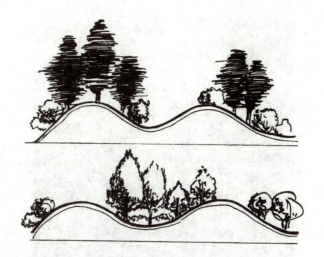

图 11-10　利用植物改造地形

图 11-11　二月蓝坡地种植

图 11-12　杭州花港观鱼牡丹园

图11-13　借助建筑衬托植物层次

图11-14　林缘线设计

图11-15　林冠线设计

11.3.3.1　林缘线设计

林缘线是指树丛、树群边缘的平面曲线在地平面上的投影轮廓。它是植物配置的设计意图在平面构图上的反映，是植物空间划分的重要手段，空间的大小、景深、气氛的营造，大多数通过林缘线设计来处理。如图11-14所示，鸡爪槭、垂柳、黑松和广玉兰等树木前后错落布置，通过距离的远近和色彩的深浅变化以及水中的倒影，加强了景深效果。

11.3.3.2　林冠线设计

树丛、树群的树冠立面轮廓在天际上的投影线，叫作林冠线。不同植物高度组合形成的林冠线，对游人的空间感影响很大。

林冠线多与山体配合，或与建筑物相配合。林冠线变化平缓，表现柔和平静；林冠线变化起伏大，给人强烈跳动感（图11-15）。

11.3.3.3　常用的设计方法

①利用不同冠幅、不同树形的乔木在轮廓线上对比调和，通过错落有致的种植来创造优美动感的林缘线和林冠线。

②同一高度的植物配置在一起，形成等高、平直、单调的林缘线和林冠线，但能体现雄伟、简洁或某种特殊的表现力，烈士陵园雕塑背景林多采用这种设计。

③乔木下密植小灌木或绿地边缘点缀孤植球，可增加林缘线的曲折变化（图11-16）。

11.3.4　园林植物季相设计

植物的季相变化随着时间的推移，像一幅绚丽多彩的四季画卷缓缓展开，给人以不同的内心感受，从而引起观赏者的联想和情感变化。它是园林景观中最为直观和动人的景色，能营造出不同的植物景观效果，是植物景观设计的永恒主题。设计者只有透彻了解植物的生态特点，才能真正地把植物的季相变化应用到园林设计中。

图11-16 林缘线设计

11.3.4.1 春景的营造

春景应该表现出百花盛开、姹紫嫣红、万物复苏、欣欣向荣的季候景象，因此展示植物的花色是春景营造的重点。春季开花的植物有先花后叶的玉兰、迎春、连翘、金钟花、紫荆、樱花等，疏朗清新；有花叶同放的桃、梨、李等，花团锦簇。

春景设计不仅要充分展现春花的风采，更要利用各种植物不同的开花期和色叶期，精心搭配，使春景延长。一般最常用的方法是，将花色相同而花期不同的花木，连续分层配置，可以延长花期，使主题景观持久。如将梅花、碧桃、美人梅、李等花期较长又与梅花相似的植物混栽，赏花期可以大大延长，让延误了赏梅期的游客不至于失望。江南地区迎春、金钟花、云南黄馨次第花开，花色相同，花形相似，常分段植于路旁、水畔，延长了整体的花期，观赏性也得到了增强。

此外，也可以用草本花卉补充木本花卉花期的不足，如郁金香、风信子、二月蓝、羽扇豆、金鱼草等可形成绚烂的花海。嫩绿的新叶亦是春季景观的亮点，清新明亮的色彩书写出生命的顽强和喜悦。春色叶树种更是以其丰富多彩的嫩叶与五彩缤纷的花朵媲美，与绿叶争艳，愉悦人的心情，给人以美的享受。春色叶树种在配置时需要处理好色彩的亮度对比，通过恰当的明暗对比，充分展示春色叶树种所饱含的盎然生机。

11.3.4.2 夏景的营造

"盛夏绿遮眼"。夏季植物景观设计常结合山、水、高大的乔木林营造出绿色清凉的世界。叶色呈深浓绿色者，有油松、圆柏、雪松、云杉、青杆、侧柏、山茶、女贞、桂花、槐、榕、毛白杨、构树等。叶色呈浅淡绿色者如水杉、落羽杉、落叶松、金钱松、七叶树、鹅掌楸、玉兰等。夏季也有很多开花的植物，部分种类的花期可延续到初秋，主要有石榴、紫薇、金丝桃、合欢、凤凰木、荷花、木槿、复羽叶栾树、广玉兰、栀子花、珍珠梅等，可用来进行点缀。

11.3.4.3 秋景的营造

秋天是收获的季节，能给人带来丰收的喜悦。因此，秋景的重点之一是植物的果实。如苹果、荚蒾、石楠、南天竹等，硕果累累，装扮着迷人的秋景。除了果实外，秋色叶景观是园林中最重要的季相性景观之一，这些颜色同植物常见的绿色形成鲜明的对比，景观效果极佳。

金秋时节开花植物较少，却也有秋菊傲霜、丹桂飘香，再配置各种颜色的秋叶树，能把秋天装扮得更加美丽、迷人。江南地区常见秋景植物种类详见表11-3所列。

11.3.4.4 冬景的营造

在冬季，常绿植物和落叶植物各自显出不同的美。常绿植物如松柏类中的雪松、龙柏、红豆杉、油松等在冬季成为绿色的焦点。落叶树种，在落叶以后，由枝干构成的形态具有很高的观赏价值（表11-4）。如落叶后刺槐的苍劲，毛白杨的挺拔，垂柳飘逸的长枝，以及许多其他植物落叶后的各种姿态，都给人以很强的艺术感染力。

观花植物也为冬景增色，如蜡梅、山茶、梅花等，为萧瑟的冬天增添了丰富的色彩，使冬景更加具有观赏性。还有颜色各异的观干树种，在落叶后也显出在其他三季被忽略的美。

表11-3　江南地区常见秋景植物种类

观赏要点	江南地区常见秋景植物
秋叶红色	枫香、乌桕、重阳木、五角枫、鸡爪槭、三角枫、茶条槭、元宝枫、柿、漆树、五叶地锦、黄栌、盐肤木、黄连木、火炬树等
秋叶黄色	银杏、无患子、复羽叶栾树、麻栎、栓皮栎、鹅掌楸、金钱松等
秋花植物	桂花、木槿、木芙蓉、紫薇、菊花、大吴风草、石蒜、葱兰等

表11-4　常见观干树种

干皮色彩	代表树种
红色或红褐色	红瑞木、杉木、马尾松、山桃等
白色或灰白色	白桦、垂枝桦、老年期的白皮松、银白杨、毛白杨、新疆杨等
绿色	翠竹、棣棠、梧桐、英国悬铃木等
斑驳色彩	榔榆、悬铃木、青年时期的白皮松、金镶玉竹、碧玉嵌黄金竹、斑竹、木瓜、光皮树等

11.3.4.5　四季景观的营造

同一空间的景境应随季节展现出动态的变化，形成多变的魅力空间，增加不同时间游览的情趣。可突出一季特征，四季有景可赏。

11.3.5　园林植物与其他园林要素结合

11.3.5.1　园林植物与建筑物的配置

园林中的景多以植物命题，以建筑为标志，如曲院风荷、闻木樨香轩、雪香云蔚亭、梧竹幽居等。建筑物或构筑物的线条一般比较硬直，或者其造型、尺度、色彩等方面固定不变，缺乏活力，或者可能与周围园林环境不够相称，而植物的枝干多弯曲、线条较柔和、活泼；加之植物的叶色、花色丰富，往往能够调和建筑物的各种色彩（图11-17）。因此，园林植物与建筑物协调造景，可使园林建筑的主题更突出，能够协调建筑物与周围环境，能够丰富建筑物的艺术构图，赋予建筑物以时间和空间的季相感，或完善建筑物的功能，如导游、隐蔽、隔离等。

在选择建筑周围的植物时，须考虑建筑物的形体、大小、性质、色彩、朝向等。在北京的古典皇家园林里，为了反映帝王的至高无上、尊严无比的思想，加之宫殿建筑体量庞大、色彩浓重、布局严整，选择了侧柏、圆柏、油松、白皮松等树体高大、四季常青、苍劲延年的树种作为基调。而苏州的私家园林，建筑物一般色彩淡雅，园林布置在建筑分隔的空间中，因此园林面积不大，故在植物配置上讲求以小见大，通过咫尺山林再

图11-17　苏州网师园半山亭附近植物配置

图11-18　苏州拙政园海棠春坞

图11-19　苏州网师园紫藤假山

现大自然景色，植物配置充满诗情画意。在景点命题上体现植物与建筑的巧妙结合，如海棠春坞小庭院，两株垂丝海棠，一丛翠竹，数块湖石，以沿阶草镶边，使一处角隅充满了画意（图11-18）。

建筑物的各个方位不同，其生境条件有很大差异，在植物的选择上也应有所不同。

①建筑物南面一般为建筑物的主要观赏面和主要出入口，阳光充足。多选用基础种植形式及观赏价值较高的花灌木、观叶木等，或选用能在小气候条件下越冬的外来树种。

②建筑物的北面荫蔽，其范围随纬度、太阳高度而变化，以漫射光为主；夏日午后、傍晚各有少量直射光。应选择耐阴、耐寒的树种；不设出入口的可用树群或多层次群落，以遮挡冬季的北风；设有出入口的则可选用圆球形花灌木。

③建筑物东面一般上午有直射光，适合一般树木，可选用需侧方庇荫的树种，如红枫、槭类、牡丹，在小区内也可用树林树丛。

④建筑物西面上午为庇荫地，下午形成西晒，尤以夏季为甚。一般选用喜光、耐燥热、不怕日灼的树木，如用大乔木作庭荫树或树林，墙面在条件允许下可用地锦等藤本植物。

⑤建筑物屋顶因条件特殊、土层较薄、阳光充足、风大、浇水受限，宜选喜光、耐干旱贫瘠、耐寒、浅根系但根系发达的灌木或地被植物。

⑥室内受光线不足、空气流通性差、灰尘多等条件限制，宜多选用耐阴、管理粗放的盆栽、盆景植物，以观叶为主兼可观花、观果的种类。有天井的种植池内可选用喜阴的植物，如天南星科、蕨类、竹芋科的植物。

⑦建筑物的大门入口处可通过前景树的掩映和后景树的露藏，把远处的山、水、路衔接起来，构成框景；建筑物的角隅处棱角过于明显时，宜种植花灌木，如芭蕉、南天竹、蜡梅、竹子等，另堆砌一些山石，辅以沿阶草、葱兰、韭兰等草本植物。

11.3.5.2　园林植物与山石的配置

山的四时之景实为植物的四季色相。山因为有了植物才秀美，才有四季不同的景色，山体被植物赋予了生命和活力（图11-19）。

中国古典园林中以石为材质堆砌的假山非常普遍，体量可大可小，以赏石为主，配置植物较少，用以形成对比并表达隽永的意境。

现代园林中出现较多的是置石与植物的配置。在入口、拐角、路边、亭旁、窗前、花台等处，置石一块，配上姿、形与之匹配的植物即是一幅优美的画面（图11-20）。

11.3.5.3　园林植物与水体的配置

水给人以明净、清澈、近人、开怀的感受，古人称水为园林中的"血液"和"灵魂"。

影，均加强了水体的美感，有的绚丽夺目，有的则幽静含蓄、色调柔和，不同的植物配置赋予了水体周围不同的氛围（图11-21）。

水体有动静、大小、深浅之分，植物配置时应根据不同水体类型有所差别。

①湖是园林中常见的水体景观，一般水面辽阔，视野宽广，如杭州西湖、武汉东湖、颐和园昆明湖等。水边种植多以群植为主，注重群落林冠线的丰富和色彩的搭配。池用在较小的园林中，为了获得以小见大的效果，植物配置常突出个体姿态或色彩，多以孤植为主，营造宁静的气氛。

②溪流旁多植以密林或树群，流水在林中若隐若现，为了与水的动态相呼应，可形成落花景观，将蔷薇科李属、梨属、苹果属等植物配于溪旁。林下溪边配置喜阴湿的植物，如蕨类、虎耳草、冷水花、千屈菜、天南星科植物等。

③喷泉、叠水多置于规则式园林中，配置以花坛、草坪、花台或圆球形灌木。对于水位变化不大的河流，两边植以高大的植物群落形成丰富的林冠线和季相变化；以防汛为主的河流，宜配以固土护坡能力强的地被植物为主，如禾本科、莎草科植物。

④堤、岛是划分水面空间的重要手段。杭州的苏堤、白堤，北京颐和园的西堤，广州流花湖公园都有长短不同的堤。苏堤、白堤除了桃红、柳绿、碧草的景色外，各桥头配置不同植物，长度较长的苏堤上每隔一段距离换一些种类，打破了单调和沉闷。北京颐和园西堤以杨、柳为主，玉带桥以浓郁的树林为背景，更衬出自身洁白。在扬州瘦西湖景区也有类似处理（图11-22）。

11.3.5.4 园林植物与园路的配置

园路是园林的脉络，是联系各景区、景点的纽带，起到交通、导游、造景的作用。园路的宽窄、线路乃至高低都是根据园景中地形及各景区相互联系的需要来设计。一般园路采用自然流畅的曲线，两旁的植物配置和小品也要自然多变，不拘一格。

①笔直平坦的主路两旁常采用规则式配置　最

图11-20　某校园绿地一角

图11-21　倒影增强水体美感

图11-22　扬州瘦西湖二十四桥

园林中各类水体，无论在园林中是主景、配景或小景，无一不借助植物来丰富水体的景观，水中、水旁园林植物的姿态、色彩、所形成的倒

图11-23　园路旁的植物配置

图11-24　海棠整形拱道

图11-25　黄连木路

好以观花乔木作上木，花灌木作下木，丰富园内色彩。主路前方有建筑作主景时，两旁可密植植物，使道路成为一个甬道，突出建筑主景。曲折多变的园路旁，植物以自然配置为宜。沿路的植物景观在视线上应有疏有密，有高有低，如有草坪、花地、树丛、灌木丛、孤植树与水面、山坡、建筑小品等不断变化。游人可漫步经过草坪，也可在林下小憩或穿行在花丛中赏花。路边若有景可赏，无论远近，在植物配置时应留有透视线（图11-23）。

②次路和小路两旁的植物应用可根据具体情况灵活多样　有的只需在路的一旁种植乔灌木，用于遮阴、赏花；有的利用具有拱形枝条的大灌木或小乔木，植于路边，形成拱道，游人穿梭其中，富有情趣，如洛阳市隋唐植物园中海棠拱道（图11-24）。某些地段可以利用植物列植成景，如

形成黄连木路（图11-25）等，杭州的云栖、西泠印社等地都有竹径，尤其穿行在云栖的竹径，能够深深体会到"夹径萧萧竹万枝，深云岩壑媚幽姿"的幽深感。

11.4　园林种植设计形式和方法

11.4.1　园林树木配置方式

11.4.1.1　孤植

孤植是指乔木或灌木独立种植的类型，但并不意味着只是一棵树的栽植，亦可以是同一树种两株或三株紧密地种植在一起，如一丛竹子栽植

图11-26 孤植

图11-27 对植

在一起，形成一个整体，以增强其雄伟感，且其远看和单株栽植的效果相同。

孤植树种植的比例虽然很小，却是一定范围内的主景（图11-26）。孤植树主要表现植物的个体美，尤其以体形和姿态的美为最主要的因素。

11.4.1.2 对植与列植

(1) 对植

对植一般是指用两株或两丛乔灌木按照一定的轴线关系作相互均衡配置的种植类型。列植是对植的延伸，指成行成列的栽植树木，其株距与行距相等或不等。

对植主要用于强调公园、建筑、道路、广场等的入口，突出入口的严整气氛，同时结合蔽荫、休息，在构图方面作配景或夹景。对植又可分为对称种植和非对称种植。

①对称种植　应用在规则式种植构图中，常利用同一种类、同一规格的树木，以主体景物的中轴线作对称布置。例如，在公园门口对植两棵体量相当的树木，可以对园门及其周围的景观起到很好的引导作用；在桥头两旁对植，能增强桥梁构图上的稳定感。对植也常用在纪念意义的建筑物或景点两旁，要选择姿态、体量、色彩与纪念的思想主题相吻合的树种，既要发挥其衬托作用，又不能喧宾夺主（图11-27）。

②非对称种植　多用于自然式园林进出口两侧以及桥头、石级磴道、建筑物门口两旁。多选择在体型、大小和姿态上有所差异的同一种树或不相同的树种甚至两组树丛，使构图既活泼又稳定。

(2) 列植

列植树木在园林中可作园林景物的背景。通往景点的园路可用列植的方式引导游人的视线。

列植应用最多的是公路、铁路及城市街道的行道树，也可沿具有线性边界的绿地边缘、驳岸种植等。道路一般都有中轴线，最适宜采取列植配置，通常为单行或双行，多用一种树木组成，也有两种树种间或栽植。在必要时亦可植多行，株距与行距的大小，视树木的种类和所要遮阴的郁闭程度而定，如上海植物园路旁用了两列水杉作行道树（图11-28）。

11.4.1.3 丛植

由两三株至一二十株同种类或相似的树种较紧密地种植在一起，使其林冠线密接而形成一个整体的轮廓线，这样的配置方式称丛植。

树丛的组合主要考虑群体美，也要考虑在统一构图中表现出单株时的个体美。所以选择作为组成树丛的单株植物的条件与孤植树相似，必须挑选在庇荫、树姿、色彩、开花或芳香等方面有特殊价值的植物。

丛植形成的树丛可作主景，也可作配景。一般宜布置在大草坪上、树林边缘、林中空地或宽广水面的水滨、水中的主要岛屿、道路转弯处、道路交叉口以及山丘、山坡上等处。

(1) 两株丛植

两株树必须在构图上符合多样统一的法则，既有协调又有对比。首先，采用同一树种或外形十分相似的两种树；其次，两者在姿态、大小上应有差异，可选择一大一小，一向左一向右，一倚一直，一昂首一俯首。两株的树丛，其栽植距离应该小于两树冠半径之和（图11-29）。

(2) 三株丛植

三株配合栽植时，忌栽植在一条直线上或成为等边三角形的三个顶角。三株的距离都不要相等，其中最大的和最小的要靠近一些成为一组，中间大小的远离一些成为一组，两组在动势上要呼应，构图才不致分割（图11-30）。若采用两个不同树种，其中大的和中间的为一种，小的为另一种，一般不采用三种不同树种。

(3) 四株丛植

四株配合仍然采取姿态、大小不同的同树种为好，也可以使用两种不同的树种，但原则上忌乔木、灌木合用。将四株分为两组，呈3：1的组合，最大株和最小株都不能单独成为一组，其基本平面形式为不等边四边形或不等边三角形两种（图11-31），忌四株成直线、正方形或等边三角形，或一大三小，三大一小分组，或双双分组。

(4) 五株丛植

五株配合可以是一个树种或两个树种，分成3：2或4：1两组。五株树的体形、姿态、动势、大小、栽植距离都要不同。五株丛植在平面布置上，基本可以分为两种方式，一种方式是四株分布为一个不等边四边形，还有一株在四边形

图11-28　上海植物园道路局部

图11-29　两株丛植

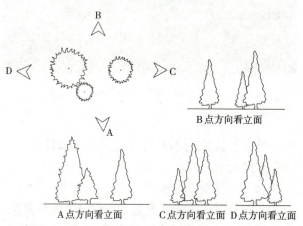

图11-30　三株丛植

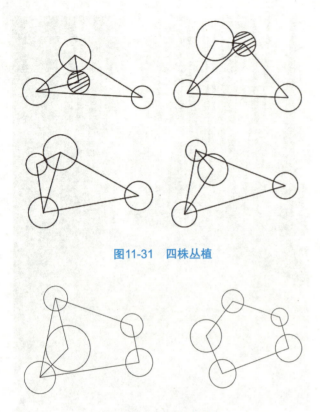

图11-31 四株丛植

图11-32 五株丛植

图11-33 太子湾公园局部

中;另一种方式为不等边五边形,五株各占一角(图11-32)。

(5) 六株及以上丛植

六株及以上的树丛配置,株数越多就越复杂,但分析起来,三株可由一株和两株组成,四株由一株和三株组成,五株又由一株和四株、或三株和两株丛植组成。因此《芥子园画谱》中有"五株既熟,则千株万株可以类推,交搭巧妙,在此转关"之说。

11.4.1.4 群植

由二三十株至数百株的乔灌木成群配置称为群植。但树群也是构图上的主景之一,因此应该布置在有足够观赏距离的开朗场地上,如靠近林缘的大草坪上,宽广的林中空地,水中的岛屿上,或宽广水面的水滨及小山坡上、土丘上,如杭州太子湾公园水体旁群植的秋色叶树种(图11-33)。

树群所表现的是以群体美为主。树群的主要观赏面的前方应有树高4倍、树群宽度1.5倍的视距空地,以使游人欣赏。

树群的组合方式,最好采用郁闭式、成层的结合。树群内通常不允许游人进入,不具有庇荫休息的功能要求,但是树群的边缘地带仍可供游人庇荫与休息之用。

树群下的土壤尽量以地被植物覆盖,不能暴露。

树群组合的基本原则如下。

①从高度来讲,高大的乔木在中央,亚乔木、大灌木依次向外围配置,且应有宽窄、断续、高低起伏的自然变化。

②从树木的观赏性质来讲,常绿树应该居中央,落叶树在外缘,叶色与花色华丽的植物在更外缘,树群的外缘轮廓应该有丰富的曲折变化。

③树群的栽植距离仍以树丛疏密原则为准。常绿树、落叶树和观叶、观花的树木混交时,防止连成带状。树群中树木的栽植距离,要考虑水平郁闭和垂直郁闭,各层树木要相互庇覆交叉。由于树群的组合面积不大,四周空旷,加之边缘又有曲折起伏,边缘的树木树冠能得到正常扩展,中央部分的树木较密集、郁闭。因此,在树木的组合中就要考虑结合生态特性。有些地方,在种植树群时,在乔木玉兰之下用喜光的月季作为下木,但是却将强阴性的东瀛珊瑚暴露在阳光之下,导致植物长势较差,影响景观效果。

④作为第一层的乔木应该是喜光树,第二层

的亚乔木可以是半阴性的，分布在东、南、西三面的外缘灌木可以是喜光和喜强光树种，分布在乔木庇荫下及北面的灌木可以是半阴性的或阴性的。树群下方的土地，应该用耐阴的草种和其他地被植物覆盖。树群的竖向变化应有高低起伏的天际线，要注意一年四季的不同季相色彩的演变。

⑤一般树群所应用的树木种类（草本植物除外），最多不宜超过10种，否则构图就会杂乱，不容易达到统一的效果。

在园林中，凡是用于孤植树、树丛和树群的乔木，最好采用10~15年生的成年树，灌木也须在5年生左右，这样不但可以很快成形，而且能够保持树群的相对稳定。

由于树群在植物配置上具有比较完整的构图和一定的规模，可以根据不同的主题来设计主景，直接用在植物园的展览区的种植类型中。例如，以芳香树种为主的芳香树群，以药用植物、油料植物、淀粉植物等不同主题的树群（图11-34）。

树群株数较多，占地较大，在园林中也可作背景。树群不但有形成景观的艺术效果，还可以改善环境。在群植时注意树木种类间的生态习性关系，才能保持较长时期的相对稳定性。

11.4.1.5 林植

凡成片、成块大量栽植乔灌木，构成林地和森林景观的称为林植，也叫树林。树林是大量树木的总称，它不仅数量多、面积大而且具有一定密度和群落外貌，对周围环境有着明显的影响，包括园林中的防护林和风景林。在园林中，树林是一种最基本、量较大的种植类型，在树种选择和个体搭配方面的艺术要求不是很高，着重反映树木的群体形象，可以供人们在林下活动。

园林中以造景为主的风景林按其使用功能和疏密度可分为疏林和密林两大类，一般都和草地结合在一起，也可以和广场结合。与草地结合的树林主要是供人活动的，但游人密度不宜过大，

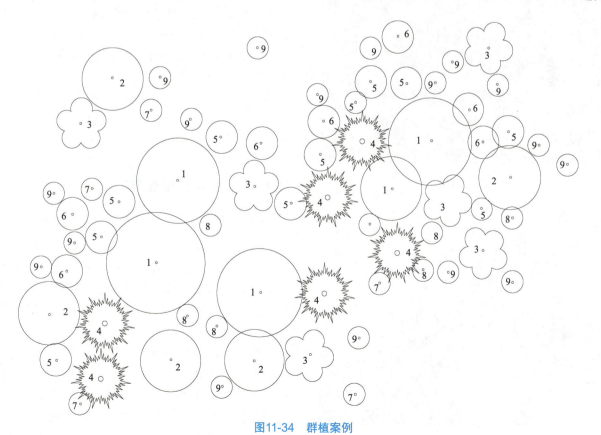

图11-34　群植案例

1.青榆　2.平基槭　3.山楂　4.白皮松　5.白碧桃　6.红碧桃　7.珍珠梅　8.忍冬　9.重瓣榆叶梅

在少数情况下限制人的活动；与广场结合的树林可供大量游人活动。

疏林一般是指郁闭度为 0.4~0.6 的树林，常与草地结合，称为疏林草地。林内允许人们活动，多采用单纯的乔木种植，在功能上方便游人进行各种活动，在景观上突出表现单纯简洁和壮阔的风景效果（图 11-35）。

郁闭度在 0.7~1.0 的树林，称为密林。密林的林地区域，不允许游人入内，游人只能在林地内的园路与广场上活动，道路占林区的 5%~10%。

11.4.1.6 绿篱

绿篱，也称树篱、植篱、剪型篱，是由乔灌木密植构成的不透风、不透光的篱垣。绿篱根据其高度可分为矮篱（50cm 以下）、中篱（60~120cm）、高篱（120~160cm）和树篱（160cm 以上）；按其形式分为规则式绿篱和自然式绿篱；依其观赏特性和功能分为常绿篱、落叶篱、彩叶篱、花篱、观果篱、刺篱、蔓篱、编篱等。

绿篱可用来分隔空间和组织空间。规则式园林常常应用较高的绿篱来屏障视线，或分隔不同功能的园林空间；在自然式园林中的局部，可以用绿篱包围起来呈规则式布局，使两种不同风格的园林布局的强烈对比得到缓和，对于面积有限而需要安排多种活动的用地，可以用绿篱隔离，屏障视线、隔绝噪声，减少相互的干扰。在洛阳隋唐植物园中，绿篱与道路相结合（图 11-36），将不同品种的牡丹分割成不同的区域。

绿篱常作为花坛、花境、雕塑、喷泉及装饰小品的背景或配景，或建筑物和构筑物的基础种植，也可以组织夹景、强调主题，起到屏俗收佳的作用。

整形绿篱一般选用生长缓慢、分枝点低、结构紧密、不需要大量修剪或耐修剪的常绿灌木和乔木，如黄杨类、侧柏、女贞类、桃叶珊瑚、欧洲紫杉、海桐、小蜡等。强调自然美的绿篱多选用体积大、枝叶浓密、分枝点低、开花繁丽的灌木，如木槿、枸骨、柑橘、黄刺玫、珍珠梅、溲疏、扶桑、小檗、太平花、玫瑰等。

图 11-35　疏林草地

图 11-36　绿篱

11.4.2　园林花卉配置方式

11.4.2.1　花坛

（1）花坛分类

花坛是按照设计意图在一定形体范围内栽植不同色彩的观赏植物，配置成各种图案的种植类型，也是展现群体美的设施，具有较高的装饰性和观赏价值。

根据对植物的观赏要求不同，花坛可分为盛花花坛、模纹花坛、立体花坛、草皮花坛等；根据季节分为春季花坛、夏季花坛、秋季花坛、冬季花坛、永久性花坛等；按花坛的规划类型分为独立花坛、花坛群、带状花坛、活动组合花坛等。

①盛花花坛　又称花丛花坛。常用开花繁茂，色彩华丽，花期一致，花期较长的植物。在城市公园中，大型建筑前、广场上人流较多的热闹场所应用较多，常设在视线较集中的重点地块。盛花花坛主要欣赏草花盛花期华丽鲜艳的色彩，观赏价值高，但观赏期短，需要经常更换草花，以延长花坛的观赏期（图11-37）。

②模纹花坛　又称镶嵌花坛、图案式花坛。如图11-38所示，以应用不同色彩的观叶植物、花叶并美的观赏植物为主，配置成各种美丽的图案纹样，幽雅、文静，具有较高的观赏价值。

在花坛中常用观叶植物组成各种精美的装饰图案，表面修剪成整齐的平面或曲面，形成毛毯一样的图案画面，称为毛毡模纹花坛。在平整的花坛表面修剪具有凹凸浮雕花纹，凸的纹样通常由常绿小灌木修剪而成，凹陷的平面常用草本观叶植物。

花坛中的观叶植物也有修剪成文字、肖像、动物等形象，使其具有明确的主题思想，常用在城市街道、广场的缓坡之处。

③立体花坛　是向空中发展的模纹花坛，它是以木、竹结构或钢筋为骨架的各种造型，在其表面种植植物而成为一种立体装饰物，是植物与造型艺术的结合，形同雕塑，在各大城市应用很多，大部分是以瓶饰、花篮等形式出现，也有狮子、老虎、大象、孔雀、企鹅等动物造型。在2011西安世界园艺博览会中出现了小朋友们喜闻乐见的喜洋洋造型的立体花坛。银川花博会上以丝绸之路为主题的立体花坛（图11-39），观赏效果很好。

④独立花坛　常作为局部构图的中心，布置在轴线的交点、道路交叉口或大型建筑前的广场上。独立花坛的面积不宜过大，且长轴与短轴之比一般以小于2.5为宜。若是太大，须与雕塑、喷泉或树丛等结合起来布置，才能取得良好的效果。

⑤花坛群　由许多花坛组成一个不可分割的构图整体称为花坛群。在花坛群的中心部位可以设置水池、喷泉、纪念碑、雕像等。常用在大型建筑前的广场上或大型规则式园林的中央（图11-40），近年来常见于各类室外展览与大型节日布展。

图11-37　盛花花坛

图11-38　模纹花坛

⑥活动组合花坛　也称盆花花坛，是由盆花组合在一起的花坛，常布置在园林出入口内外广场上、厅内、路边、草坪等处。花卉的栽植容器应经久耐用、造型美观、移动轻便，近年来一些废弃物（如废旧轮胎）以及具有特殊代表意义的物件被再

图11-39　立体花坛

图11-40　开封清明上河园入口广场的花坛群

图11-41　和谐号造型容器

利用成为新一代的栽植容器，如小推车等。如上海植物园某年的春季花展中更是将和谐号作为种植容器，吸引了很多游客前来拍照（图11-41）。

（2）花坛设计

花坛设计包括花坛的外形轮廓、边缘处理、花坛高度、内部纹样、色彩设计、植物配置等。

作为主景处理的花坛其外形必然是对称的，其本身的轴线应该与构图整体的轴线相一致。花坛或花坛群的平面轮廓应该与广场的外形相一致，但可以有细微的变化，使构图显得生动活泼。花坛或花坛群的面积与广场面积之比，一般在1∶15~1∶3。

为了避免游人踩踏、防止车辆驶入和泥土流失污染道路或广场，同时作为花坛的装饰，花坛边缘常设置边缘石或矮栏杆，一般边缘石高度为10~15cm，不超过30cm，兼作坐凳的可至50cm。边缘石、矮栏杆因材质不同有很多分类，可以使用小叶黄杨、富贵草、书带草、扫帚苗等"镶边植物"进行花坛边缘的处理。

对于四面观赏的花坛，花坛的高度一般要求中间高，渐向四周低矮。要达到这种要求有两种方法，一种是堆土法，按需要用土堆积成中间高四周低的土基，然后将相同高度的草花按设计要求种在土基上；另一种方法是选择不同高度的花卉进行布置，高的在中间，低矮的在四周（图11-42）。若是两面观赏的花坛，可布置成中间高，渐向两侧低矮；若仅供单面观赏，则高的栽在后面，低矮的栽在前面。

花坛的内部纹样、色彩设计、植物配置等因素须根据不同的花坛类型和使用地域、时节作出相应的科学选择。

11.4.2.2　花台、花池

凡是种植花卉的种植槽，高者为台，低者为池。

花台是以欣赏植物的体形、花色、芳香以及花台造型等综合美为主的花卉应用形式。花台的形式各种各样，有几何体，也有自然体。花台在中国式庭园或古典园林中应用颇多，如同花坛一样可作主景或配景。用木、竹、瓷、塑料制造的，专供花灌木或草本花卉栽植使用的称为花箱的活动花台。随着屋顶花园的盛行，可移动的花池陆续发展到天台屋顶上。由于花箱造型灵活多变，近来结合园林其他要素特点，以园林小品的形式参与景观塑造（图11-43）。

11.4.2.3 花境

花境是介于规则式和自然式构图之间的一种长条形花带。其平面轮廓与带状花坛相似，种植床的两边是平行的直线或曲线。花境内植物配置是自然式的，主要表现观赏植物本身所特有的自然美以及观赏植物自然组合的群落美。花境内以种植多年生宿根花卉和开花灌木为主，应时令要求，也可辅以一、二年生花卉，近年来观赏草在花境中也日趋多见。

花境常设于区界边缘进行单面观赏（图11-44），故常以常绿乔灌木或高篱作为背景，前不掩后，各种花卉以其色彩互相参差配置。木本植物中可选择常绿的，也可选择观叶的和观果的植物，方不萧条。双面观赏的花境在植物配置时，应中间高而向两边逐渐降低，这种花境多设置在道路、广场和草地的中央，花境的两侧游人都可以靠近欣赏。

花境一般设置在游人经过的地方，力求做到常年有花可赏。花境注重平面的团簇镶嵌和竖向上的高低起伏，因此花卉选择上要注意使用不同花期、不同花色、不同植株高度的植物种类。

花境常用的灌木植物中，紫荆、木槿、白鹃梅、流苏树、柽柳、荚蒾、珍珠梅、石榴、丁香、海棠等植株较高；胡枝子、栒子、丝兰、醉鱼草、锦带花、连翘、榆叶梅等高度中等；绣线菊、棣棠、紫珠、牡丹、月季、八仙花、金丝桃、小檗等较低矮。

花境常用的宿根（含球根花卉）植物中，蜀葵、高飞燕草、羽扇豆、蒲苇、大丽花、美人蕉、芙蓉葵、宿根向日葵、宿根福禄考等植株较高；毛叶金光菊、德国鸢尾、萱草、风铃草、芍药、火炬花、一枝黄花、耧斗菜等高度中等；宿根亚麻、银莲花、景天类、玉簪（花前）、高山石竹、荷兰菊等较低矮。

花境常用的一、二年生植物中，波斯菊、毛地黄、月见草、裂叶花葵、老枪谷、毛蕊花、花

图11-42 四面观赏的模纹花坛

图11-43 锦州世博园内的"船形"花台

图11-44 花境

图11-45 花群

图11-46 花地

图11-47 花海

11.4.2.4 花丛、花群、花地和花海

花丛在园林中应用广泛，可布置在大树脚下、岩旁、溪边、自然式草坪中和悬崖上。

花群是指由十几株至几百株的花卉种植在一起，形成一个群，布置在林缘、自然式草坪内或边缘、水边或山坡上（图11-45）。

花地（图11-46）所占面积远远超过花群，所形成的景观十分壮丽，在园林中常布置在坡地上、林缘或林中空地以及疏林草地内。

花海（图11-47）一般指由密集的开花草本或者木本植物组成，常采用大面积的种植方式，营造繁花似锦的效果，给人以强烈的视觉冲击。

11.5 不同类型绿地植物景观设计

在城市中分布着各种类型的城市绿地，因其布局和功能的不同，对植物景观的要求也有所区别。

11.5.1 公园绿地

园林植物是构成公园绿地的基础材料，占地比例最大，是影响公园环境和面貌的主要因素之一。全园的植物种类选择和分布，应根据当地的气候状况、公园内外的环境特征、景观布局以及投入成本等要求来进行确定。

11.5.1.1 公园绿化种植布局

首先，选用2~3种园林树种作为基调树种，以形成公园内的统一与协调的景观效果。

其次，在人流量较大的文化娱乐区、儿童活动区，可选择色彩鲜艳的暖色调树种以及观花类乔灌木和大量草花来创造热烈的气氛；而在一些安静休息区或纪念活动区，为了营造安静、庄重肃穆的气氛，可采用一些常绿树种或冷色调草花。

最后，公园内的植物配置，应形成一年四季景象不同的动态景观，尽量做到四季有景。如苏州白塘公园的岛屿生态自然区由四个错落变化

烟草、扫帚苗、秋葵等植株较高；一串红、金鱼草、蛇目菊、石竹、虞美人、紫茉莉、矮牵牛、花菱草、福禄考、飞燕草等高度中等。

的岛屿和一片湿地组成，每个岛上种植季相变化明显的生态林，突出春、夏、秋、冬不同的植物种类，春岛以柔和松软的缓坡草坪为基调大面积种植樱花、玉兰、碧桃等春季观花植物，突出春天的活力；夏岛种植广玉兰、紫薇、南酸枣、梧桐、池杉等树木，与湿地景观一起，创造出宁静安闲的气氛；秋岛通过种植银杏、三角枫、无患子、桂花、金钱松、乌桕、七叶树、柿树等秋色叶和秋花秋果树种，创造出绚烂的秋色；冬岛则选用湿地松、黑松、梅花、蜡梅等常绿针叶树种和冬春开花树种，表现冬季植物傲立雪霜的生命力（图11-48）。

图11-48　苏州白塘公园四季岛屿

11.5.1.2　公园分区绿化

①科普及文化娱乐区　人流量大，节日活动多，四季人流不断，要求绿化能达到遮阴和美化的效果，季相效果明显（图11-49）。在建筑室外广场，可以采用种植槽或种植穴等形式栽种大乔木，以获取更多的活动空间。除了配置庭荫树外，还可考虑在建筑前的广场配以大量的花坛、花台等以方便游人集散（图11-50）。在提供参观或活动的建筑室内，可根据环境需要布置部分室内绿化装饰植物。

②儿童活动区　要求植物奇特，色彩鲜艳，无毒无刺（图11-51）。在本区四周，可用浓密的乔灌木种植成树丛或高篱等形式，与周边环境相隔离以保证活动区域的相对安全性。在儿童活动区的出入口可设立动物形象的立体模纹花坛，配以体形优美、色彩鲜艳的灌木和花卉，以吸引儿童前来。区域内部也可大量应用各种颜色、大小不同的球形类树木，如红花檵木、海桐、杨梅等，忌用落花落果严重、有飞毛飞絮的植物种类。

③安静休息区　通常以生长健壮的几种风景林树种为骨干，根据地形的高低起伏和天际线的变化，合理配置植物，在林间空地可设休息设施（图11-52）。

④公园的道路　绿化可形成公园内优美的线状景观（图11-53）。在具体设计中，可合理划分路段，形成特色，用不同植物的特征与风貌克服

图11-49　文化娱乐区绿化

图11-50　入口广场绿化

图11-51　儿童活动区绿化

图11-52　安静休息区绿化

图11-53　公园道路绿化

⑤公园滨水区大水面　适宜开展一些水上活动，不宜种植大面积的水生植物。通常沿着驳岸布置适量的耐水湿植物（图11-54）。水生植物的种植设计应按照水面的大小和深度以及植物本身的形态、生态需求来进行设计。在种植设计时应注意水生植物的种植面积不宜超过水面的1/3。另外，可用各种种植槽控制水生植物的生长范围，防止其泛滥成灾。

11.5.2　防护绿地

防护绿地用地独立，具有卫生、隔离、安全、生态防护等功能，游人不宜进入。主要包括卫生隔离防护绿地、道路及铁路防护绿地（图11-55）、高压走廊防护绿地、公用设施防护绿地（图11-56）等。城市防护绿地以减少自然灾害或城市公害对城市的影响为主要目的，同时兼有美化城市、净化空气、改善城市生态环境的重要作用。为了达到良好的防护效果，卫生防护林树种选择以常绿树、吸收有害气体能力高、附着粉尘能力强的树种为主。防风林应选择具有生长迅速、寿命较长、根系发达、易栽易活、管理粗放、病虫害少等特性的乡土树种，以乔木为主，乔灌结合。

11.5.3　广场用地

（1）市民广场

市民广场位于城市的市中心或区中心，广场周围是市政府或其他行政管理建筑，也可布置图书馆、文化宫等公共建筑，平时供市民休息、游览，需要时可进行集会活动。市民广场以硬质铺装为主，广场中心一般不设置大型绿地，多以树池、种植池为主，以免破坏广场的完整性。在主席台、观礼台的周围等重点地段，可配置常绿树和观赏性强的落叶树种，节日时可点缀花卉（图11-57）。在广场周围与道路相邻处，可利用乔木、灌木或花坛等进行绿化，既起到分隔作用，又可减少噪声和交通的干扰，保持广场的安静与完整性。广场面积较大须划分为不同活动空间时，应使用绿化作为隔断，既不会显得生硬，又满足了各自空间的独立性。

道路单调、冗长的感觉。植物配置以乔木为骨干树种，结合部分灌木疏密相间，以体现生态性和季相变化。

图11-54　滨水种植

图11-55　铁路防护绿地

图11-56　防风林

图11-57　某市民广场

（2）纪念广场

这是为纪念有历史意义的事件和人物而在城市中修建的广场。此类广场的绿化应以规则式为主，植物种类不宜太多，以常绿植物为主（图11-58）。在主题纪念性设施附近可选用色彩浓重、古雅的常绿树作背景，前景配置形态优美、色彩丰富的花卉或草坪、花灌木等（图11-59）。

（3）交通广场

主要指城市中的交通集散广场，起到城市交通枢纽的作用。广场在满足人车交通、集散的基础上，可适当安排绿化，提供休息的设施和遮阴功能，一般以乔木树池为主，新建的高铁站常会在草地上配置各类树木（图11-60）。

（4）商业广场与休闲、娱乐广场

这类广场是供人们休息、游玩、演出及举行各种娱乐活动的行为场所。可在广场上布置小卖亭、树池、喷泉雕塑和休息座椅等小品，创造出富有吸引力、充满生机的城市休闲空间。选用植物一般以观赏性强的园景树类树木为主，结合色彩丰富的园林草花或观叶植物（图11-61、图11-62）。

图11-58 苏州工匠广场

图11-59 苏州工匠广场局部

图11-60　广州北站（花都站）前广场绿化

图11-61　某商业广场鸟瞰

图11-62　某商业广场局部

11.5.4　附属绿地

（1）道路绿地

在附属绿地规划中，道路绿地的规划尤为重要。道路绿地以"线"的形式分布在整个城市中，联系着分布在城市中的各类绿地。同时，道路绿地也能够直观地展现城市的街道景观和绿化水平。

在进行道路绿地种植设计时，需要根据道路级别及其重要性，结合道路的周边环境对城市道路绿化断面进行统一规划，并对绿化树种选择进行整体性考虑，以期形成风格多样、整体统一的城市道路景观。

道路绿地应选择适应道路环境条件、生长稳定、观赏价值高和环境效益好的植物种类；同时，

图11-63　昆山博士路绿化

图11-64　昆山马鞍山路道路绿化

图11-65　苏州某道路节点绿化

应从生物多样性的角度出发在适地适树的原则下尽量丰富植物材料,如有可能可结合渗水性较好的铺装道路进行设计,如昆山博士路(图11-63);或者采用特色树种打造"网红道路",如昆山马鞍山路,采用紫叶李作为行道树,花开时节常常引来大批游客前来拍照,已成为当地的特色道路之一(图11-64)。此外,道路绿化通常在节点附近采用长效花境的种植形式(图11-65),进一步丰富道路植物景观;行道树应以慢生树种为主,兼顾速生树种,综合考虑绿化的效果及植物生长速度。

(2) 居住区绿地

居住区绿地的植物景观应该乔灌结合,常绿植物和落叶植物、速生植物和慢生植物相结合,适当地配置和点缀观花地被和草坪植物。在树种的搭配上,既要满足其生态学习性,又要考虑绿化景观效果,创造出安静和优美的环境。

植物种类不宜繁多,但也要避免单调,要达到多样统一。在统一基调的基础上,树种力求变化,创造出优美的林冠线和林缘线,打破建筑群体的单调和呆板感(图11-66),单元门前的绿化要有特色和辨识性(图11-67)。

在种植设计中,充分利用植物的观赏特性,进行色彩的组合与协调,依植物叶、花、果实、枝条和干皮的色彩,以及在一年四季中的变化为依据来布置植物,创造季相景观。

(3) 工厂绿地

工厂企业的绿化由于进行工业生产而有着与其他绿化用地不同的特点。企业的性质、类型不同,生产工艺特殊,对环境的影响和要求也不尽相同。因此,应该根据不同类型、不同性质的工厂,选择适宜的绿化植物。如重工业厂因加工、吊装、运输等需要开放的空间并具有降噪的要求,绿化设计要保留安全的水平净空和垂直净空,同时选择适当的地方营造隔离林带,以降低噪声、灰尘的扩散;精密仪器厂则不能种植有茸毛、飞絮、花粉多的植物种类,如杨、柳、悬铃木等。

此外,工厂用地一般绿化面积较小,需要"见缝插绿",可以选择根系较浅,抗逆性强的树种进行树穴种植或屋顶绿化,也可以利用藤本植

图 11-66　苏州某居住区绿地

图 11-67　单元门前绿化

图 11-68　衡水市某厂区绿化

图 11-69　苏州某厂区绿化

（金螳螂景观设计有限公司供图）

物进行垂直绿化，以扩大绿化面积，改善厂区环境（图 11-68、图 11-69）。

11.5.5　区域绿地

区域绿地是指位于城市建设用地之外，具有城乡生态环境及自然资源和文化资源保护、游憩健身、安全防护隔离、物种保护、园林苗木生产等功能的绿地。主要包括风景游憩绿地、生态保育绿地、区域设施防护绿地、生产绿地等，通常根据各类绿地的特点合理选择植物。

小结

园林植物是风景园林的重要构成要素，本章主要介绍了园林植物设计相关的知识。首先阐述了园林植物的类型、美学特征和功能，分析了园林植物设计的原则，阐明园林植物设计应遵循科学性、功能性、艺术性、文化性及经济性等原则；其次，对园林植物设计的内容和配置方式等进行了重点阐述，其中园林植物设计的内容包括功能设计、竖向设计、林缘线和林冠线的设计、季相设计及园林植物与园林其他要素的结合设计等，具体设计时要结合树木、花卉的不同特点进行合理配置；最后对公园绿地、防护绿地、广场用地及附属绿地等不同类型绿地植物景观设计的要点进行了分析。

思考题

1. 园林植物景观的作用是什么？
2. 如何将园林植物的观赏特点融入季相景观的创造？
3. 园林植物的美学特征有哪些？
4. 园林树木的配置方式有哪些？
5. 园林花卉的配置方式有哪些？
6. 如何利用园林植物构成空间？
7. 如何进行植物的竖向设计？
8. 简述林缘线林冠线的设计手法。
9. 如何利用园林植物引导空间？
10. 简述不同类型绿地的设计要点。
11. 简述园林植物与建筑、山石、水体等要素的配置要点。

推荐阅读书目

1. 园林植物景观设计．金煜．辽宁科学技术出版社，2008.
2. 园林植物景观设计与应用．刘荣凤．中国电力出版社，2009.
3. 园林植物造景及其表现．李俊英，负剑，付宝春．中国农业出版社，2010.
4. 植物景观设计．李文敏．上海交通大学出版社，2011.
5. 植物造景．苏雪痕．中国林业出版社，1991.
6. 园林植物景观设计手册．王凌晖，欧阳勇峰．化学工业出版社，2013.
7. 植物造景设计．陈教斌，朱勇，王婷婷．等．重庆大学出版社，2015.
8. 园林植物景观设计（第2版）．祝遵凌．中国林业出版社，2019.
9. 园林规划设计（第二版）．胡长龙．中国农业出版社，2009.
10. 园林植物种植设计．张吉祥．中国建筑工业出版社，2001.
11. 园林种植设计（第2版）．周道瑛．中国林业出版社，2019.
12. 风景园林植物造景．陈其兵．重庆大学出版社，2012.
13. 植物配置与造景．汪新娥．中国农业出版社，2008.
14. 园林植物造景．臧德奎．中国林业出版社，2008.
15. 城市景观中的植物造景研究．侯碧清．国防科技大学出版社，2007.
16. 园林绿地规划．马建武．中国建筑工业出版社，2007.
17. 城市园林绿地规划（第5版）．杨赉丽．中国林业出版社，2019.
18. 园林树木（第2版）．卓丽环，陈龙清．中国农业出版社，2019.

参考文献

曹磊，杨冬冬，2021. 风景园林规划设计原理 [M]. 北京：中国建筑工业出版社 .
曹林娣，2009. 中国园林艺术概论 [M]. 北京：中国建筑工业出版社 .
陈波，李钰，包志毅，2008. 杭州疏林草地植物造景分析 [J]. 风景园林（2）：88-92.
陈从周，1984. 说园 [M]. 上海：同济大学出版社 .
陈根，2017. 图解设计心理学 [M]. 北京：化学工业出版社 .
陈教斌，朱勇，王婷婷，等，2015. 植物造景设计 [M]. 重庆：重庆大学出版社 .
陈其兵，2012. 风景园林植物造景 [M]. 重庆：重庆大学出版社 .
陈晓刚，2021. 风景园林规划设计原理 [M]. 北京：中国建筑工业出版社 .
陈志华，2001. 外国造园艺术 [M]. 郑州：河南科学技术出版社 .
杜恒俭，陈华慧，曹伯勋，1981. 地貌学及第四纪地质学 [M]. 北京：地质出版社 .
杜汝俭，李恩山，刘管平，2006. 园林建筑设计 [M]. 北京：中国建筑工业出版社 .
度本图书，2014. "心"景观：景观设计感知与心理 [M]. 武汉：华中科技大学出版社 .
法伯斯，2009. 美国绿道规划：起源与当代案例 [J]. 景观设计学（6）：16-27.
郭凤平，方建斌，2005. 中外园林史 [M]. 北京：中国建材工业出版社 .
郭熙，2010. 林泉高致 [M]. 北京：中华书局 .
侯碧清，2007. 城市景观中的植物造景研究 [M]. 长沙：国防科技大学出版社 .
侯振海，赵佩兰，2010. 叠山理水 [M]. 合肥：安徽科学技术出版社 .
胡洁，2011. 移天缩地：清代皇家园林分析 [M]. 北京：中国建筑工业出版社 .
胡长龙，2009. 园林规划设计 [M]. 2 版 . 北京：中国农业出版社 .
计成，1988. 园冶 [M]. 陈植，注释 . 北京：中国建筑工业出版社 .
金学智，2005. 中国园林美学 [M]. 北京：中国建筑工业出版社 .
金煜，2008. 园林植物景观设计 [M]. 沈阳：辽宁科学技术出版社 .
克莱尔·库柏·马库斯，卡罗琳·弗朗西斯，2001. 人性场所——城市开放空间设计导则 [M]. 俞孔坚，孙鹏，王志芳，等译 . 北京：中国建筑工业出版社 .
肯尼斯·弗兰姆普敦（Kenneth Frampton），张钦楠，2012. 现代建筑：一部批判的历史 [M]. 北京：生活·读书·新知三联书店 .
李建伟，1989. 中国园林的传统与未来——关于园林形式问题的思考 [J]. 中国园林（4）：41-45.
李俊英，负剑，付宝春，2010. 园林植物造景及其表现 [M]. 北京：中国农业出版社 .
李文，2012. 园林设计 [M]. 哈尔滨：东北林业大学出版社 .
李文敏，2011. 植物景观设计 [M]. 上海：上海交通大学出版社 .
梁思成，2017. 中国建筑史 [M]. 北京：生活·读书·新知三联书店 .
梁隐泉，王广友，2004. 园林美学 [M]. 北京：中国建材工业出版社 .
林崇德，2003. 心理学大词典 [M]. 上海：上海教育出版社 .
刘滨谊，2017. 学科性质分析与发展体系建构——新时期风景园林学科建设与教育发展思考 [J]. 中国园林（1）：7-13.
刘滨谊，余畅，2001. 美国绿道网络规划的发展与启示 [J]. 中国园林（6）：77-81.
刘敦桢，2017. 中国古代建筑史 [M]. 北京：中国建筑工业出版社 .
刘清新，2006. 新编园林工程设计规范与施工安装标准图集、图解实用全集 [M]. 西宁：青海人民出版社 .
刘荣凤，2009. 园林植物景观设计与应用 [M]. 北京：中国电力出版社 .
芦原义信，1988. 外部空间设计 [M]. 尹培桐，译 . 北京：中国建筑工业出版社 .
鲁敏，李英杰，2005. 园林景观设计 [M]. 北京：科学出版社 .
马建武，2007. 园林绿地规划 [M]. 北京：中国建筑工业出版社 .
马克·特雷布，丁力扬，2008. 现代景观——一次批判性的回顾 [M]. 北京：中国建筑工业出版社 .
诺曼·K·布思 .1989. 风景园林设计要素 [M]. 曹礼昆，曹德鲲，译 . 北京：中国林业出版社 .

彭一刚，1998. 建筑空间组合论 [M]. 北京：中国建筑工业出版社.
彭一刚，2008. 中国古典园林分析 [M]. 北京：中国建筑工业出版社.
沈复，1999. 浮生六记 [M]. 北京：人民文学出版社.
苏雪痕，1987. 英国园林风格的演变 [J]. 北京林业大学学报，9（1）：100-108.
苏雪痕，1991. 植物造景 [M]. 北京：中国林业出版社.
苏彦捷，2015. 心理环境学 [M]. 北京：高等教育出版社.
孙筱祥，2002. 风景园林从造园术、造园艺术、风景造园到风景园林、地球表面规划 [J]. 中国园林（4）：7-12.
唐学山，李雄，曹礼昆，1997. 园林设计 [M]. 北京：中国林业出版社.
汪新娥，2008. 植物配置与造景 [M]. 北京：中国农业出版社.
王国维，1998. 人间词话 [M]. 北京：上海古籍出版社.
王凌晖，欧阳勇峰，2013. 园林植物景观设计手册 [M]. 北京：化学工业出版社.
王萍，杨珺，朱凯，等，2012. 景观规划设计方法与程序 [M]. 北京：中国水利水电出版社.
王绍增，2006. 论风景园林的学科体系 [J]. 中国园林（5）：9-11.
王向荣，2002. 西方现代景观设计的理论与实践 [M]. 北京：中国建筑工业出版社.
王晓俊，2009. 风景园林设计 [M]. 3 版. 南京：江苏科学技术出版社.
王毅，2004. 中国园林文化史 [M]. 上海：上海人民出版社.
西蒙贝尔，2004. 景观的视觉设计要素 [M]. 王文彤，译. 北京：中国建筑工业出版社.
西蒙兹，2009. 景观设计学 [M]. 俞孔坚，等译. 北京：中国建筑工业出版社.
徐青磊，杨公侠，2002. 环境心理学 [M]. 上海：同济大学出版社.
许慎，徐铉杨，1963. 说文解字 [M]. 北京：中华书局.
徐萱春，2008. 中国古典园林景名探析 [J]. 浙江林学院学报，25（2）：245-249.
薛丹，殷倩，2015. 芳香植物研究概况和景观应用展望 [J]. 中国城市林业，13（5）：28-31，47.
薛健，2008. 园林道路设计与铺装 [M]. 北京：中国水利水电出版社.
扬·盖尔，1992. 交往与空间 [M]. 何人可，译. 北京：中国建筑工业出版社.
杨赉丽，2019. 城市园林绿地规划 [M]. 5 版. 北京：中国林业出版社.
杨锐，2013. 论风景园林学发展脉络和特征：兼论 21 世纪初中国需要怎样的风景园林学 [J]. 中国园林（6）：6-7.
杨锐，2017. 风景园林学科建设中的 9 个关键问题 [J]. 中国园林（1）：13-17.
杨湘桃，2005. 风景地貌学 [M]. 长沙：中南大学出版社.
叶振启，许大为，2000. 园林设计 [M]. 哈尔滨：东北林业大学出版社.
余树勋，2009. 园林设计心理学初探 [M]. 北京：中国建筑工业出版社.
俞孔坚，李迪华，吉庆萍，2001. 景观与城市的生态设计：概念与原理 [J]. 中国园林.
臧德奎，2008. 园林植物造景 [M]. 北京：中国林业出版社.
张朝，李天思，孙宏伟，2002. 心理学导论 [M]. 北京：清华大学出版社.
张吉祥，2001. 园林植物种植设计 [M]. 北京：中国建筑工业出版社.
张家骥，2010. 中国园林艺术小百科 [M]. 北京：中国建筑工业出版社.
张俊玲，王先杰，2014. 风景园林艺术原理 [M]. 北京：中国林业出版社.
章采烈，2004. 中国园林艺术通论 [M]. 上海：上海科学技术出版社.
章敬三，1989. 初探西方园林形式的演变 [J]. 中国园林（3）：47.
赵兵，2011. 园林工程 [M]. 南京：东南大学出版社.
中国科学院《中国自然地理》编辑委员会，1980. 中国自然地理·地貌 [M]. 北京：科学出版社.
周道瑛，2019. 园林种植设计 [M]. 2 版. 北京：中国林业出版社.
周维权，1999. 中国古典园林史 [M]. 北京：清华大学出版社.
GEOFFREY，SUSAN JELLICOE. 2006. 图解人类景观——环境塑造史论 [M]. 刘滨谊，主译. 上海：同济大学出版社.
HALL E T，1965. The Hidden Dimension[M]. New York: Doubleday.
TOM TURNER. 2016. 园林史——公元前 2000—公元 2000 年的哲学与设计 [M]. 李旻，译. 北京：电子工业出版社.